알기쉬운

선박 전기 전자

전기 기초 이론

선박내 전기설비 이론

전자 기초 이론

시퀀스 제어 기초 이론

해광도서편찬회 편저

해광출판사

머리말

현대 선박에 있어 기술 혁신은 시대의 요청이나, 이에 부응하는 기술력이 부족한 선원은 근무에 많은 어려움이 있는 것이 사실이다. 선박의 자동화와 인력감소에 수반하여 전기기기나 전자기기가 선내에서 차지하는 비율이 많이 높아졌다. 이에 따라 전기, 전자 지식의 중요도는 더욱 늘어나고 있음은 당연한 일이라고 하겠다.

어떤 목적을 가진 제어장치를 이용할 때 전기와 기계를 결부시켜 시스템을 전체적으로 파악할 필요가 있다. 또한 선박에서 사용하는 기계나 장치 등의 시퀀스제어를 응용해야 하고, 이용자는 그 원리를 이해해야 제대로 된 제어를 할 수 있을 것이다. 이 책은 이런 현황을 감안하여 초급 해기사를 지향하는 사람들을 주요 대상으로 하여 선내의 여러 전기설비의 구성이나 취급법을 중심으로 그 바탕이 되는 전기공학 및 전자공학의 기초 이론을 알기 쉽게 해석하였으며, 자동제어의 개요와 시퀀스제어에 사용되는 기기 및 꼭 알아두어야 할 기본 논리회로를 알기 쉽게 설명하고자 하였다. 따라서 기관 파트의 종사자뿐만 아니라 전기라고 하면 왠지 어렵게만 느끼는 일부 해기사 여러분과 일반 독자분들의 참고도서로서 쓰였으면 한다. 이 책에서는 다음과 같은 부분에 중점을 두었다.

1. 어려운 수식을 쓰지 않고 그림에 의해서 필요한 기초적 지식을 습득할 수 있도록 하였다.
2. 전기회로의 계산에 대해서는 예제를 통하여 생각하는 방법이나 푸는 방법을 이해할 수 있게 하였다.
3. 각 장, 각 편을 따로 분리시키지 않고 전체적인 시야에서 각 단원을 관련지어 해설함으로써, 각각의 지식을 서로 연관시키면서 종합적인 이해가 되도록 구성하였다.

이 책 한권으로 많은 지식을 구하는 것은 어렵겠지만, 전기를 알고자 하는 일반인과, 해기사 여러분들에게 작으나마 도움이 되었으면 한다.

목 차

제 1편 전기공학의 기초

제 2 편 선내의 전기설비

제 3 편 전자공학의 기초

제 4 편 시퀀스 제어의 기초

기초 자료

제 1 편

전기공학의 기초

우리 인류는 아주 옛날부터 전기나 자기에 관한 지식을 가지고 있었다. 기원전 고대 그리스의 철학자 탈레스는 호박(琥珀)을 마찰하면 종잇조각이나 깃털 따위의 가벼운 것을 끌어당긴다는 것을 알고 있었다. 이 현상은 호박과 헝겊과의 마찰에 의해서 생기는 정전기의 성질로서 오늘날 이해되고 있다.

모든 학문이 그러하듯이 오늘날의 전기이론도 옛날부터 오늘날까지 많은 학자나 연구자가 연구를 거듭해서 쌓아온 노력의 결실이라고 할 수 있다. 특히 전기공학분야에서는 그 업적을 찬양하여 많은 과학자의 이름을 단위명칭으로 남기고 있다. 그래서 근세 이후의 전기이론이 어떤 사람들에 의해 개척되고 발전해 왔는가를 나타낸 것이 다음 페이지의 연표(年表)이다. 이 표에서도 알 수 있듯이 근세 이후의 역사는 대체로 시대를 다섯으로 나눌 수 있다.

제1기는 18세기까지의 「정전기의 시대」이며 전기의 본질, 마찰전기, 열전기의 연구가 이루어진 시대이다.

제2기는 1800년~1831년 사이이다. 볼타의 전지의 발명으로 「정전기 시대」에서 「동전기 시대」로 옮긴다. 이 발명에 있어서 에르스테드에 의한 전류의 자기작용의 발견, 옴의 법칙의 발견, 나아가서는 패러데이에 의한 전자유도작용의 발명 등으로 전기공학의 기초가 이루어졌다.

제3기 1832년~1864년에는 모스 부호에 의한 전신, 전류의 열작용의 발견(영국의 물리학자 줄(Joule)) 그리고 맥스웰에 의해서 전자파의 존재가 예측되어 전기공학이 발전되기 시작했다.

제4기는 1865년부터 1896년이며 헤르츠의 전파의 발견으로 전기를 이용한 통신방법이 실현되는 동시에 발전기, 전동기의 발명으로 동력이 전화(電化)되었다.

제5기는 1897년부터 현재까지이다. 19세기말에 J. J. 톰슨에 의해서 전자가 발견되고 이것을 응용한 진공관 등의 발명으로 오늘날의 전기문명의 기초가 닦여졌다. 그 후 1948년에 트랜지스터가 발명되어 진공관은 그 모습을 감추었다. 트랜지스터는 다시 IC(집적회로)로 발전하여 기기기기가 소형화되고 여러 방면으로 이용이 확대되었다. 그리고 전자공학의 진보는 컴퓨터를 발달시켜 오늘날의 일렉트로닉스 문명의 시대를 맞이하게 된 것이다.

전기과학 기술사 소연표

서 력	주요 발명 발전 및 연구	구분
1660년 1663년 1700년경 1733년 1745년 1750년 1757년 1780년 1785년	· 길버트(영), 「자석에 대해서」를 발표, 전자기학의 문을 열다. · 게리케(독), 유황구슬의 마찰 기전기를 만들다. · 그레이(영), 철사가 전기를 전한다는 것을 발견하다. · 듀페(프), 전기에는 두 종류가 있다는 것을 발견하다. · 레이덴 병이 발견되어 정전기의 대전과 방전에 관한 실험. · 프랭클린(미), 번개구름 속에 연을 날려 전기를 확인하다. · 빌케(독), 최초의 대전열(정전서열)을 실증하다. · 갈바니(이), 개구리의 다리를 통해 접촉전기의 작용을 발견하다. · 쿨롱(프), 쿨롱의 법칙을 발견하다.	제 1 기
1800년 1820년 1821년 1824년 1827년 1830년 1831년	· 볼타(이), 볼타의 전지를 발명, 동전기가 얻어지게 되다. · 에르스테드(덴마크), 전류 둘레의 자기가 발생 발견하다. 앙페르(프), 오른나사의 법칙 등 전기역학의 기본법칙을 발견하다. 비오와 사바르(프), 비오-사바르의 법칙을 발견하다. · 제백(독), 열전기를 발견하는 동시에 열전대를 발견하다. · 아라고(프), 회전자기를 발견하다. · 옴(독), 옴의 법칙을 발견하다. · 헨리(미), 코일의 자기유도작용을 발견하다. · 패러데이(영), 전자유도작용을 발견하다.	제 2 기
1832년 1834년 1840년 1840년 1857년 1860년 1864년	· 피크시(프), 최초의 발전기를 조립하다. · 렌츠(러), 렌츠의 법칙을 발견하다. · 줄(영), 줄의 법칙을 발견하다. · 미국에서 모스 전신이 실용화되었다. · 페더젠(독), 전기진동(전기파)을 발견하다. · 프란테(프), 축전지를 발명하다. · 맥스웰(영), 전자장의 기초 방정식을 만들다.	제 3 기
1869년 1875년 1876년 1879년 1881년 1888년 1896년	· 히트르프(독), 음극선의 연구를 하다. · 크룩스(영), 진공 방전관내의 날개바퀴 실험을 하다. · 벨(미), 전화기를 개량하여 특허를 취득하다. · 에디슨(미), 백열전등을 발명하다. · 스토니(영), 전기소량을 가정하여 전자라고 명명하다. · 헤르츠(독), 광파와 전자파의 동일성을 실증하다. · 마르코니(이), 무선전신을 발명하다.	제 4 기
1897년 1904년 1907년 1920년 1925년 1935년 1948년	· J. J. 톰슨(영), 음극선 입자(전자)를 발견하다. · 브라운(독), 브라운관을 발명하다. · 플레밍(영), 2극 진공관을 발명하다. · 드 포레(미국), 3극 진공관을 발명하다. · 미국에서 라디오 방송을 하다. · 베어드(미), 최초의 실용적 텔레비전을 발명하다. · 와트(영), 레이더의 원리를 발견하다. · 미국에서 트랜지스터가 발명되다.	제 5 기

제 1 장 : 전기란 무엇인가

「전기는 1초에 지구를 일곱 바퀴 반이나 돈다.」는 말을 들은 일이 있을 것이다. 전기는 1초 간에 300,000km의 속도를 가지고 있다. 우리들이 이러한 전기를 이용한다는 것은 전기의 흐름인 전류를 이용해 여러 가지 일을 시켜 그것을 활용하고 있다는 것이다. 그러면 이 전기란 대체 어떤 것일까.

1. 1 전기란 - 〈전기의 정체〉

먼저 전기의 본질을 명백히 하기 위해 물질을 작게 쪼개서 이 이상 쪼갤 수 없는 가장 작은 입자의 상태, 이것이 **원자**이다. 원자는 원자핵과 전자로 이루어져 있으며 그림 1(B)에 보는 것과 같이 **원자핵은 양(플러스, ⊞)의 전기**를 가지고 있고 **전자는 음(마이너스, ⊟)의 전기**를 가지고 있다.

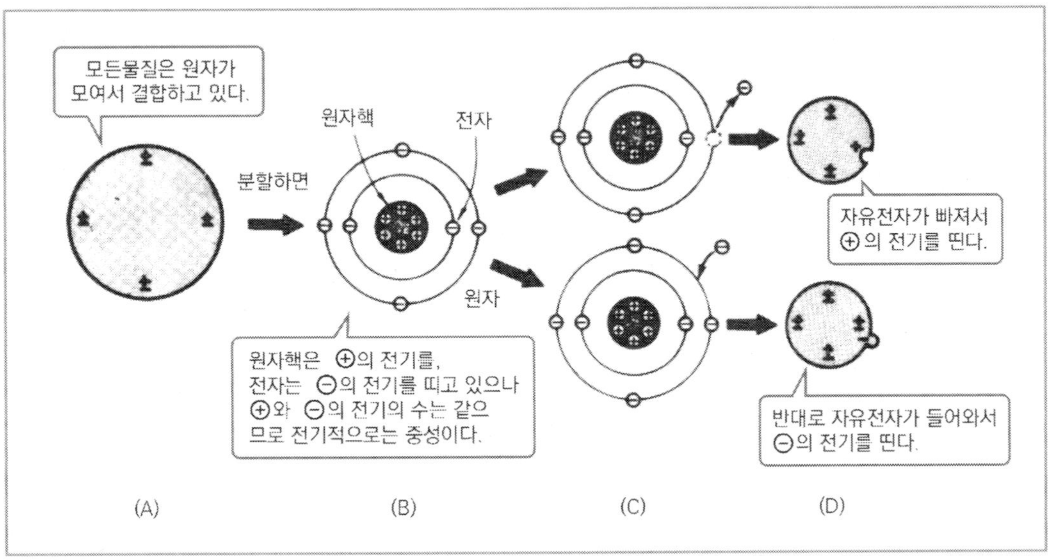

[그림1] 원자구조와 전기를 띠는 과정

이 원자핵과 전자의 관계는 태양과 그 둘레를 돌고 있는 지구나 화성과 같은 행성과의 관계와 비슷해서 원자핵 둘레를 전자가 어느 궤도를 그리면서 그림1(B)와 같이 돌고 있다.

원자핵 둘레의 궤도를 전자가 균형을 잡고 도는 것은 태양과 지구 사이에 인력이 작용하고 있기 때문이며, 이와 마찬가지로 ⊞의 전기를 가진 원자핵과 ⊟의 전기를 가진 전자가 끌어당기기 때문이다. 그런데 맨 바깥쪽을 돌고 있는 전자는 원자핵에서 멀리 떨어져 있어 원자핵과의 결합이 약하다. 그 때문에 외부에서의 힘(전압, 마찰, 자력선 등)에 의해 원자핵에서 떠나 원자 간을 자유롭게 운동할 수 있다. 이러한 전자를 **자유전자**[1] 라고 한다.

⊟의 전기를 가진 전자는 아주 작아서, 예를 들면 해안의 모래를 지구의 크기로 확대한 것과 같은 배율로 전자를 확대하면 모래알만한 크기가 된다고 한다. 한편 원자를 같은 배율로 확대하면 농구공 정도의 크기가 된다. 전자가 얼마나 작은지를 상상할 수 있을 것이다.

모든 물질은 ⊞의 전기와 ⊟의 전기를 가진 원자로 이루어져 있으므로 어떤 물질에도 전기는 있다. 나무 속, 쇠 속, 돌 속에도 전기가 있을 것이다. 그러나 전기가 나타나지 않는 것은 왜일까. 그것은 원자 속에 있는 ⊞의 전기(원자핵)의 양과 ⊟의 전기(전자)의 양이 같고 ⊞의 전기와 ⊟의 전기의 성질이 반대여서 서로 상쇄하고 있기 때문이다. 다만 전체의 전기가 0으로 되어서 없어진 것은 아니다. ⊞의 전기와 ⊟의 전기가 같아서 안정된 상태이다. 이러한 상태를 「전기의 중성상태」라고 한다.

그러면 전기적으로 중성인 상태에 있는 물체가 어떻게 전기를 띠게 되는가를 생각해 보기로 하자. 그림1(B)의 상태는 물체 중의 ⊞의 전기의 양과 ⊟의 전기의 양이 같은 상태이며 전기적으로 중성이다. 그런데 어떤 원인으로 그림1(C)의 위 그림과 같이 물체를 만들고 있는 원자 속의 전자가 뛰어나오면 ⊞의 전기와 ⊟의 전기의 균형이 무너져서 물체는 ⊞의 전기(전자는 ⊟의 전기를 가지고 있으므로)를 띤다. 반대로 그림(C)의 아래 그림과 같이 물체에 전자가 뛰어들면 전자가 상대적으로 많아져 전체적으로 물체는 ⊟의 전기를 띤다.

일반적으로 물체가 전기를 띠었을 때 「물체에 전하가 있다」고 하며, 그리고 전하에는 ⊞(또는 양)의 전하와 ⊟(또는 음)의 전하가 있다.

---

1) 전선 중의 전류의 흐름은 자유전자의 이동이다. 또 발전기로 전기를 발생하여 모터를 회전시키는 것도 이 전자의 역할이다.

1.2 마찰에 의해서 생기는 전기 - 〈마찰에 의해서 자유전자가 생긴다.〉

전기적으로 중성인 유리막대와 명주천을 마찰하면 온도가 상승한다. 유리막대나 명주천을 이루고 있는 원자 속의 전자는 온도가 상승하면 자유롭게 운동을 하기 쉬운 성질을 가지고 있다. 이 경향은 유리막대 속의 자유전자 쪽이 보다 활발하다. 따라서 유리막대의 자유전자가 명주천으로 옮겨진다. 그 결과 유리막대는 전자가 부족하여 전체적으로 ⊞의 전기를 띤다. 한편 명주천 쪽은 유리막대의 자유전자가 뛰어 들어오게 되므로 전자가 남아 돌아서 전체적으로 ⊟의 전기를 띤다. 그림2는 마찰에 의해서 전기가 발생하는 것을 보인 것이다.

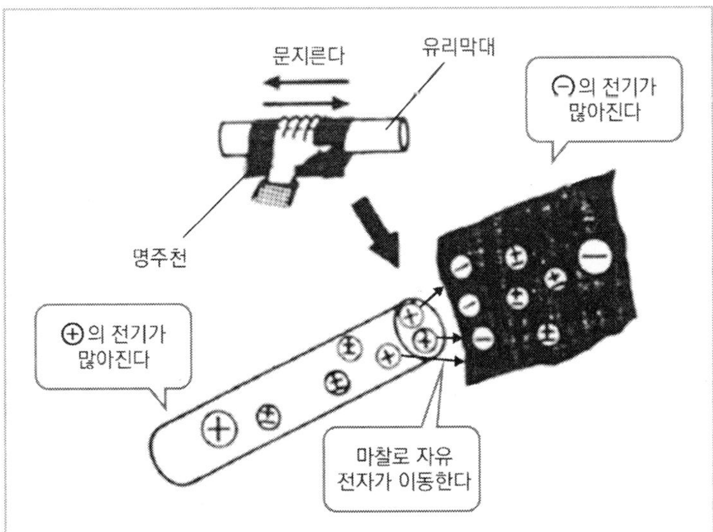

[그림2] 마찰전기의 발생

그리고 마찰에 의해서 발생한 전기(마찰전기)는 가벼운 종잇조각 따위를 끌어당기는 성질이 있다. 이와 같이 물질이 전기를 갖게 되는 것을 「전기를 띠었다」혹은 「대전(帶電)했다」고 한다.

또한 마찰에 의해서 발생한 전기를 **정전기**라 하고 동전기와 구별하고 있다.

1.3 ⊞의 전기와 ⊟의 전기 - 〈전기에는 두 종류가 있다〉

1733년, 프랑스의 듀페는 전기에는 두 종류가 있어 같은 종류의 전기, 즉 ⊞와 ⊞의 전기 혹은 ⊟와 ⊟의 전기는 반발하지만 서로 다른 전기, 즉 ⊞와 ⊟의 전기는 끌어당긴다(흡인한다)는 것을 증명하였다. 그래서 ⊞의 전기와 ⊟의 전기를 구별함에 있어 유리막대를 명주천으로 마찰해서 일어나는 전기를 「유리전기」, 호박 또는 수지를 모피로 마찰했을 때 발생하는 전기를 「수지전기」라고 불렀다. 후에 와서 전자를 「⊞의 전기」, 후자를 「⊟의 전기」라고 부르게 되었다.

마찰에 의해서 물체에 발생하는 전기는 마찰하는 물체의 종류에 따라 다르며 ⊞의 전기를 띠든가 ⊟의 전기를 띤다. 그리고 실험결과 다음과 같은 정전서열을 알게 되었다.

⊞의 전기를 띠는 순서로 물체를 배열하면 석면, 모피, 유리, 명주천, 알루미늄, 아연, 구리, 유황, 고무, 에보나이트의 순서가 된다.

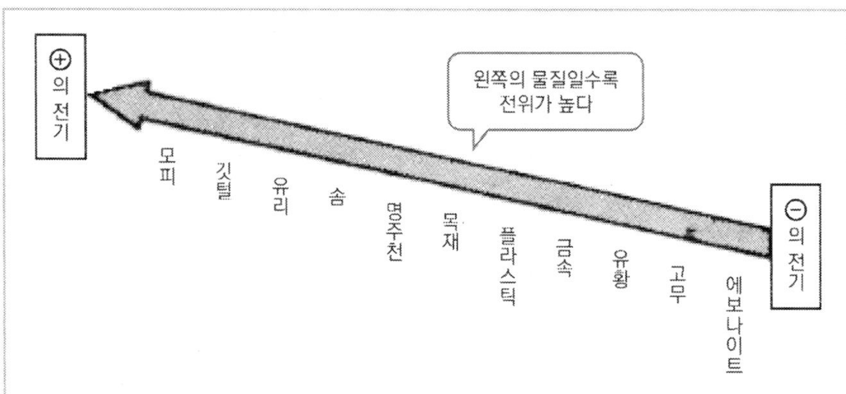

[그림3] 정전서열

그림3중 어느 두 가지를 골라서 마찰해 보면 왼쪽에 있는 쪽이 ⊞의 전기, 오른쪽에 있는 쪽이 ⊟의 전기를 띠게 된다. 예를 들면 유리막대와 명주천을 마찰하면 유리막대는 ⊞의 전기, 명주천은 ⊟의 전기가 발생한다. 그런데 유리막대를 모피로 마찰해 보면 유리막대는 ⊟의 전기를 발생한다. 이와 같이 물체에 생기는 전기의 종류나 크기는 마찰하는 물질의 종류에 따라서 달라진다.

전기의 종류와 분류

전기에는 ⊞전기와 ⊟전기가 있다. 유리막대와 명주헝겊의 마찰에 의해서 생기는 전기 가운데 유리막대에 발생하는 전기나 원자핵의 전기는 ⊞전기이고, 위의 마찰에 의해 명주천에 발생한 전기나 전자의 전기는 ⊟전기이다.

전기를 그 성질에 따라서 분류하면 마찰에 의해서 생기는 전기와 같이 정지한 채로 움직이지 않는 「정전기」와 전지나 일반 가정에서 사용하는 교류전기와 같이 끊임없이 흘러서 이동하는 「동전기」로 나뉜다.

제 2 장 : 정전기의 기초적인 지식

앞 장에서 두 물체를 마찰하면 전기가 발생한다는 것을 설명했다. 이 전기는 마찰한 물체 위에 정지한 상태에 있으므로 정전기라고 한다. 그런데 전등을 켠다든가 모터를 회전시킨다든지 하려면 전기의 흐름이 필요하게 된다. 이와 같이 움직이는 전기를 **동전기**[2)]라 하고 정전기와 구별한다.

1800년, 이탈리아의 볼타가 전지를 발명함으로써 정전기의 시대에서 동전기의 시대로 옮겨져 전류가 얻어지게 된 것이다.

2.1 전기의 흐름 - 〈자유전자가 이동한다〉

물질 속을 전기가 흐르는 것은 물질 속에 있는 자유전자의 이동에 의한 것이다. 따라서 동선과 같이 자유전자가 많이 있는 물질은 전기가 잘 통한다.

그림4와 같이 ⊞의 전기를 띤 물질 A와 ⊟의 전기를 띤 물질 B를 동선으로 연결하면 ⊞와 ⊟의 전기는 동선을 통해서 중화(결합)한다. 이 현상을 자세하게 설명하면 다음과 같이 된다.

그림(B)와 같이 동선 속의 ⊟의 전기를 가진 자유전자가 ⊞의 전기를 띤 물질 A에 끌려서 A의 물질에 들어가 ⊞의 전하와 결합하고 그로 인해 전선 속의 자유전자가 부족해서 ⊟의 전기를 띤 물질 B에서 전자가 공급된다. 이 현상은 물질 A의 ⊞전하 혹은 물질 B의 전자(⊟의 전하)가 없어질 때 까지 반복된다.

이와 같이 동선 속의 ⊟의 전기를 가진 전자가 이동하는 것을 「전류가 흐른다」고 한다.

---

2) 동전기의 「동」을 생략하여 일반적으로 「전기」라고 부른다.

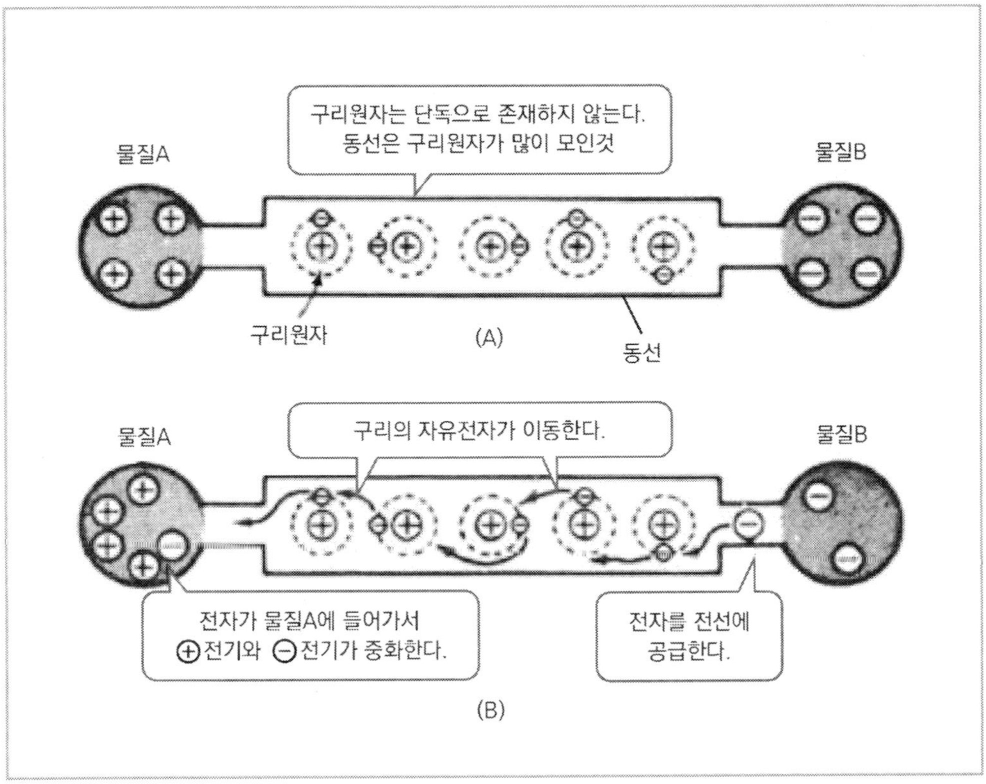

[그림4] 자유전자의 이동

2.2 전류 - 〈전류는 자유전자의 흐름과 반대방향으로 흐른다〉

일반적으로 전류는 전지의 ⊞극에서 ⊟극으로 흐른다고 하는데, 이것은 ⊞의 전기가 ⊟의 전기쪽으로 흐르는 것으로 가정해서 나타낸 것이다.

그런데 전기의 연구가 진행함에 따라서 전류는 전자가 흐르는 현상이라는 것을 알게 되었다. 그리고 전류가 흐르는 방향은 전자가 흐르는 방향이 아니고 전자가 흐르는 방향과는 반대의 방향이라는 것을 알게 되었다. 그러나 전류가 전자의 흐름이라는 것을 모르고 있었을 때 전류는 ⊞의 전하를 가진 것에서부터 ⊟의 전하를 가진 것 쪽으로 흐르는 것으로서 전기의 법칙이나 현상을 설명하고 있었으므로, 그 관습대로 오늘날에도 「전류는 ⊞쪽에서 ⊟쪽으로 흐른다」는 표현을 한다.

보통 전류는 I 또는 i 라는 기호로 나타내고 그 단위는 **암페어(A)**[3]가 쓰인다. 그리고

3) 프랑스 혁명시대를 산 프랑스의 대 물리학자 암페르의 이름을 따서 붙여졌다.

1초 간에 1쿨롱(C)[4]의 비율로 전하가 통할 때 1암페어(A)의 전류가 흘렀다고 한다.

2.3 전압 - 〈전기를 흘리는 압력〉

물이 높은 곳에서 낮은 곳으로 흐르듯이 전기의 경우도 이것과 마찬가지라고 할 수 있다.

물탱크의 수위에 상당하는 것이 전기에서는 눈에 보이지는 않지만 이것을 **전위**라 부르고 수위의 차에 상당하는 것을 **전위차**로 나타낸다.

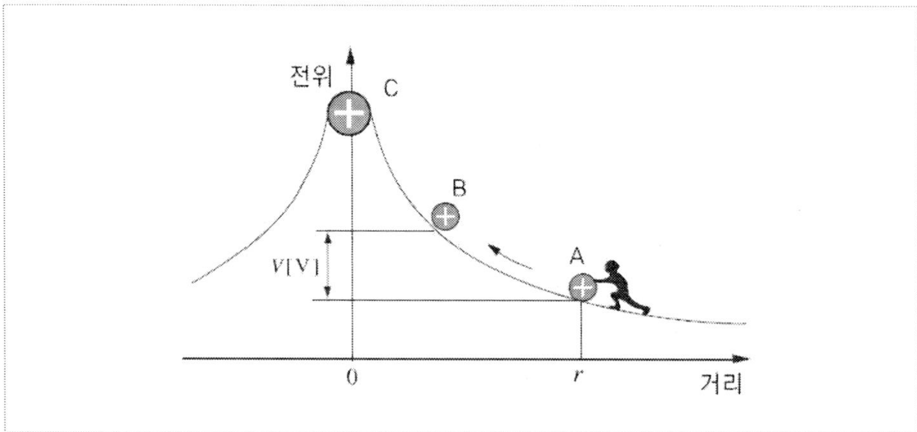

전위와 전위차

그림5와 같이 수위의 차가 있는 물탱크 A, B를 파이프로 연결하면 양 탱크의 수위에 상당하는 수압이 작용하여 수압에 따라 수압이 높은 탱크에서 낮은 탱크로, 즉 그림의 경우에는 A에서 B로 파이프 속에 물이 흐른다.

전기의 경우도 마찬가지로 우리들이 살고 있는 대지의 전위를 0볼트(V)로 하고 그보다 얼마만큼 높은가 낮은가를 전위차로서 나타낸다. 그리고 전류는 전위가 높은 곳에서 낮은 곳으로 흐른다. 이와 같이 전위차는 전기를 흘리려는 압력과 같은 것이므로 **전압**이라고 부른다.

---

4) 물체가 전기를 띠었을 때 물체에 「전하가 있다」고 한다. 그리고 전하라는 것은 「전기의 양」 이라는 뜻도 있으며 프랑스의 과학자 쿨롱의 이름이 단위명으로 되어 있다.

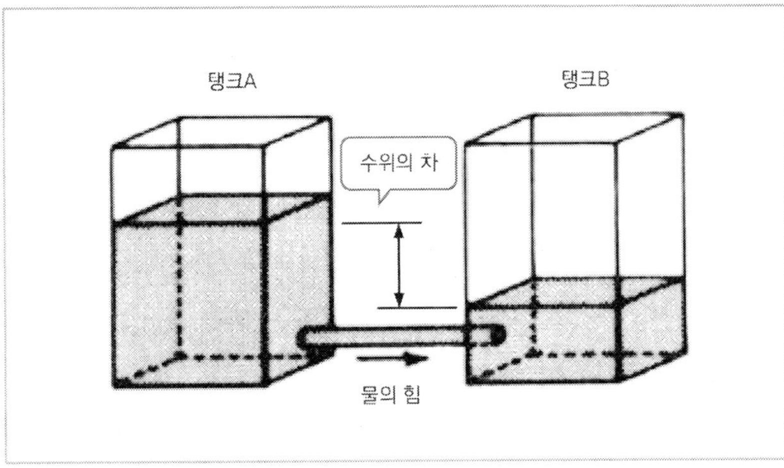

[그림5] 수압과 물의 흐름

다음에 연속적으로 전류를 흘리려면 어떻게 하면 좋은지를 생각해 보기로 하자. 그림5에 있어서 A와 B의 물탱크의 수위차가 없어지면 물이 파이프 속을 흐르지 않게 된다. 마찬가지로 그림6과 같이 ⊞의 전기를 갖는 물체 A와 ⊟의 전기를 띤 물체 B를 전선으로 연결하면 중화하여 전위차가 없어질 때 까지는 전류는 흐르지만 그 후는 연속해서 흐르지 않는다. 따라서 발전기를 써서 ⊞의 전하와 ⊟의 전하(전자)를 만들어 내어 A의 물체에는 ⊞의 전하를, B의 물체에는 ⊟의 전하(전자)를 공급하여 두 물질 간에 전위차를 유지할 필요가 있다. 이 전위차 즉, 전압을 만들어 내는 힘을 **기전력**이라고 한다. 또 발전기와 같이 기전력을 발생하여 전류를 연속적으로 공급하는 장치를「전원」이라고 한다.

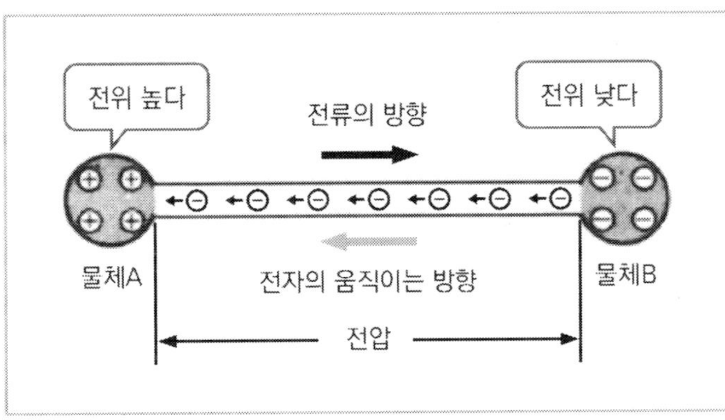

[그림6] 전압과 전류의 방향

전위·전위차·전압·기전력

전류가 전선을 흐르는 것은 물이 파이프를 흐르는 것에 비유된다. 전류가 흐르려면 전기적인 뜻에서의 높이의 차가 필요하다. 전기적인 높이를 「전위」라 하고 전위의 차를 「전위차」라고 한다. 전위차는 전류를 흘리기 위한 압력이라고 생각되며 이것을 「전압」이라고 부른다.

기전력이란 전위차(전압)를 유지하여 연속적으로 전류를 흘리는 원동력이 되는 것을 말한다.

보통 전압 및 기전력은 V 또는 E의 기호로 나타내고 단위는 **볼트(V)**[5]가 쓰인다. 그리고 **1 쿨롱(C)의 전기의 양이 전압의 어느 2점 간을 이동하여 1줄(J)**[6]**의 일을 할 때 이 2점 간의 전압의 크기를 1볼트(V)**라고 한다.

2.4 도체와 부도체(절연체) - 〈자유전자의 많고 적음에 의해서 정해진다〉

물질에는 전류가 흘리기 쉬운 것과 통하기 어려운 것이 있다. 앞의 것을 **도체** 뒤의 것을 **부도체(절연체)**라고 한다.

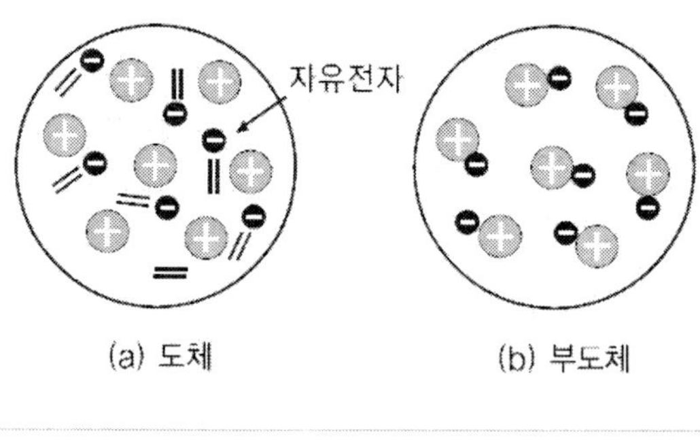

도체와 부도체

5) 이탈리아의 물리학자로, 전지의 발명자인 볼타의 이름을 따서 붙여졌다.
6) 1kg-m/s=9.8J(줄)=9.8W(와트)의 관계가 있다.

이와 같이 전기를 통하기 쉬운 것과 통하기 어려운 것과의 차이는 그 물질을 만들고 있는 원자로 정해진다. 일반적으로 금속에는 전압을 걸면 원자핵에서 먼 곳을 돌고 있는 전자는 인력이 약하므로 튀어나가기 쉬운 경향이 있다. 즉 튀어나온 자유전자가 많이 있는 물질은 전류를 잘 통하지만 자유전자가 적은 물질은 전류를 통하지 않는다.

도체에는 금속(구리, 알루미늄, 은 등), 전해액(염산, 황산, 식염 등의 수용액)이 있다. 또 부도체(절연체)에는 유리, 염화 비닐, 에보나이트, 고무, 운모, 마른 종이 등이 있다.

이 밖에 도체와 부도체의 중간 성질을 갖는 물질을 **반도체**라 하며 대표적인 것에는 실리콘이나 게르마늄이 있다(제3편 제2장 참조).

2.5 전기저항 - 〈전류의 흐름을 방해하는 것〉

파이프에 물을 흘릴 때 파이프 단면의 모양, 길이, 내면의 거칠기에 따라서 물의 흐름은 달라진다. 즉 파이프의 형태에 따라서 물의 흐름은 여러 가지로 방해를 받게 된다. 이와 같이 물의 흐름을 방해하는 성질을 「파이프의 저항」이라고 한다.

전기의 경우도 마찬가지로 전류를 흘리는 전선에 전류의 흐름을 방해하는 성질이 있다. 이것을 파이프 속을 흐르는 물의 흐름을 방해하는 작용과 마찬가지로 전기적인 저항이라고 생각하여 **전기저항** 혹은 **저항**[7]이라고 한다.

앞에서 설명한 바와 같이 전선 속을 전기가 전해지는 것은 그 물질 속에 있는 자유전자의 이동에 의한 것이다. 동선이나 알루미늄과 같이 자유전자가 많은 도체 속을 자유전자가 이동할 때 구리나 알루미늄을 이루고 있는 원자에 부딪혀서 그 이동이 방해된다. 따라서 이것이 전기저항의 원인이 된다. 도체의 저항은 일반적으로 다음 세 가지 사항에 의해서 그 크기가 변화한다.

① 재질의 종류 - 도체가 어떤 물질인가.
② 모양 - 도체가 긴가 짧은가, 혹은 단면이 굵은가 가는가.
③ 도체의 주위온도 - 온도가 높은가 낮은가.

여기서 도체의 저항을 $R(\Omega)$, 길이를 l, 단면적을 A로 하면 일반적으로 다음의 관계가 성립한다.

7) 저항(reactance)의 머리글자를 따서 R로 나타낸다.

$$R \propto \frac{l}{A}$$

즉「저항의 크기 R은 재료가 같을 때 길이 l에 비례하고 단면적 A에 반비례 한다.」

또 저항은 온도에 따라서 변화하는 것으로, 온도가 상승함에 따라서 저항이 커지는 것과 작아지는 것이 있다. 일반적으로 금속은 온도가 상승할 때 저항은 커지고 탄소, 전해액, 반도체는 온도가 상승함에 따라서 저항은 작아진다.

이상과 같이 전기가 흐르기 어려운 정도를 전기저항이라 하고 일반적으로 저항은 R의 기호로 나타내고 그 단위로는 **옴(Ω)**[8]이 쓰인다. 그리고 1볼트(V)의 전압을 가한 경우 1암페어(A)의 전류가 흐를 때의 도체의 저항을 1옴(Ω)이라고 한다. 또 저항의 단위에는 옴(Ω)외에 킬로옴(kΩ), 메그옴(MΩ)[9]이 쓰인다.

8) 1827년 독일의 물리학자 옴은 옴의 법칙을 발표했다. 그 사람의 이름을 따서 붙여진 단위이다.
9) 실용상 1옴(Ω)의 1,000배를 1킬로옴(kΩ), 100만배를 1메그옴(MΩ) 혹은 1메가옴이라고 한다.

제 3 장 : 직류전기회로의 성질

앞 장에서는 전압, 전류 및 저항 등 전기의 기초가 되는 사항에 대해서 설명하였다.

전기의 연구가 진행함에 따라서 1872년, 독일의 옴은 전기회로의 전압, 전류 및 저항 사이에 어떤 관계가 성립한다는 것을 명백히 하였다. 이 장에서는 이 관계를 중심으로 직류전기회로에 볼 수 있는 여러 가지 성질을 알아보기로 하자.

3.1 직류회로 - 〈전류가 흐를 수 있는 통로〉

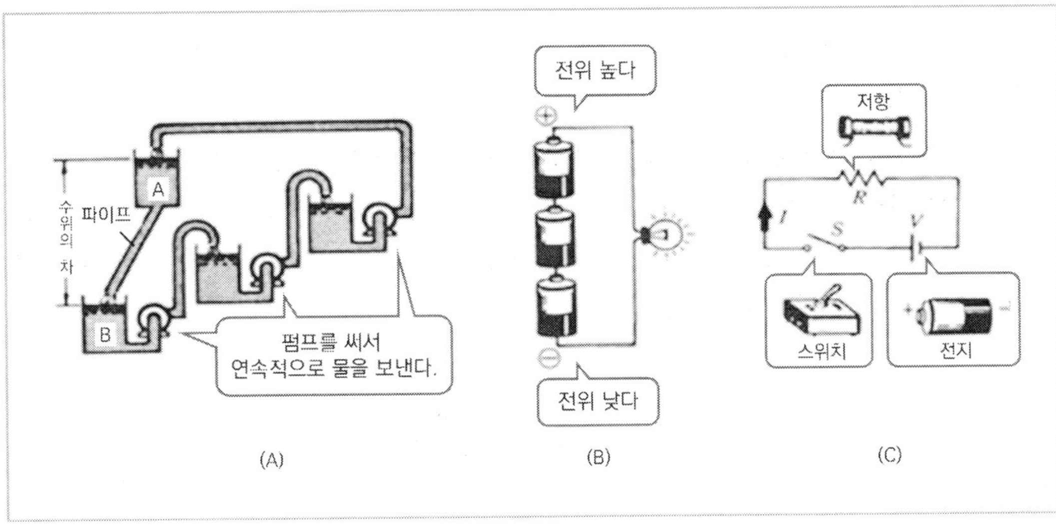

[그림7] 직류전기회로

그림7(A)와 같이 A,B의 물탱크 사이에 펌프를 붙인다. B탱크에 고인 물을 A탱크에 다시 보내서 양 탱크의 수위차를 일정하게 유지하면 파이프에 일정한 수량이 흐른다.

전기의 경우도 마찬가지로 전지와 같이 전류를 흘리는 역할을 갖는 것 즉, 기전력이 있는 것에 전구(즉 일종의 저항)를 접속하면 전위가 높은 양극(⊞측)에서 전위가 낮은 음극(⊟측)으로 물의 흐름과 마찬가지로 전류가 흘러서 전구가 켜진다(그림 7(B)). 그리고 이 전류가 흐르는 통로를 「전기회로」 또는 단순히 「회로」라고도 한다. 또 그림 (C)와 같이 전지, 저항을 각각 그림과 같은 정해진 그림기호를 써서 이 회로를 나타낼 때 이 그림을 「회로도」 또는 「배선도」라고 한다. 그리고 직류[10]가 흐르는 회로를 「직류회로」라고 한다.

직류발전기 혹은 전지의 양극(⊞측)과 음극(⊟측)에 전위차(전압)를 발생하여 전류를 흘리는 원동력이 되는 것을 「기전력(즉 전압)」이라 하고 또 기전력을 발생하여 전류를 연속적으로 공급하는 장치를 **전원**이라고 한다. 전원에서 전류의 공급을 받아서 전구 등과 같이 전기를 소비하는 것을 **부하**라고 한다.

3.2 옴의 법칙 - 〈전기회로계산의 기본이 되는 법칙〉

이 법칙을 알지 못하고는 전기를 말할 수 없을 정도로 중요한 법칙이다. 1827년에 독일의 과학자 옴(Ohm)은 전기회로의 전압, 전류 및 저항에 다음의 관계가 있다는 것을 발표했다.

즉 전기회로에 흐르는 전류는 회로에 가해진 전압에 비례하고 저항에 반비례한다. 이것을 **옴의 법칙**이라고 한다. 여기서 전압, 전류, 저항의 단위를 각각 볼트(V), 암페어(A), 옴(Ω)으로 나타내고 전압을 V, 전류를 I, 저항을 R의 기호로 각각 바꾸어 쓰면 옴의 법칙은 다음 식으로 나타낼 수 있다.

$$[\text{전류}] = \frac{[\text{전압}]}{[\text{저항}]}$$

10) 전지와 같이 언제나 ⊞, ⊟가 정해져 있는 것을 「직류전원」이라 하고, 거기에서 나오는 전류를 「직류」라고 한다.

옴의 법칙

전기회로에 흐르는 전류 I(A)는 회로에 가해진 전압 V(V)에 비례하고 저항 R(Ω)에 반비례한다.

$$I=\frac{V}{R} \rightarrow V=I\cdot R \rightarrow R=\frac{V}{I}$$

교류의 경우에도 이 법칙은 적용된다. 단, 전압, 전류는 실효값으로 하고 저항에 상당하는 것으로서 저항 외에 유도 리액턴스 $X_L(\Omega)$, 용량 리액턴스 $X_C(\Omega)$, 임피던스 Z(Ω)등이 쓰인다.

$$I=\frac{V}{R} \quad \cdots\cdots\cdots\cdots\cdots \ (1)$$

(1)식의 저항 R을 좌변에 이항해서 변형하면 다음과 같이 된다.

$$[\text{전압}] = [\text{전류}]\times[\text{저항}]$$

$$V=I\cdot R \quad \cdots\cdots\cdots\cdots\cdots \ (2)$$

또 (2)식의 전류 I를 좌변에 이항하여 변형하면 다음 식이 된다.

$$[\text{저항}]=\frac{[\text{전압}]}{[\text{전류}]}$$

$$R=\frac{V}{I} \quad \cdots\cdots\cdots\cdots\cdots \ (3)$$

위의 세 식 (1),(2),(3) 식의 사용법을 알고 있으면 전기회로의 계산을 할 수 있다.

(1)식에서 전압 V(V), 저항 R(Ω)을 알고 있을 때 그 회로에 흐르는 전류 I(A)가 구해진다.

예제 그림과 같이 전기회로의 저항이 20Ω이고 여기에 전압 100V를 가했을 때 회로에 흐르는 전류를 구하여라.

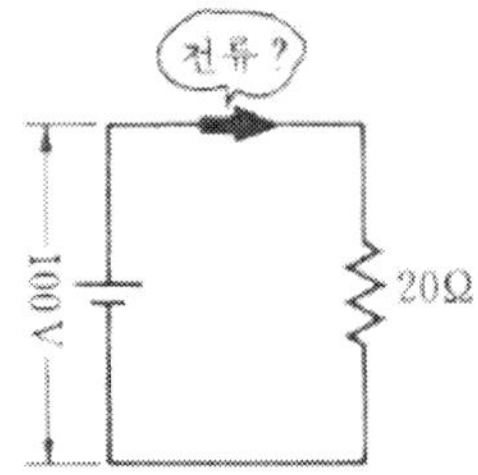

연구 옴의 법칙 $I=\frac{V}{R}$에 V=100V, R=Ω을 대입하면

$I=\frac{100}{20}$ = 5(A)

답 : 회로에 흐르는 전류는 5A

(2)식에서 전류 I(A), 저항 R(Ω)을 알고 있을 때 그 회로에 가한 전압 V(V)가 구해진다.

예제 그림과 같이 저항이 20Ω인 곳에 5A의 전류를 흘리려면 몇 볼트의 전압을 가하면 좋은가.

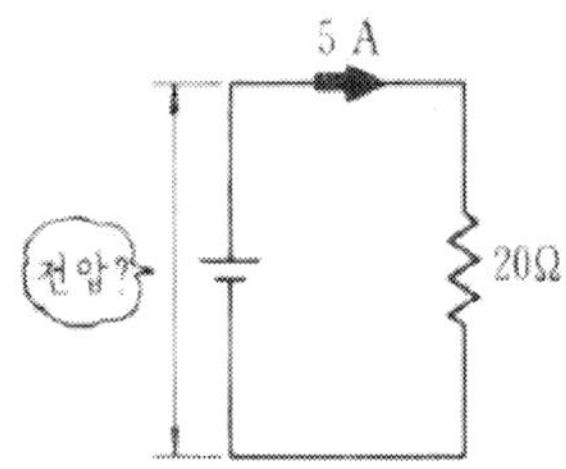

연구 옴의 법칙 $V=I \cdot R$에 I=5A, R=20Ω을 대입하면

V=5 X 20 = 100(V)

답 : 회로에 가하는 전압은 100V

(3)식에서 회로의 전압 V(V)와 전류 I(A)를 알고 있을 때 그 회로의 저항이 몇 옴 인가를 구할 수 있다.

예제 그림과 같이 회로에 가하는 전압이 100V이고 흐르는 전류가 5A이면 이 회로의 저항은 몇 옴인가.

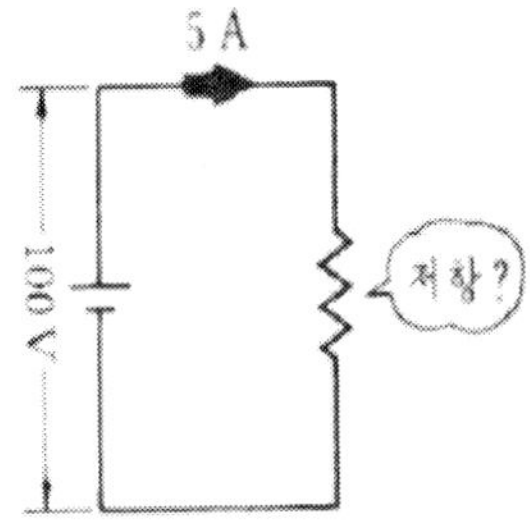

연구 옴의 법칙 $R=\frac{V}{I}$ 에 V=100V, I=5A를 대입하면 R= $\frac{100}{5}$ = 20(Ω)

답 : 회로의 저항은 20Ω

이상으로 알 수 있듯이 전기회로에서 전압, 전류, 저항 중 어느 둘만 알고 있으면 다른 하나는 옴의 법칙에서 계산으로 구해진다.

3.3 전기회로의 저항접속법 - 〈3종류의 접속법과 합성저항을 구하는 방법〉

보통의 전기회로에서는 여러 개의 저항을 조합해서 사용하는 경우가 많고 저항의 조합방법에 따라서 직렬접속, 병렬접속, 직병렬 접속의 세 가지 방법이 있다.

그러면 저항을 2개, 3개 직렬이나 병렬로 접속했을 때 전류의 흐름은 어떻게 되는가를 배우기로 하자.

(1) 저항의 직렬접속과 합성저항

2개의 저항 R_1과 R_2를 그림8과 같이 접속하여 전원에 접속하면 전류는 전원의 ⊞측에서 저항 R_1을 통한 다음 R_2의 저항에 흘러 전원의 ⊟측으로 되돌아간다. 이와 같은 저항의 접속법을 「직렬접속」이라 하고 그 회로를 「직렬회로」라고 한다.

서로 다른 저항 R_1, R_2를 직렬로 접속한 회로에서는 전류의 통로가 한 줄이므로 R_1과 R_2의 저항의 크기가 달라도 같은 크기의 전류가 흐른다.

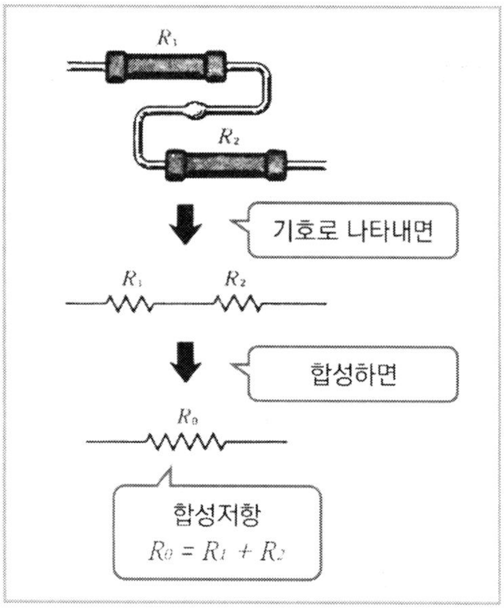

[그림8] 저항의 직렬접속

둘 이상의 저항이 접속된 전기회로에서 각각의 저항을 합친 전체의 저항을「합성저항」이라 하고 **서로 다른 저항이 직렬로 접속되어 있을 때의 합성저항은 각각의 저항의 합[11]과 같게 된다.**

$$R_0 = R_1 + R_2 + \cdots\cdots\cdots\cdots\cdots\cdots\cdots\cdots\cdots\cdots \quad (1)$$

그러면 둘 이상의 저항을 직렬로 접속했을 때의 합성저항은 각각의 저항의 합과 같다는 증명을 해 보기로 한다.

저항 R_1, R_2(Ω)을 직렬로 접속했을 때는 각각의 저항에 같은 전류 I (A)가 흐른다. 따라서 옴의 법칙의 (2)식에 보인 바와 같이 $V = I \cdot R$ (V)의 전압이 저항의 양단에 발생한다.

이와 같이 저항에 전류가 흘렀기 때문에 저항 양단에 생긴 전압을 **전압강하**라고 한다.

그러므로 R_1에서의 전압강하를 V_1(V), R_2에서의 전압강하를 V_2(V)라고 하면 옴의 법칙에서

$$V_1 = I \cdot R_1 \qquad V_2 = I \cdot R_2$$

여기서 공급한 전압 V는 각각의 저항에서의 전압강하 V_1과 V_2를 더한 것과 같

11) 각각의 저항을 더한 것을 말한다. 예를 들면 2와 3 및 5의 합은 10이다.

게 되므로 다음 식으로 나타낼 수 있다.

$$V = V_1 + V_2$$
$$= I \cdot R_1 + I \cdot R_2$$
$$= I(R_1 + R_2) \cdots\cdots (2)$$

(2)식의 I를 좌변에 이항하면

$$\frac{V}{I} = R_1 + R_2$$

가 된다. 전압을 전류로 나눈 것은 옴의 법칙에 의해 저항을 나타낸다. 여기서 R_1과 R_2를 더한 것을 R_0로 하고 하나의 저항 R_0를 접속하여 전류 I가 흐른 것과 같은 효과의 저항이라고 생각하여 이것을 합성저항이라고 부르고 있는 것이다. 또 3개 이상의 저항을 직렬접속한 경우도 마찬가지로 증명된다.

예제 그림의 전기회로와 같이 각각의 저항을 직렬로 접속 했을 때 합성저항, 회로에 흐르는 전류, 각각의 저항에서의 전압강하를 구하여라.

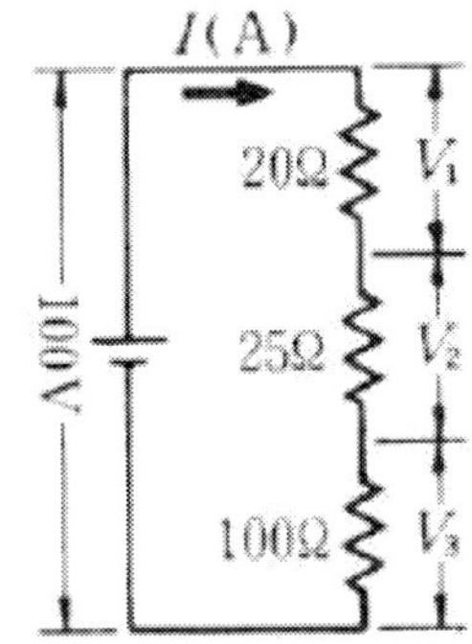

(1) 합성저항 : R_0 = [㉠] Ω

(2) 회로의 전류 : I ≒ [㉡] A

(3) 전압 강하 : V_1≒[㉢] V, V_2≒[㉣] V,

V_3≒[㉤] V,

답 : ㉠ 145, ㉡ 0.69, ㉢ 13.8, ㉣ 17.2 ㉤ 69

(2) 저항의 병렬접속과 합성저항

그림9와 같이 저항 R_1, R_2를 접속하여 전원에 접속하면 전류는 전원의 ⊞측에서 나와 R_1을 통하는 전류와 R_2를 통하는 전류로 나뉜 다음 다시 합쳐져서 전원의 ⊟측으로 되돌아온다. 이와 같은 저항의 접속법을 「병렬접속」이라 하고 그 회로를 「병렬회로」라고 한다.

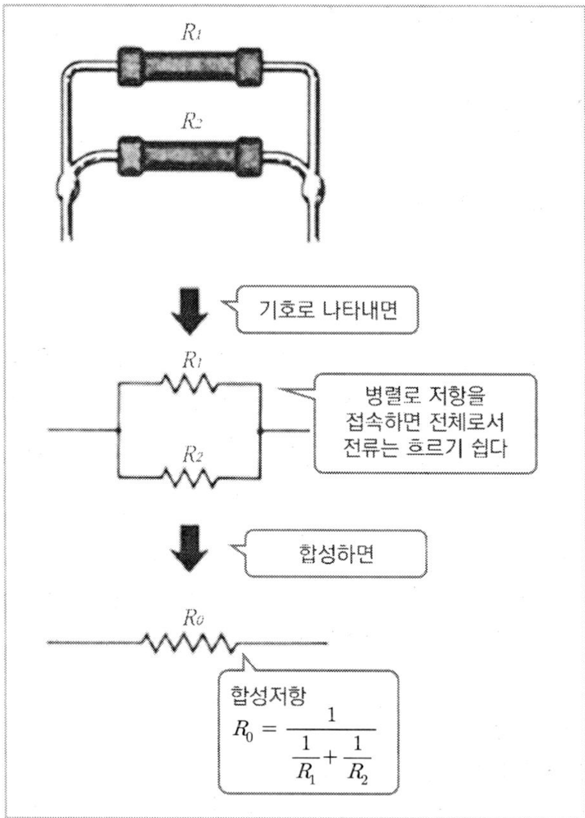

[그림9] 저항의 병렬접속

저항 R_1과 R_2를 병렬로 접속할 때 각각의 저항 양단에는 같은 전압 V(V)가 가해지게 된다. 따라서 저항 R_1에 흐르는 전류를 I_1(A), 저항 R_2에 흐르는 전류를 I_2(A)라고 하면 옴의 법칙에 의해서 I_1, I_2는 다음과 같이 구해진다.

$$I_1 = \frac{V}{R_1} \qquad I_2 = \frac{V}{R_2}$$

각각의 전류 I_1과 I_2를 더한 것이 회로에 흐르는 전 전류가 되므로

$$\begin{aligned} I &= I_1 + I_2 \\ &= \frac{V}{R_1} + \frac{V}{R_2} \\ &= V\left(\frac{1}{R_1} + \frac{1}{R_2}\right) \cdots\cdots (3) \end{aligned}$$

이 된다.

회로 전체의 전 전류 I(A)가 구해지면 옴의 법칙에 의해서 합성저항 R_0는 공급전압 V를 전 전류 I로 나누어서 구하므로

$$[\text{합성저항}] = \frac{[\text{공급전압}]}{[\text{전전류}]} \quad R_0 = \frac{V}{I} \cdots\cdots (4)$$

(4)식의 I의 곳에 (3)식의 $I = V(\frac{1}{R_1} + \frac{1}{R_2})$를 대입하면

$$R_0 = \frac{V}{V(\frac{1}{R_1} + \frac{1}{R_2})} = \frac{1}{\frac{1}{R_1} + \frac{1}{R_2}}$$

이 된다. 이것은 둘 이상의 저항이 병렬접속에 대해서도 마찬가지로 구할 수 있다. **따라서 병렬로 접속한 둘 이상의 저항의 합성저항은 각각의 저항의 역수의 합의 역수[12]와 같다**는 것을 알 수 있다.

합성저항

① 직렬접속인 경우의 합성저항
- 각 저항의 합과 같다.

② 병렬접속인 경우의 합성저항
- 각 저항의 역수의 합의 역수와 같다.

③ 직병렬 접속인 경우의 합성저항
- 전체를 직렬접속 또는 병렬접속의 최소 블록까지 분할하고, 그 접속법에 따라서 합성저항을 구한 다음 순차 블록을 넓혀 가면서 그 때마다 합성저항을 구해서 최종적으로 전체의 합성저항을 구한다.

12) 예를 들면 3과 2의 역수의 합의 역수란 $\frac{1}{\frac{1}{3} + \frac{1}{2}} = \frac{1}{\frac{2+3}{6}} = \frac{6}{5} = 1.2$

예제 그림과 같이 3개의 저항이 병렬로 접속되어 있는 전기회로가 있다. 여기에 30V의 전압을 가했다. 아래의 각각의 값을 구하여라.

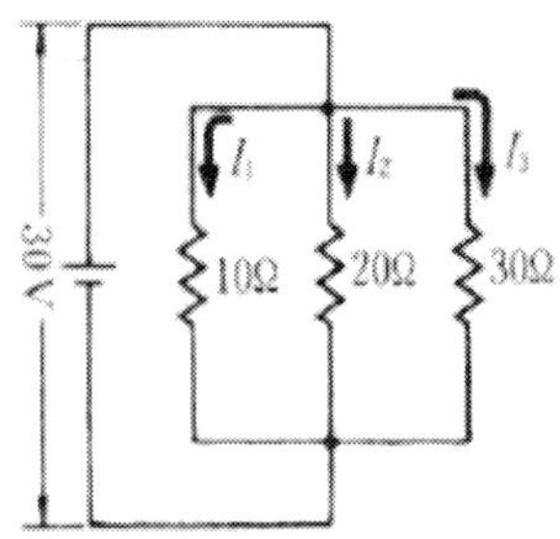

(1) 합성저항 : R_0 = [㉠] Ω

(2) 각 저항에 흐르는 전류 : I_1 = [㉡] A

I_2 = [㉢] A I_3 = [㉣] A

(3) 회로에 흐르는 전 전류 : I = [㉤] A

답 : ㉠ $\dfrac{1}{\dfrac{1}{10}+\dfrac{1}{20}+\dfrac{1}{30}}$ **㉡ 3 ㉢ 1.5 ㉣ 1 ㉤ 5.5**

(3) 직병렬 회로의 합성저항

직렬로 저항을 접속한 직렬회로와 병렬로 저항을 접속한 병렬회로를 조합시킨 회로를 「직병렬 회로」라고 한다. 그림10은 그 일례이다. 이 회로의 합성저항을 구하려면 다음 순서와 같이 한다.

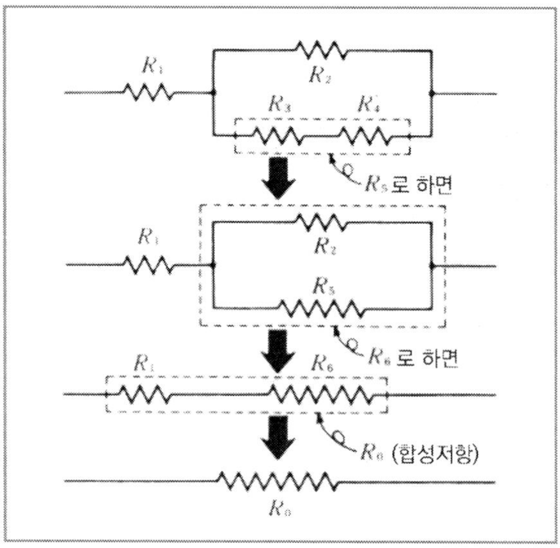

[그림10] 직병렬 회로의 합성저항

① R_3과 R_4의 직렬접속의 합성저항 R_5를 구한다.

$R_5 = R_3 + R_4$

② R_5와 R_2의 병렬합성저항을 R_6이라고 생각하고 이것을 구한다.

$$R_6 = \frac{1}{\frac{1}{R_5} + \frac{1}{R_2}}$$

③ R_6과 R_1과의 직렬합성저항을 구한다. 이것이 이 회로의 전 합성저항 R_0가 된다.

$R_0 = R_6 + R_1$

예제 그림의 회로에서 R_1이 5Ω, R_2가 10Ω, R_3이 15Ω 일 때 이 회로의 합성저항을 구하여라.

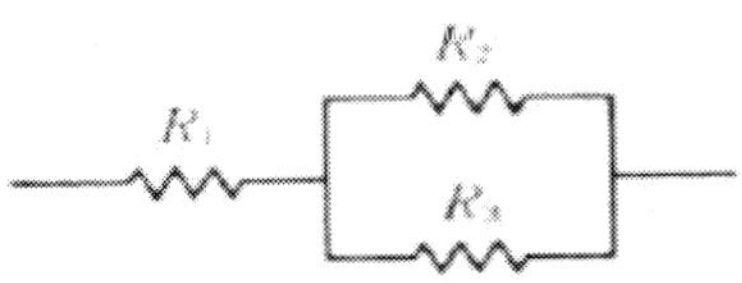

연구 병렬회로의 합성저항을 구하고 다음에 이 저항과 처음의 저항 R_1과의 합성저항을 구한다.

① 면적 R_2와 R_3의 병렬회로의 합성저항 R'를 구한다.

$$R = \frac{1}{\frac{1}{R_2} + \frac{1}{R_3}} = \frac{1}{\frac{1}{10} + \frac{1}{15}}$$
$$= \frac{10 \times 15}{10 + 15} = 6(\Omega)$$

② 이것을 회로도로서 바꾸어 그리면 오른쪽 그림과 같이 되며 이것은 R_1과 R'와의 직렬회로가 되므로 그 합성저항 R_0는

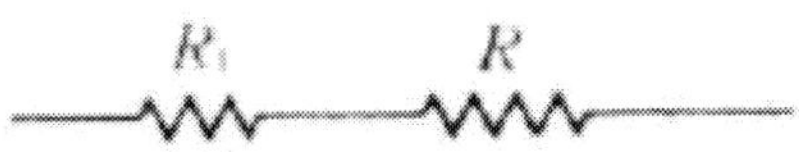

$R_0 = R_1 + R'$

$= 5+6 = 11(\Omega)$

답 : 직병렬회로의 전 합성저항은 11Ω

3.4 전지의 접속방법 - 〈필요에 따라 접속한다〉

둘 이상의 전지를 접속하여 사용하는 방법으로는 직렬접속, 병렬접속 그리고 직병렬접속의 방법이 있다. 이와 같이 접속한 경우의 전압이나 전류의 크기를 구하는 방법을 생각해 보기로 하자.

(1) 전지의 직렬접속 (높은 전압이 필요한 경우)

축전지의 발생전압은 약2V, 건전지는 약1.5V이다. 따라서 이 이상 높은 전압을 필요로 할 때는 전지를 직렬로 접속하면 필요한 전압을 얻을 수 있다.

전지의 직렬접속이란 그림11과 같이 A전지의 ⊟극과 B전지의 ⊞극을 연결하고 B전지의 ⊟극과 C전지의 ⊞극을 접속하는 식으로 서로 다른 극을 차례차례 1열로 접속하는 방법이다. 이렇게 했을 때의 합성전압은 각 전지의 전압을 더한 크기가 된다. 즉 건전지 1개이면 1.5V이지만 3개를 직렬로 연결하면 4.5V가 얻어진다. 그러나 사용 시간은 전지 1개 분과 같다.

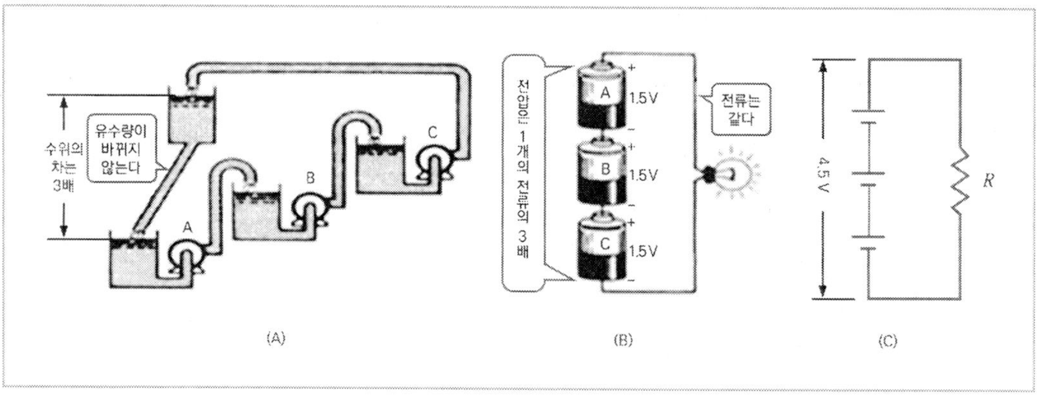

[그림11] 전지의 직렬접속

(2) 전지의 병렬접속 (큰 전류가 필요한 경우)

전지에서 꺼낼 수 있는 전류는 전지의 용량에 따라 정해진다. 그 이상 큰 전류가 필요한 경우에는 전지를 병렬로 접속하면 된다.

전지의 병렬접속방법이란 그림12와 같이 각 전지의 ⊞극끼리, ⊟극 끼리를 잇는 방법이다. 병렬접속의 경우 꺼낼 수 있는 전류는 각 전지의 전류를 합친 크기가 된다. 그러나 전압은 전지 1개의 경우와 같으며 전지를 장시간 이용 할 수 있다. 예를 들면 3개를 병렬로 접속하면 1개일 때의 약 3배를 사용할 수 있다.

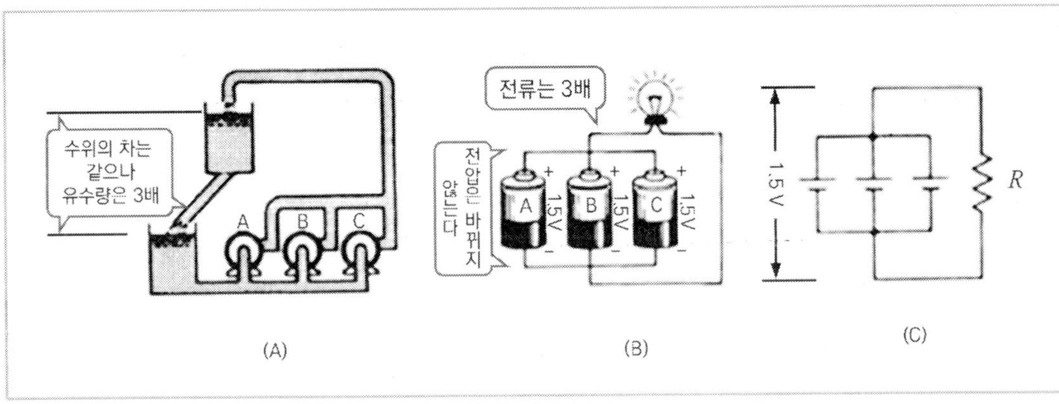

[그림12] 전지의 병렬접속

(3) 전지의 직병렬 접속

그림13과 같이 여러 개의 전지를 직렬로 접속한 것을 다시 병렬로 연결하는 방법을 말한다.

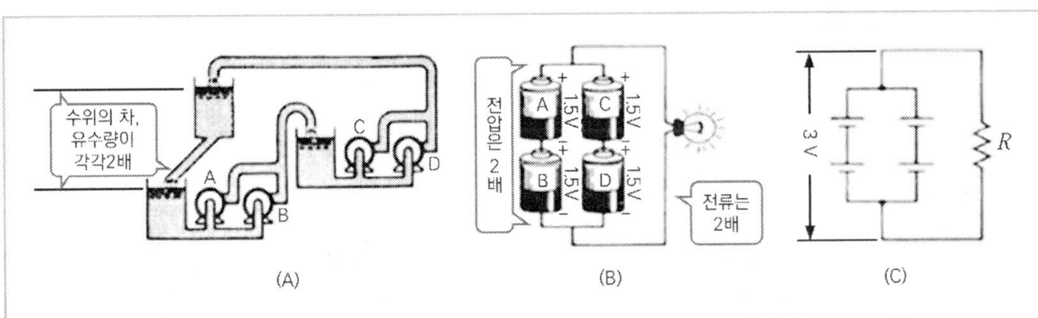

[그림13] 전지의 직병렬 접속

이 경우의 합성전압은 직렬접속의 전지의 합과 같고 사용할 수 있는 시간은 병렬접속의 전지의 수에 비례한다. 전기용량은 병렬회로의 수에 의해서 정해진다.

전지의 접속법

① 전지의 직렬접속

- 합성전압이 각 전지 전압의 합이 된다. 사용시간은 1개인 경우와 같다.

② 전지의 병렬접속

- 합성전류가 각 전지의 전류의 합이 된다. 사용시간은 거의 각 전지의 합이 된다.

③ 전지의 직병렬 접속

- 합성전압은 직렬부분의 합이 되고 합성전류는 병렬부분의 합이 된다. 사용시간도 병렬부분의 합에 비례한다.

3.5 전류의 열작용 - 〈줄의 법칙과 줄열의 응용〉

전열기에 전압을 가하면 니크롬선이 열을 발생하는 이유는 무엇일까. 열의 정체는 물질을 만들고 있는 분자나 원자의 알갱이가 심하게 진동한다든지 충돌한다든지 하고 있는 현상이다.

제3장에서 배운 것과 같이 전류가 통하는 것은 전기를 운반하는 전자(전류의 흐름)가 움직이고 있기 때문이다. 즉 이 전자가 니크롬선의 분자나 원자 사이를 지나 충돌 혹은 튕겨지면서 분자의 운동도 활발해져서 열이 발생하게 되는 것이다.

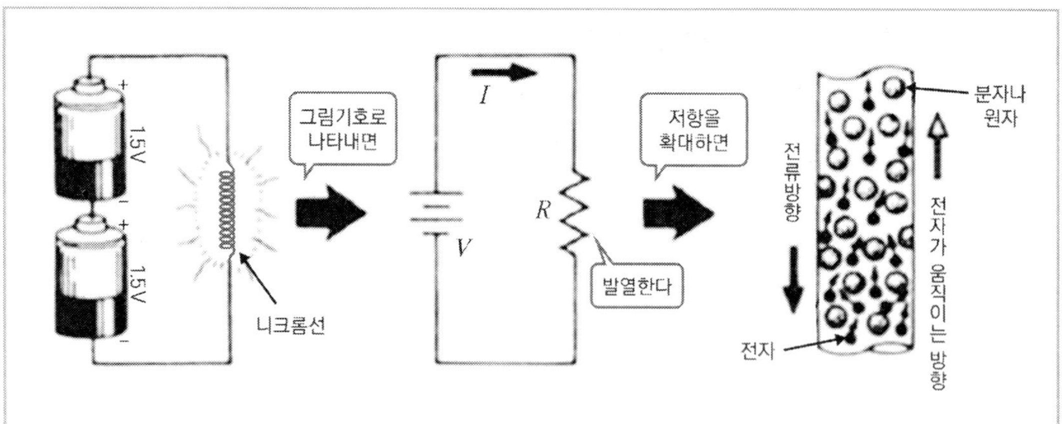

[그림14] 전류에 의한 열작용

그림14에 보는 것과 같이 저항 $R(\Omega)$에 전류 I(A)가 t초간 흘렀다는 것을 알고 있으면 **발생하는 열량을 계산하는 법칙이 있다. 즉 발생하는 열량은 전류의 제곱, 저항 그리고 전류를 흘린 시간(초)에 비례한다.** 이것을 **줄[13]의 법칙**이라 하고 전류에 의해서 발생한 전열을 「줄열」이라고도 부른다.

전류에 의해서 발생하는 전열량을 $H(cal)$, 저항 $R(\Omega)$에 흐르는 전류를 $I(A)$, 흐른 시간을 t초라고 하면 줄의 법칙은 다음 식으로 바꾸어 쓸 수 있다.

$$[\text{발열량}] = 0.24 \times [\text{전류}]^2 \times [\text{저항}] \times [\text{시간(초)}] \quad H = 0.24 I^2 \cdot R \cdot t$$

줄의 법칙

저항선에 흐르는 전류에 의해서 발생하는 발열량 $H(cal)$는 전류 $I(A)$의 제곱, 저항 R (Ω), 전류가 흐르는 시간 t(초)에 비례한다.

$$H = 0.24 I^2 \cdot R \cdot t \quad \cdots\cdots (1)$$

(1)식에 옴의 법칙 $V = I \cdot R$을 적용하면 다음과 같이 된다.

$$H = 0.24 V \cdot I \cdot t$$

이 줄열 즉, 저항에 전류를 흘려서 생기는 발열현상을 응용한 것에는 전구, 전열기, 퓨즈 등이 있다. 전선에 사용하는 구리에도 극히 적기는 하지만 저항이 있으므로 여기에 전류가 흐르면 줄열을 발생한다.

따라서 구리의 온도를 상승시키는 원인이 되지만 전류가 작을 때는 줄열도 적고 방열하고 말기 때문에 온도는 상승하지 않는다. 그런데 흐르는 전류가 커짐에 따라서 온도의 사용은 커져서 외부에 모두 방열되지 못하고 전선의 절연물을 태워 화재의 원인이 된다.

이와 같은 사고를 방지하기 위하여 동선을 사용한 전선에는 허용전류를 정하고 이것을 초과하지 않는 범위 내의 전류값으로 사용한다. 그리고 어떤 원인으로 허용전류를 넘는 전류가 흘렀을 때의 안전을 유지하기 위하여 퓨즈나 자동 차단기 등의 안전장치를 전기회로에 장비한다(제2편 4.2참조).

---

13) 영국의 물리학자(1818~1889). 1840년에 전류의 열작용에 대해서 줄의 법칙을 발표했다.

예제 50Ω의 저항에 5A의 전류를 1분간 흘렸을 때 발생하는 열량 $Hcal$를 [㉠]의 법칙을 써서 구하라.

요령 ① 먼저 저항에 흐르는 전류 $I(A)$를 구한다. ……………$I=$ [㉡]
② 다음에 [㉠]의 법칙에 의해서 H를 구한다. ……………$H=$ [㉢]

답 : ㉠ 줄 ㉡ 5A ㉢18,000cal

3.6 전력과 전력량 - 〈전기가 하는 일이란?〉

(1) 전력

디젤 기관 등에 있어서 단위시간에 얼마만큼의 일을 하는 능력이 있는가를 나타내는 경우 실용단위로서 「마력」을 쓴다. 이와 마찬가지로 전기에서는 전류를 흘려서 전등을 켠다든지 모터를 돌린다든지 하여 전류가 일을 한다. 따라서 전기기기 등이 일을 하는 능력을 나타내는데 **전력**이라는 용어를 쓰며, 단위는 W(와트)[14]가 쓰인다.

마력 및 전력의 정의를 명백히 하고, 전기의 무엇을 쓰는가를 생각해 보기로 하자.

먼저 내연기관의 경우, 쓰이는 1마력(PS)[15]이란 1초 간에 75kg-m의 비율로 일을 하는 능력(일의 율)을 말한다. 이에 대해서 전기기기의 경우에 사용되는 **1와트(W)란 1초 간에 1줄(J)[16]의 비율로 일을 하는 능력**(일의 율)을 말한다.

그림 15와 같이 R(Ω)의 저항에 V(V)를 가하여 I(A)가 t초간 흐른다고 하면 전기가 하는 일의 양, 즉 전력량 W (J)는 전압, 전류 및 시간에 비례하고 다음 식으로 구할 수 있다.

$$[\text{전력량}] = [\text{전압}] \times [\text{전류}] \times [\text{시간}] \quad W = V \bullet I \bullet t \cdots\cdots\cdots\cdots\cdots (1)$$

그리고 전력은 단위시간당의 전력량을 나타내는 것이므로 지금 t초 간에 있어서

14) 증기기관의 발명으로 유명한 영국의 제임스 와트를 기념해서 붙여진 단위이다.
15) 마력을 와트로 환산하면 1PS = 0.736kW가 된다.
16) 1J은 $\frac{1}{9.8}$kg의 것을 1m 이동시키는 일과 같다. (1J = $\frac{1}{9.8} \times 1(kg-m)$)

의 전력량이 W(J)이라고 하면 $P(W)$는

$$[\text{전력}] = \frac{[\text{전력량}]}{[\text{시간}]} \qquad P = \frac{W}{t} \cdots\cdots\cdots\cdots\cdots\cdots \text{(2)}$$

로 나타낼 수 있다. 그런데 (1)식에서 설명한 바와 같이 $W = V \cdot I \cdot t$이므로 (2)식은 다음과 같이 바꾸어 쓸 수 있다.

$$P = \frac{W}{t} = \frac{V \cdot I \cdot t}{t} = V \cdot I$$

즉

$$[\text{전력}] = [\text{전압}] \times [\text{전류}]$$

$$P = V \cdot I \cdots\cdots\cdots\cdots \text{(3)}$$

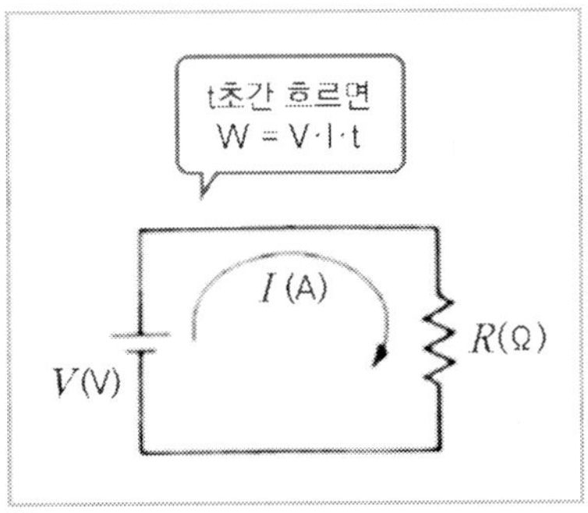

[그림15] 전기가 하는 일

이상으로 전력은 전압과 전류를 곱하면 구할 수 있다는 것을 알 수 있다. 그런데 옴의 법칙에 의해서 $V = I \cdot R$ 이므로 전력의 식(3)에 이것을 대입하면 다음과 같이 변형 할 수 있다.

$$[\text{전력}] = [\text{전류}]^2 \times [\text{저항}] \qquad P = I^2 \cdot R \cdots\cdots\cdots\cdots\cdots \text{(4)}$$

이 (4)식은 전류 I 와 저항 R 의 값을 알고 있을 때 전력 P 를 구하는데 쓴다.

또 마찬가지로 옴의 법칙에 의해서 $I = V/R$이므로 이것을 (3)식에 대입하면 다음과 같이 된다.

$$[\text{전력}] = \frac{[\text{전압}]^2}{[\text{저항}]} \qquad P = \frac{V^2}{R} \cdots\cdots\cdots\cdots\cdots\cdots\cdots\cdots \text{(5)}$$

이 (5)식은 전압 V와 저항 R에서 전력 P를 구하기 위한 식이다.

또한 후드 노트에서 언급한 바와 같이 내연기관에서 말하는 1마력은 736 W의 전력에 상당하므로 기관의 마력은 전기기기의 정격을 나타내는 것과 마찬가지로 와트(W) 또는 와트의 1,000배인 킬로와트(kW)로 나타낼 수 있다.

예제 1 전열기에 100V의 전압을 가하여 5A의 전류가 흐르고 있는 경우 전열기에서 소비되는 전력은 몇 와트인가.

연구 전기회로의 전압과 전류를 알고 있으므로 (3)식에서 전력을 구한다.

$$P = V \cdot I \ \rightarrow \ P = ㉠ \times ㉡ = ㉢ W$$

답 : ㉠ 100 ㉡ 5 ㉢ 500

예제 2 전기회로의 20Ω의 저항에 5A의 전류가 흐르고 있을 때 저항에 의해서 소비되는 전력을 구하여라.

연구 전기회로의 저항과 전류를 알고 있으므로 전력은 (4)식에서 구한다.

$$P = I^2 \cdot R \ \rightarrow \ P = ㉠^2 \times ㉡ = ㉢ W$$

답 : ㉠ 5 ㉡ 20 ㉢ 500

예제 3 전기회로의 25Ω 저항에 100V의 전압을 가할 때 이 저항에서 소비되는 전력을 구하여라.

연구 전기회로의 저항과 전압을 알고 있으므로 (5)식에서 구할 수 있다.

$$P = \frac{V^2}{R} \ \rightarrow \ P = \frac{㉠^2}{㉡} = ㉢ W$$

답 : ㉠ 100 ㉡ 25 ㉢ 400

또 저항에 흐르는 전류 I를 구한 다음 (3)식을 써서 전력을 계산할 수도 있다. 옴의 법칙에 의해서

$$I = \frac{V}{R} \rightarrow I = \frac{㉣}{㉤} = ㉥$$

(3) 식에 ㉥을 대입하면

$$P = V \cdot I \rightarrow P = ㉣ \times ㉥ = ㉦ W$$

답 : ㉣ 100 ㉤ 25 ㉥ 4 ㉦ 400

예제 4 100V, 60W의 전구의 저항과 여기에 흐르는 전류를 구하라,

연구 전력의 식(3)에 $P = 60\,W$, $V = 100\,V$를 대입하면

$P = V \cdot I \rightarrow 60 = 100 \times I$

따라서 이 식에서 전류 I를 구하면

$I = 60 \div 100 = 0.6$

다음에 옴의 법칙 $V = I \cdot R$에 $V = 100$ V, $I = 0.6$ A를 대입해 저항 R을 구한다.

$V = I \cdot R \rightarrow 100 = 0.6 \times R$

$\therefore R = 100 \div 0.6 \fallingdotseq 166.6\,(\Omega)$

혹은 전력을 구하는 식(5)에서 저항을 구하는 방법도 있다.

$$P = \frac{V^2}{R} \rightarrow 60 = \frac{100^2}{R}$$

$\therefore R = 100^2 \div 60 \fallingdotseq 166.6\,(\Omega)$

답 : 저항은 약 167Ω

(2) 전력량

전기(혹은 전류)가 어느 시간 내에 생긴 전기적인 일의 총량을 **전력량**이라 하고 전력과 그 전력을 사용한 시간을 곱한 것으로 나타낸다. 따라서 전력량과 전력과의 사이에는 다음의 관계가 있다.

[전력량] = [전력] × [시간]

전항에서는 전력량의 단위를 줄([와트]X[초])로 나타내었으나 실사용에서는 와트시(Wh) 또는 킬로와트시(kWh)가 단위로서 쓰이고 있다. 따라서 전기회로의 전력

$P(W)$를 t초간 혹은 T시간 사용했을 때의 전기적인 일의 총량 즉 전력량 W는 다음 식으로 구해진다.

$W = P + t$(줄)　　　　$W = P \times T$(와트시) ……… (6)

즉 전기적인 에너지라고 하면 이 전력량을 말하며 이것은 전기회로의 부하(전등, 전열기, 모터 등)에 의해서 열에너지나 기계적 에너지로 바뀐다.

전력과 전력량

전력이란 단위시 간에 전기가 할 수 있는 일의 능력(일의 능률)을 말한다. 그리고 전력량이란 어느 시간 내에 전기가 한 일의 총량을 말한다.

전력을 $P(W)$, 전력량을 $W(Wh)$로 하면 각각 다음과 같이 나타낼 수 있다.

$$P = V \cdot I$$
$$W = P \cdot T \text{[단, } T\text{는 시간}(h)]$$

$W = P \cdot T$는 $W = V \cdot I \cdot T$로도 나타내어지므로 줄의 법칙의 공식은 이 식에 있어서는 정수가 관련한 것이라고 이해해도 된다.

제 4 장 : 전류와 자기 사이의 작용

고대에 인류는 전기와 자기는 각기 다른 현상으로서 생각하고 있었다. 그러나 이탈리아의 볼타(Volta)에 의해서 전지가 발견되어 동전기를 얻을 수 있게 되고부터 이 방면의 연구도 진전하여, 1820년 덴마크의 에르스테드(Oersted)가 전류와 자기와의 밀접한 관계를 발견했다. 그리고 이 발견을 암페어(Ampere)가 보다 발전시켜 암페어의 법칙으로 확립시켰다.

이 법칙에서 밝혀진 전류의 자기작용은 발전기, 전동기, 전자석, 전기계기 등에 응용되어 전기기술발전의 기초가 되었다. 따라서 이들 각종 응용기기의 원리를 알려면 전기와 자기와의 관계를 이해하는 것이 아주 중요해진다.

4.1 자석과 그 성질 - 〈N과 S의 불가사의한 힘의 관계〉

어떤 종류의 광석이 작은 쇳조각을 끌어당기는 성질을 가지고 있다는 것은 오래전부터 알려져 왔다. 이러한 성질을 **자기**라 하고 자기를 띠고 있는 것을 **자석**이라고 한다.

자석을 쇳가루 속에 넣으면 그림16과 같이 쇳가루는 그 양단 가까이에 부착한다. 이와 같이 자석의 흡인력이 가장 강한 양단을 **자극**이라고 부른다.

또 그림17과 같이 자석의 중심을 실로 매달면 남북방향을 가리킨다. 이 때 **북을 가르키는 자극을 N극**[17]**(또는 북극), 남을 가르키는 자극을 S극**[18]**(또는 남극)**이라고 한다.

그리고 하나의 자석에는 반드시 N과 S극이 한 쌍을 이루어 존재한다.

---

17) 「북극(North Pole)」의 머리글자를 따서 「N극」이라고 부른다.
18) 「남극(South Pole)」의 머리글자를 따서 「S극」이라고 부른다.

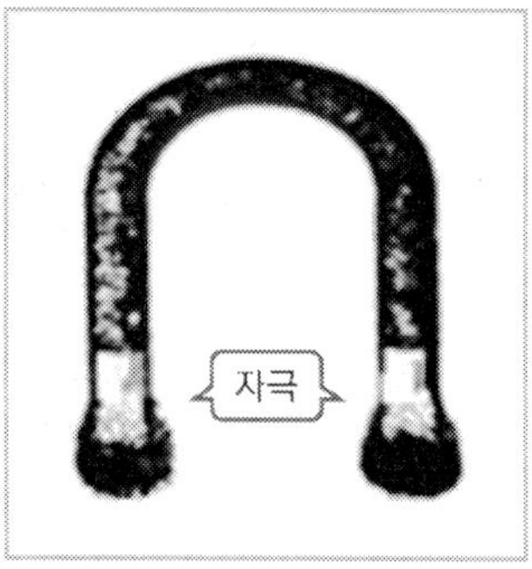

[그림16] 자석에 흡인된 쇳가루

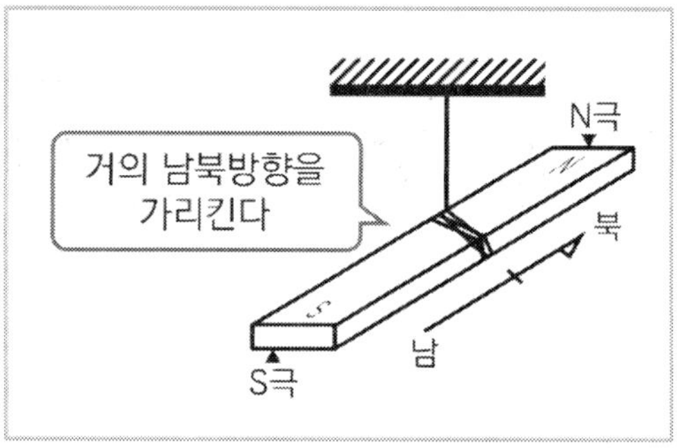

[그림17] 자극과 방위의 관계

자석을 2개 사용하여 끝을 서로 접근시키면 **다른 극끼리(N과 S)는 흡인하고 같은 극끼리(N과 N 혹은 S와 S)는 반발한다.** 이와 같이 자극이 그 주위에 미쳐 흡인이나 반발하는 힘을 **자력**이라 하고 자력이 미치는 공간을 **자계**라고 한다.

4.2 쿨롱의 법칙 - 〈두 자극 간에 작용하는 힘〉

1785년 프랑스의 쿨롱은 전기 및 자기에 관한 연구를 거듭하여 그의 이름을 딴 쿨롱의 법칙을 발견했다.

즉 그림18과 같이 **두 자극** m_1**과** m_2 **(Wb) 사이에는 작용하는 흡인력이나 반발력의 크기** $F(N)$**는 자극의 세기의 곱** $m_1 \times m_2$**에 비례하고 거리 r(m)의 제곱에 반비례한다.** 이것을 식으로 나타내면 다음과 같이 된다.

$$F \propto \frac{m_1 \times m_2}{r^2} \begin{cases} F: \text{자극간의 흡인력 혹은 반발력의 크기} \\ m_1, m_2: \text{자극의 세기} \\ r: \text{자극간의 거리} \end{cases}$$

예를 들면 자극 간의 거리가 2배가 되면 자극 간에 작용하는 힘은 $\frac{1}{4}$이 되고 또 자극의 세기가 2배가 되면 자극 간에 작용하는 힘은 2배가 된다.

자극의 세기는 다음 절에서 설명하는 자력선이 많고 적음에 따라 정해진다. 예를 들면 막대자석을 그림19(A)와 같이 붙일 경우 자력선의 수는 증가하지 않으므로 강해지지 않는다. 그러나 같은 그림의 (B)와 같이 병렬로 붙이면 자력선의 수가 증가하므로 강해진다.

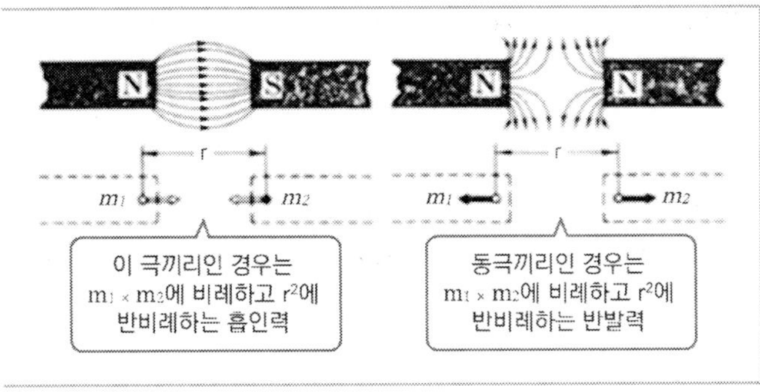

[그림18] 쿨롱의 법칙

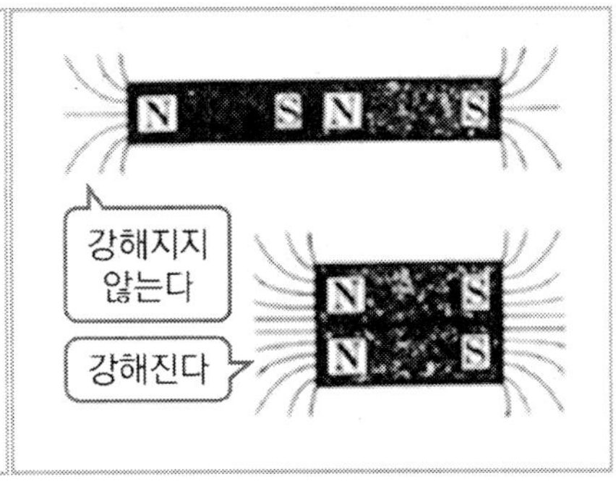

[그림19] 자석의 세기

4.3 자계와 자력선 - 〈자기공간을 해명하는 키워드〉

자석 가까이에 쇳조각을 두면 쇳조각이 끌어당겨지는 것은 널리 알려져 있다. 또 자석에 자침을 가까이 하면 한쪽 끝은 흡인되어도 다른 쪽 끝은 반발하는데, 이와 같이 자극이 그 주위에 미치는 작용을 「자기」라 하고 자력이 미치는 공간을 「자계」라고 한다는 것은 앞에서 말했다.

그러면 자계는 어떻게 되어 있는 것일까. 그것을 알기 위하여 한 가지 실험을 해 보기로 하자. 유리 위에 균일하게 쇳가루를 뿌리고 자석을 유리 바로 밑에 두면 그림20과 같이 N극과 S극 사이에 선과 같이 이어져서 배열된다.

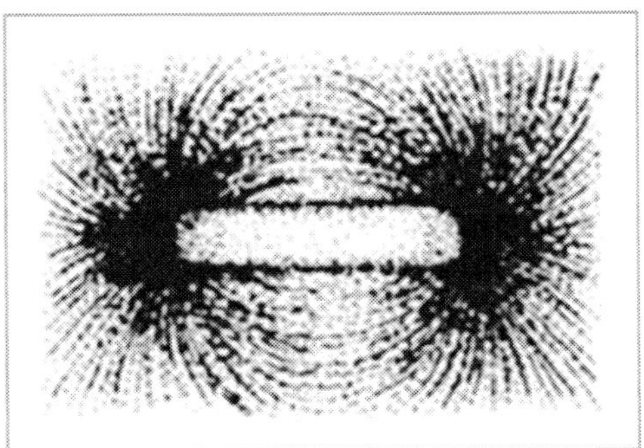

[그림20] 자석에 의한 쇳가루의 선형분포

이것으로 자석의 주위에는 자력을 연결해 주는 보이지 않는 가상의 선이 있다고 생각하고 이것을 자력선[19]이라고 부른다.

이 같이 자석 주위에 자력선을 상상하면 자기작용을 이해하는데 아주 편리하다. 그리고 자력선은 다음 네 가지 성질을 가지고 있다.

① 자력선은 그림21(A)와 같이 N극에서 나와 S극으로 끝난다.
② 자력선의 방향은 그림(B)와 같이 자침을 두었을 때 자침의 N극이 가리키는 방향이다.
③ 자력선의 수가 단위 면적당 많을수록 자력이 강해진다.
④ 자력선은 늘어난 고무줄과 같이 그 자신은 줄어들려고 한다.

따라서 그림(C)일 때는 흡인력이 작용하고 그림(D)의 경우는 반발력이 작용한다. 이것은 4.1에서 설명한 현상(다른 극끼리는 흡인하고 같은 극끼리는 반발한다)에 상응하고 있다.

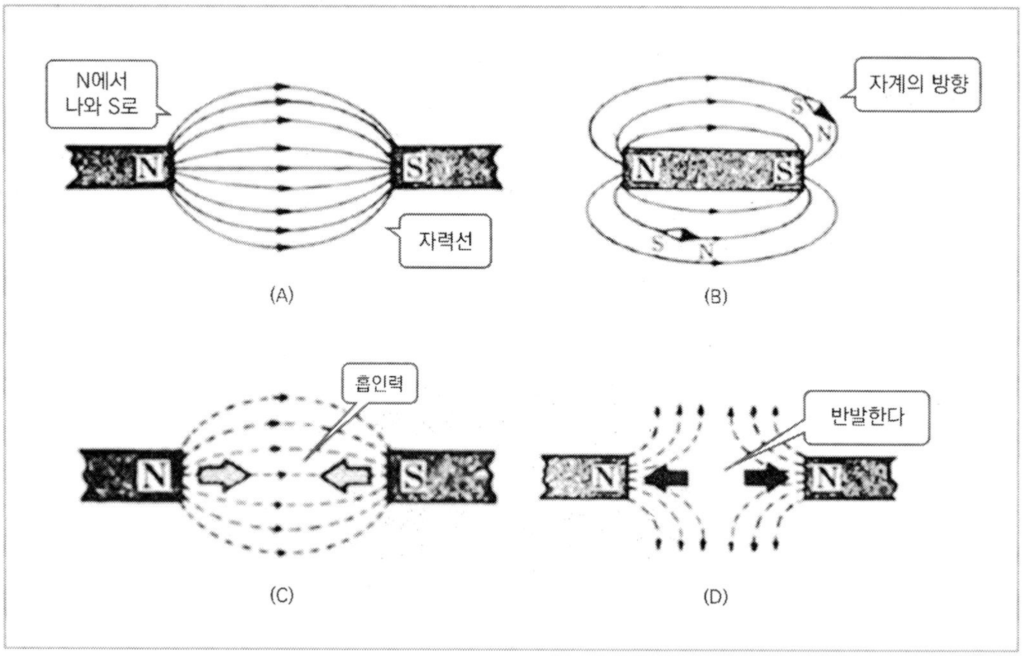

[그림21] 자력선의 성질

19) 자력선의 다발을 「자속」이라고 한다.

4.4 자기유도 - 〈못이 이어져서 자석에 붙는 까닭은 무엇일까?〉

그림22와 같이 쇳조각을 자계(자력이 작용하고 있는 공간)내에 두면 자기가 전혀 없었던 쇳조각도 자석의 N극에 가까운 쪽에 S극이, 먼 쪽에 N극이 유도되어 자석이 된다.

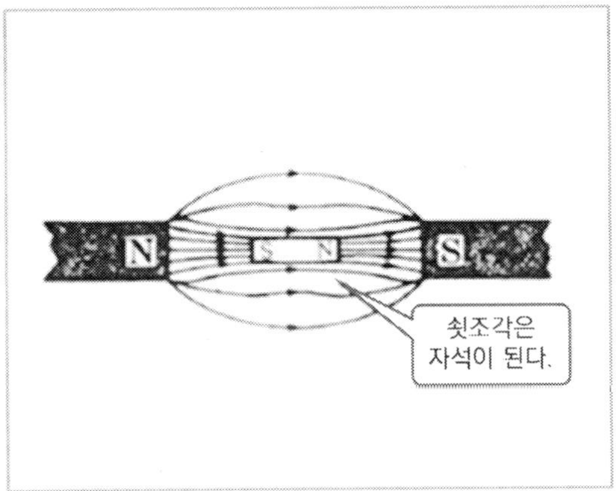

[그림22] 자기유도작용

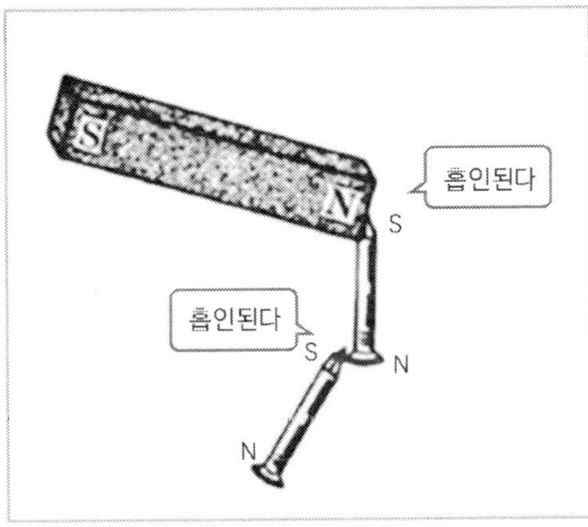

[그림23] 자기유도작용에 의해서 매달린 못

이와 같이 쇳조각이 자기를 띠는 현상을 **자기유도**라 하고 이 때 쇳조각은 「자화되었다」고 한다.

자기유도의 일례가 그림23 이다. 자석으로 작은 못을 차례로 붙게 할 수 있는 것은 각각의 못이 자석이 되어 N극과 S극끼리의 사이에 흡인력이 작용하기 때문이다.

일반적으로 쇠, 니켈, 코발트와 같이 자기유도에 의해서 자화되는 것을 「강자성체」라 하고 유리, 플라스틱과 같이 자석에 끌리지 않는 것을 「비자성체」라고 한다. 강철의 경우 자석으로 한번 자화시킨 다음 자석을 제거해도 자기가 남는 현상이 있으며 이 남은 자기를 **잔류자기**라고 한다. 그리고 뒤에서 설명하듯이 이 잔류자기는 발전기를 시동한 다음 발전하기 위해 필요한 것이다.

4.5 전류의 자기작용 - 〈전류에 의해서 만들어지는 자계〉

그림24와 같이 전선을 남북방향으로 두고 그 바로 밑에 자침을 두어 전류를 흘리면 자침의 N극은 서쪽으로 움직인다. 이 실험에서 전선에 전류가 흐르면 그 주위에는 자

석과 마찬가지로 자계가 발생하고 있다는 것을 알 수 있다.

다음에 그림25에 보인 것과 같이 두꺼운 종이에 수직으로 전선을 통하고 그 두꺼운 종이 위에 쇳가루를 뿌려 두고 전선에 전류를 흘리면 쇳가루는 전선을 중심으로 동심원을 그리듯이 배열한다. 이것으로 전선에 전류가 흐르고 있을 때만 그 주위에 자계가 생기고 동심원형으로 자력선이 통하고 있는 것을 알 수 있다.

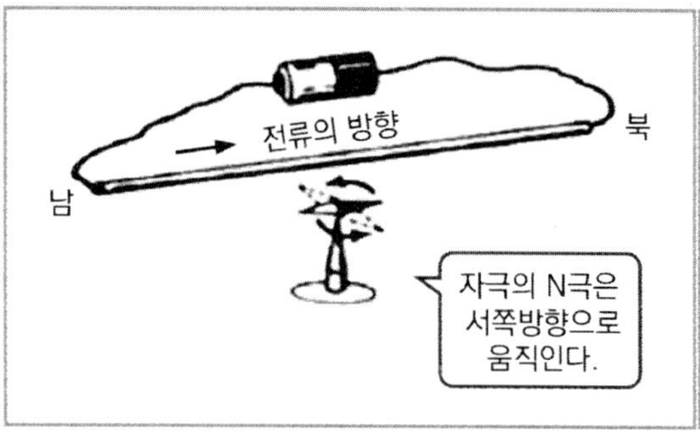

[그림24] 전류에 의한 자침의 움직임

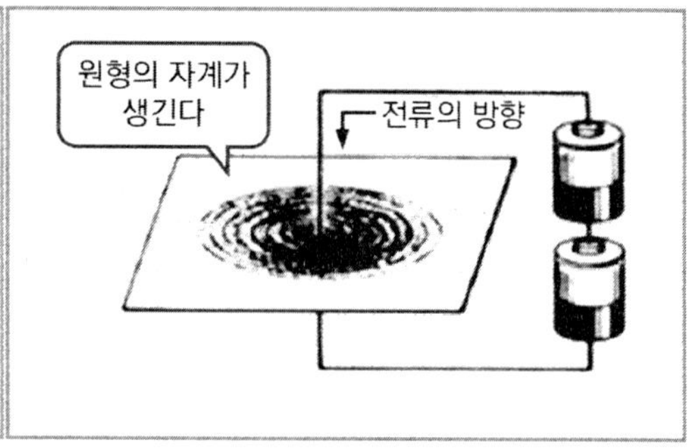

[그림25] 전류에 의해서 생기는 자계

그러면 전선에 흐르는 전류와 그에 의해서 발생하는 자계에는 어떤 관련이 있을까. 이 관계를 밝힌 것이 프랑스의 물리학자 암페어이다. 그가 발견한 법칙은 **오른 나사의 진행방향에 전류를 흘렸을 때 나사를 돌리는 방향으로 자력선을 발생한다**는 것으로 보통 **암페어의 오른 나사의 법칙**이라고 부른다.

즉 그림26을 참조하면 오른나사의 진행방향이 전류의 방향을 나타내고 나사를 돌리는 방향이 자력선의 방향을 나타내고 있는 것이 된다.

표1은 전선에 흐르는 전류의 방향과 자력선을 기호로 나타낸 것으로 전류의 단면기호 ⊕(크로스)는 전류가 지면에 앞에서 뒤로 흐르고 있는 것을 나타내고 ⊙(도트)는 전류가 반대로 뒤에서 앞으로 흐르는 것을 나타내고 있다.

그러면 다음에 전선을 그림27(B)와 같이 원형으로 하여(이것을 코일이라고 한다.) 여기에 전류를 흘렸을 경우 암페어의 오른나사의 법칙에 따라서 발생하는 자계는 어떻게 되는가를 생각해 보기로 하자. 전류를 화살표 방향으로 흘리면 전선 주위에서 전선을 중심으로 하는 동심원상의 자력선이 생긴다.

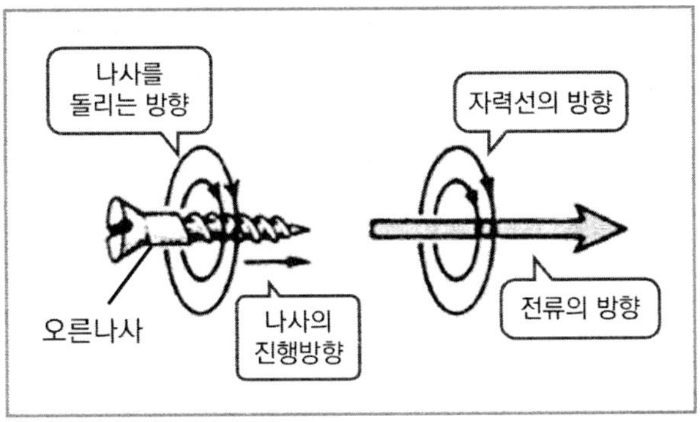

[그림26] 암페어의 오른나사의 법칙

표1 전류의 단면기호

기호	⊕	⊙
뜻	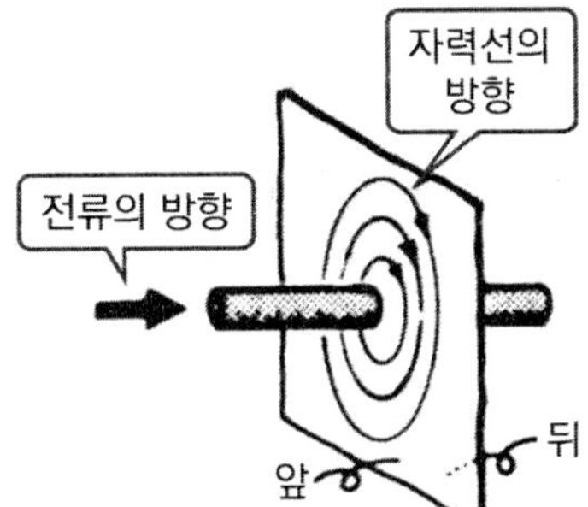 전류는 앞에서 뒤로 흐른다.	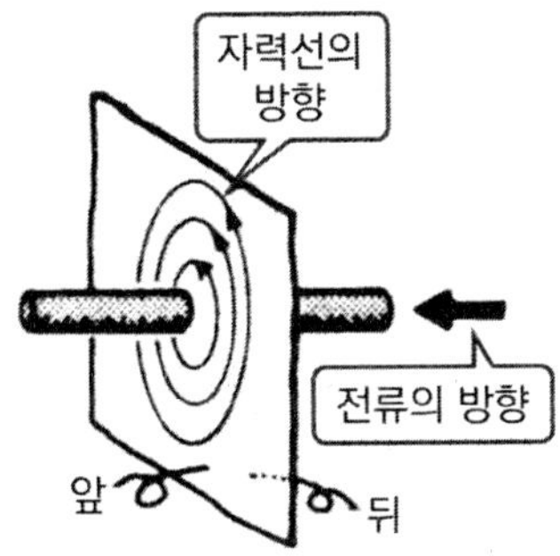 전류는 뒤에서 앞으로 흐른다.
기호를 외우는 법	 플러스 나사를 머리쪽에서 본 이미지. 전류는 나사의 진행방향으로 흐른다. 자력선은 오른 나사가 도는 방향으로 발생한다.	 플러스 나사를 끝에서 본 이미지. 전류는 나사의 진행방향으로 흐른다. 자력선은 오른 나사의 회전방향에 발생한다.

그림(B)의 상태는 그림(C)와 같이 아주 얇은 원판형의 자석으로 바꾸어 놓은 경우와 비슷하며 그림의 오른쪽이 N극, 왼쪽이 S극이 된다. 원형 코일에 발생하는 자계의 방향을 알려면 전류의 방향을 오른나사를 돌리는 방향에 일치시키면 되고 그 때 자력선의

방향은 오른나사의 진행방향과 일치한다. 예를 들면 그림27의 (A)와 (B)를 참조하여 암페어의 오른나사의 법칙을 다음과 같이 바꾸어 생각하면 된다.

오른 나사를 돌리는 방향 ➔ 원형 코일의 전류방향

오른 나사의 진행방향 ➔ 원형 코일의 자력선의 방향

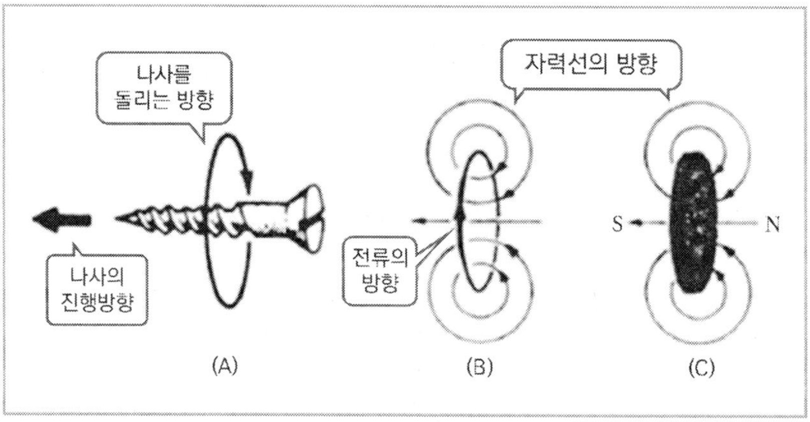

[그림27] 원형 코일에 발생하는 자계

그림28과 같이 자력선의 방향과 전류의 방향을 대입해서 원형코일을 감은 것을 「솔레노이드」라고 하는데, 이 솔레노이드는 원형코일이 여러 개 연결해서 된 것이라고 생각하면 원형 코일을 N회 만큼 감은 솔레노이드의 자계는 한번 감은 원형 코일의 자계의 N개 더해진 것으로 1개의 자석의 역할을 하는 것이다. 그리고 솔레노이드의 내부에 철심을 넣은 것을 「전자석」이라 하며 그림29와 같다. 전자석의 자계방향은 원형 코일과 마찬가지로 생각하면 된다. 혹은 그림29와 같이 오른손에 쥐면 엄지손가락 방향이 자계방향이 된다.

이 전자석에 발생하는 자력선 Φ는 코일의 권수(감은 수) N과 여기에 흐르는 전류 I(A)의 곱에 비례한다. 이것을 식으로 나타내면 다음과 같이 된다.

$\Phi \propto N \cdot I$ 　혹은　 $\Phi \propto I \cdot N$

(Φ : 자력선, N : 코일의 권수, I : 전류)

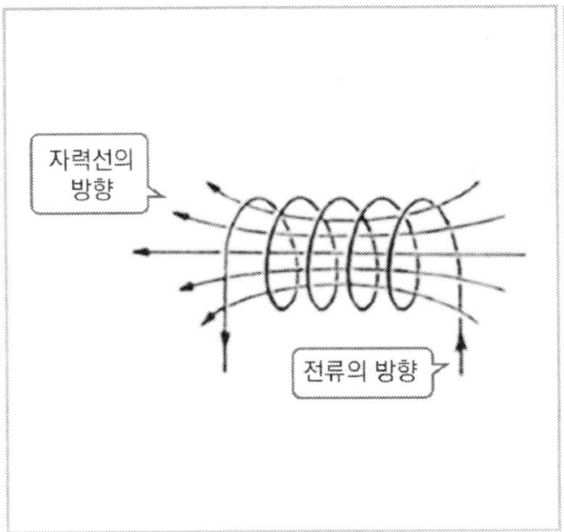

[그림28] 솔레노이드에 발생하는 자계

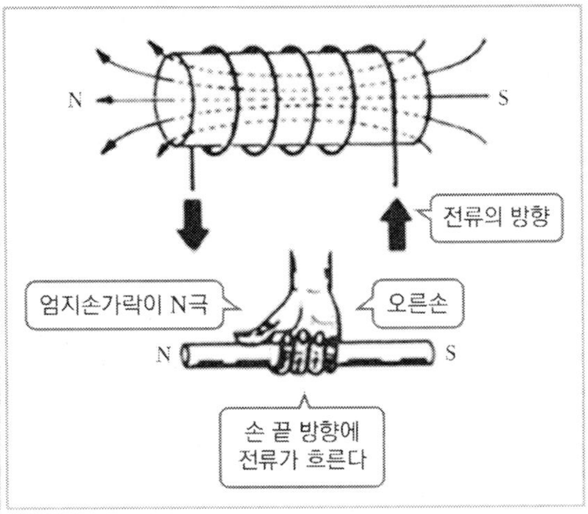

[그림29] 전자석에 발생하는 자계

이와 같이 전류가 만드는 자력선은 [전류]×[권수]에 의해서 정해지므로 즉 이 곱이 자속을 발생하는 능력을 나타내므로 이것은 「기자력」이라고 부르고 있다. 단위는 암페어와 같은 횟수의 곱을 그대로 「암페어 권수」로서 쓰고 있다.

암페어의 오른나사의 법칙

오른나사의 진행방향에 전류를 흘렸을 때 나사를 돌리는 방향과 같은 방향에 자력선이 발생한다. 즉 전류가 만드는 자기의 방향을 나타내는 법칙.

코일과 같이 전류가 원형으로 흐르고 있는 경우는 다음과 같이 반대로 생각하면 된다.

오른나사를 돌리는 방향으로 전류를 흘렸을 때 나사가 진행하는 방향과 같은 방향으로 자력선이 발생한다.

4.6 자화곡선 - 〈히스테리시스 현상과 히스테리시스손의 관련〉

앞에서 코일 속에 철심을 넣고 코일에 전류를 흘리면 자계가 생겨 전자석이 된다는 것을 설명하였다.

여기서 전선에 흐르는 전류에 의한 자계에 의해서 철이 자화되는 현상을 설명해 보기로 한다. 이와 같이 철이 자석이 되는 이유는 보통 자기 분자설에 의해서 설명된다. 이에 의하면 철이 자화되기 전에는 그림30의 철 그림과 같이 자기분자가 무질서하게 배열되어 있다고 생각되며 개개의 자기분자의 n과 s가 전체로서 상쇄하고 있기 때문에 자석이 되지 않는다.

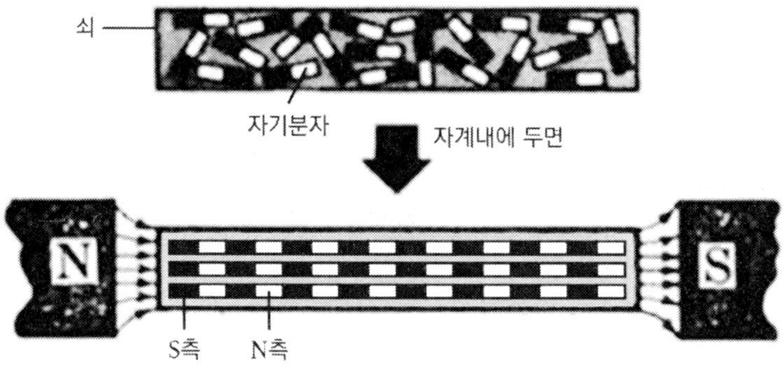

[그림30] 자기 분자설에 의한 쇠의 자화현상

이 철을 자계 내에 두면 자력선의 힘에 의해서 자기분자가 자력방향에 n극을 향해서 아래 그림과 같이 정렬하여 철 전체로서 강한 자석이 된다. 모든 자기분자가 정렬해 버리면 그 이상 많은 전류를 흘려도 전자석의 자계는 강해지지 않는다. 이러한 상태를 「자기포화」라고 한다.

지금 자화된 일이 없는 철심에 코일을 감고 여기에 전류를 흘려서 자화했다고 하자. 코일에 발생하는 자계를 「자화력」이라 하고 기호를 H로 나타낸다. 한편 철심 내의 자속밀도[20]를 측정하여 이것을 기호 B로 나타낸다. 코일에 흐르는 전류가 증가하면 자화력 H가 증가하고 철심 내의 자속도 변화한다고 생각된다. 그리고 이 관계를 그래프로 나타낸 것을 **자화곡선(H-B곡선)** 또는 **히스테리시스 곡선**이라고 한다.

이 자화곡선을 그리려면 다음과 같이 한다. 먼저 코일을 감은 철심을 0 + H_m까지 자화했을 때 자속밀도가 0~ⓐ의 곡선으로 그려서 상승한 것이 그림31(A)이다.

---

20) 자화된 물질의 단면을 통하는 자력선을 「자속」이라 하고, 「자속밀도」란 자속의 방향에 수직인 면에 있어서의 1 m^2당의 자속선의 수를 말한다.

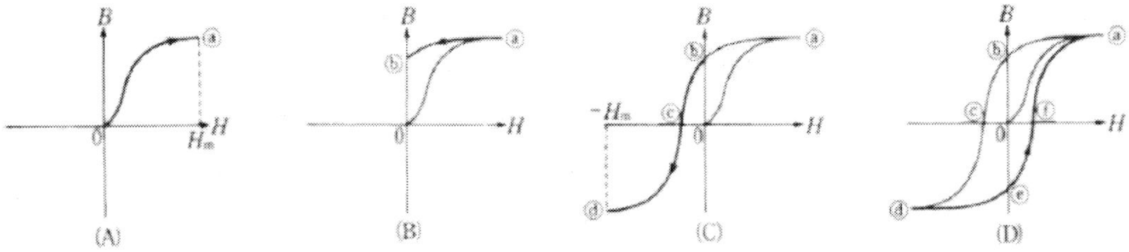

그림31 자화곡선

다음에 자화력을 반대방향으로 하여 $+H_m$~0까지 감소시키면 그림(B)와 같이 ⓐ~ⓑ의 선을 따라서 자속밀도가 감소한다. 다시 자화력을 $-H_m$까지 감소시키면 그림(C)에 보는 것과 같이 ⓑ에서 ⓒ를 거쳐 ⓓ에 이른다. 끝으로 자화력을 $-H_m$에서 $+H_m$까지 변화시키면 그림(D)에 보이는 것과 같은 ⓓ~ⓔ~ⓕ~ⓐ의 곡선을 나타내고 ⓐ전으로 되돌아와서 루프를 그린다. 이러한 현상을 **히스테리시스 현상**[21]이라고 한다.

예를 들면 발전기나 전동기 속에 있는 코일의 철심은 코일에 흐르는 전류의 변화에 의해서 자화되는 방법이 변화한다. 즉 히스테리시스 현상이다. 이 때 철심 내부의 자기분자는 시간과 더불어 그 방향이 변화하게 된다. 그리고 이 변화에 따르는 자기분자 간의 마찰에 의해서 열이 발생한다.

그러면 이 경우 어느 정도의 열이 발생하는 것일까. 그것을 알려면 자화곡선을 그릴 필요가 있다.

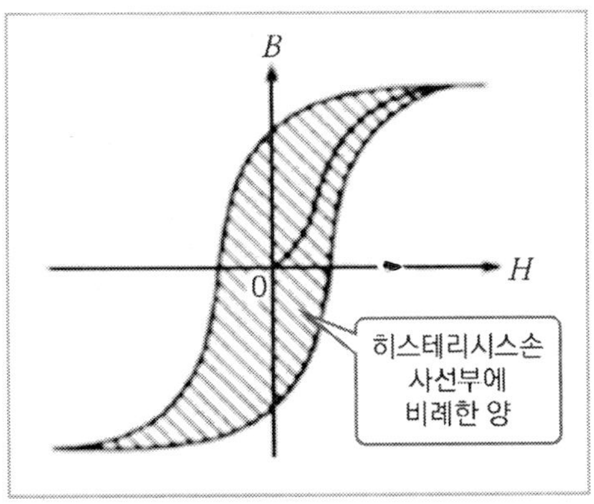

21) 이력현상이라고도 한다. 일반적으로 물건에 어떤 종류의 외력을 가했을 때 그에 따라서 일어나는 변화가 그 때의 조건에만 의하지 않고 그 때까지의 경력에 의해서도 좌우되는 현상을 말하며 여기서 설명한 자기 외에 전기, 탄성 등에도 볼 수 있다.

[그림32] 히스테리시스손

즉 그림32의 루프를 그리는 면적에 비례한 에너지가 철심 내부에서 소비되어 열을 발생해서 철의 온도를 상승시키게 된다. 보통 이 에너지를 손실이라고 생각하여 **히스테리시스손**이라고 부른다. 이 손실을 적게 하기 위하여 발전기, 전동기 그리고 변압기의 철심에는 일반적으로 히스테리시스 곡선의 면적이 작은 규소강이 쓰인다.

4.7 전자력 - 〈전류와 자계사이에 작용하는 힘〉

전동기에 회전력을 준다든지 전류계, 전압계의 바늘을 움직이게 한다든지 할 수 있는 것은 전류와 자력선 사이에 일어나는 힘에 의한 것이다. 그림33과 같이 자계 내의 도체에 화살표 방향으로 전류를 흘리면 도체는 그림에 보인 방향으로 움직인다. 이 힘을 **전자력**[22]이라고 한다. 그러면 왜 전자력이 발생하는지 생각해 보기로 하자.

자계 내에 도체를 두고 그림34(A)와 같이 전류를 지면 뒤에서 겉으로 흘리면 도체 주위에 동심원형의 자력선이 발생한다. 그리고 그림(B)와 같이 도체에 발생한 자력선과 자속의 분포상태는 도면상의 도체의 왼쪽에서 증가한다. 또 도면상의 도체 오른쪽에서는 자속과 전류에 이한 자력선이 상쇄하여 자력선은 감소한다. 이와 같은 자속분포에 있어서 앞에서 설명한 바와 같이 자력선은 고무줄과 같이 줄어들려는 성질이 있으므로 도체는 자력선이 적은 방향으로 밀려서 움직인다. 이 힘이 전자력이다.

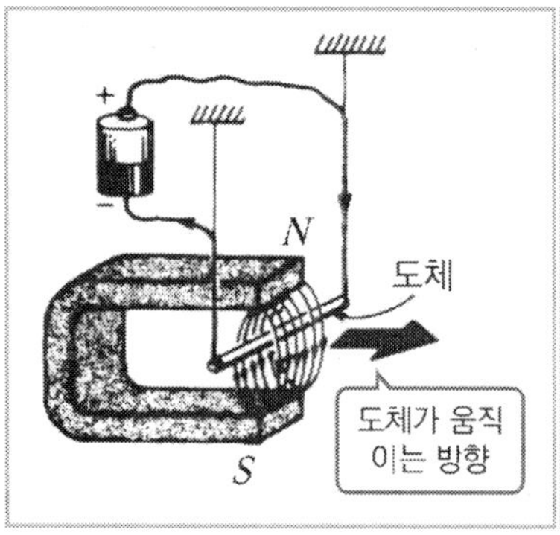

[그림33] 전자력

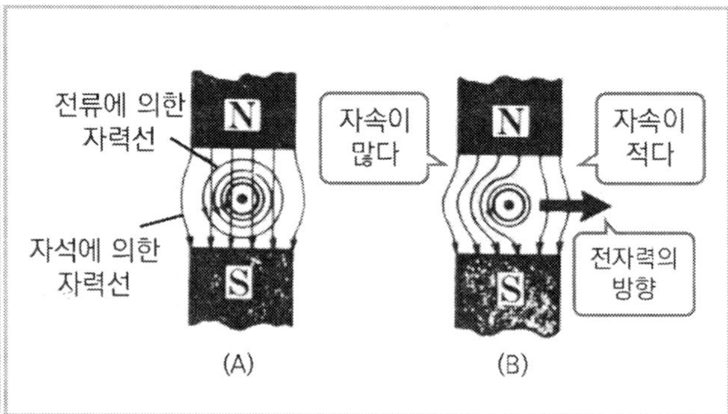

[그림34] 전자력의 방향

22) 전류가 자기를 발생할 뿐만 아니라 자기 쪽 에서도 전류는 힘을 받게 된다.

전자력

도체에 전류가 흐르면 전류의 자기작용에 의해서 암페어의 오른나사의 법칙에 따르는 자기가 발생한다. 그리고 전류는 자기를 발생할 뿐만 아니라 자기쪽에서도 힘을 받는다. 그 힘이 「전자력」이며 그 방향은 플레밍의 왼손의 법칙에 따른다.

〈주〉 자　력 … 자석이 쇳조각 등을 끌어당기는 성질.
기자력 … 전자력 등이 자력선을 발생시키는 능력.
전　력 … 전기가 일을 하는 능력.

위와 같이 도체에는 작용하는 전자력의 방향은 다음에 설명하는 법칙으로 알 수 있다. 그림35와 같이 왼손의 엄지손가락, 둘째손가락 및 가운데손가락을 서로 직각으로 벌리고 **둘째손가락으로 자력선의 방향, 가운데손가락으로 전류의 방향을 가리키면 도체에는 엄지손가락의 방향에 전자력이 작용한다.** 이것을 **플레밍의 왼손의 법칙**[23]이라고 한다.

또한 전자력의 크기는 자속밀도와 도체의 길이 및 도체에 흐르는 전류에 비례한다.

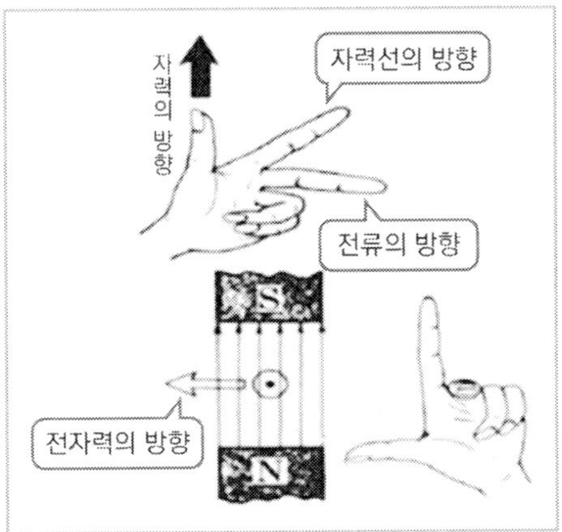

[그림35] 플레밍의 왼손법칙

플레밍의 왼손의 법칙

왼손의 엄지손가락, 둘째손가락, 가운데손가락을 직각으로 구부리면 엄지손가락은 전자력, 둘째손가락은 자력선, 가운데손가락은 전류의 방향을 가리킨다.

이 법칙은 전동기의 회전방향 등을 살필 때와 같이 전자력의 방향을 알고 싶을 때 쓴다.

이 법칙은 가운데손가락, 둘째손가락, 엄지손가락의 차례로 「전·자·력」이라고 외우면 편하다.

23) 영국의 과학자로, 1904년에 2극 진공관을 발명하였다.

4.8 전자유도작용 - 〈자력선의 변화에 의해서 전기가 발생한다〉

도체(전선)에 전류를 흘리면 그 도체 주위에 자력선을 발생한다. 그리고 도체에 흐르는 전류의 방향과 이에 의한 자력선의 방향 사이에는 암페어의 오른나사의 법칙이 있다. 그러면 반대로 도체 가까이에서 자력선을 갑자기 변화(증가한다든지 감소시킨다든지)시키면 도체 내의 자유전자가 움직여서 전기가 발생하는 것이 아닐까. 이 의문에 답하기 위하여 영국의 과학자 패러데이(Faraday)는 실험을 했다.

1831년 실험결과 패러데이는 다음 현상을 발견했다. 어떤 방법으로 도체가 자력선을 가로지를 때 혹은 코일이나 쇠사슬과 같이 교차하고 있는 자속이 변화해도 그 변화가 계속되는 동안 도체 혹은 코일에 기전력이 발생한다. 이러한 현상을 **전자유도작용**[24]이라 하고 이 작용에 의해서 발생하는 기전력을 **유도 기전력**, 그리고 흐르는 전류를 「**유도 전류**」라고 한다.

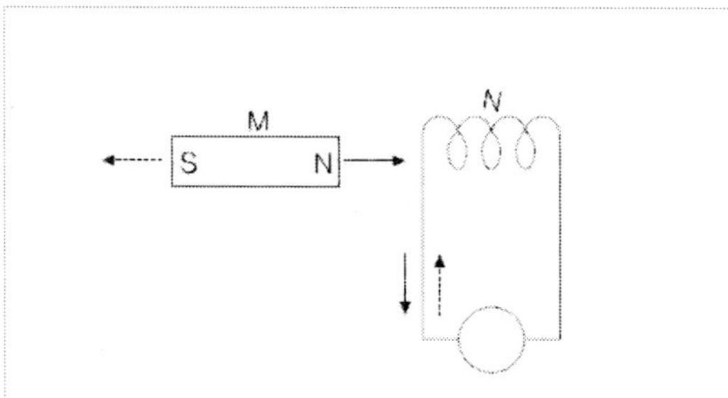

전자유도

자기유도작용과 전자유도작용

자기를 띠고 있지 않은 쇳조각 등에 자석을 가까이 하면 이 쇳조각이 자기를 띠게 된다. 이 현상을 「자기유도작용」이라고 한다.

이에 대해서 N-S의 자계 내에서 도체를 움직이든가 혹은 코일 내에서 자석을 움직였을 경우에 그 변화가 계속하고 있는 동안 기전력이 발생한다. 이 현상이 「전자유도작용」이다.

앞의 것은 자기가 유도되고 뒤의 것은 전기가 유도된다.

24) 전기를 발생하는 방법에는 마찰함으로써 발생시키는 방법(정전기의 경우), 종류가 다른 금속을 묽은 황산 속에 넣어서 발생시키는 방법(전지의 경우), 그리고 전자유도작용에 의해서 발생시키는 방법(발전기의 경우)이 있다.

다음에 설명하는 두 가지 케이스에서 전자유도작용에 의하여 발생하는 기전력의 크기와 방향을 설명하기로 한다.

(1) 도체와 자력선이 서로 끊는 경우 (발전기의 원리와 관련된다)

그림36(A)와 같이 도체(전선) a-b를 자속밀도의 평등한 자계 내에 직각으로 두고 도체를 자력선과 직각으로 상하로 움직이면 전자유도작용에 의해서 기전력이 발생한다.

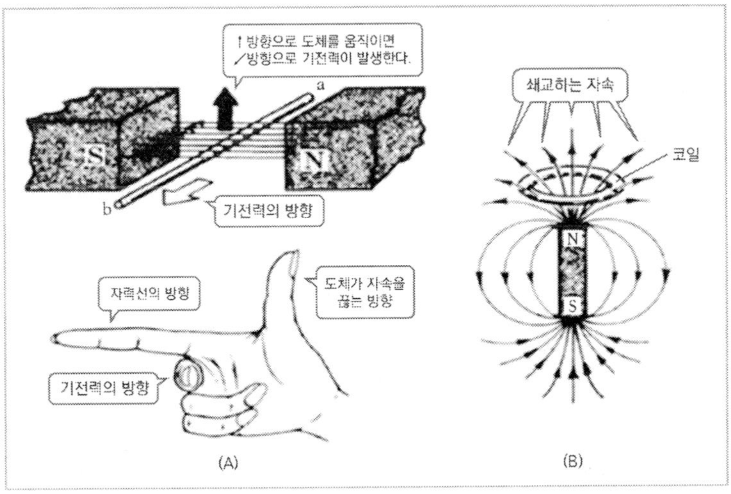

[그림36] 전자유도법용 작용

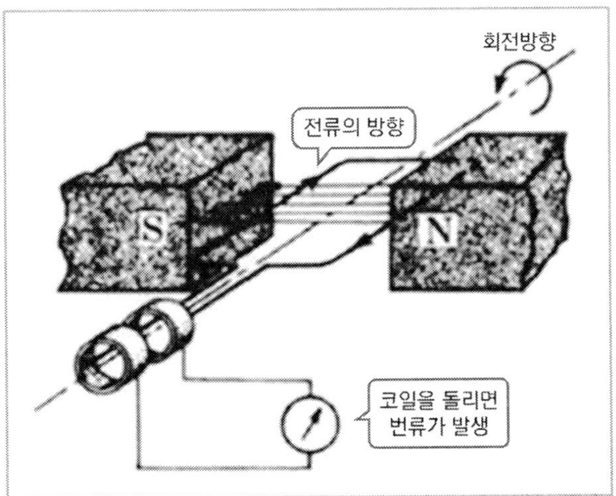

[그림37] 발전기의 원리

마찬가지로 그림37은 도체가 연속적으로 자력선을 끊게 한 발전기의 원리를 보이고 있다. 그러면 도체에 발생하는 기전력의 크기와 방향을 구해 보기로 하자.

① 기전력의 크기

도체의 수 및 도체가 끊는 자속밀도가 일정할 때 기전력의 크기는 도체와 자력선이 서로 끊는 속도에 비례한다.

② 기전력의 방향

도체가 자력선을 끊는 경우 전자유도에 의해서 발생하는 기전력의 방향은 플레밍의 오른손의 법칙에 의해서 알 수 있다. 즉 그림38과 같이 오른손의 가운데 손가락, 둘째손가락, 엄지손가락을 서로 직각으로 구부렸을 때 **둘째손가락을 자력선의 방향을 향하게 하고 엄지손가락을 도체의 운동방향을 향하게 하면 가운데손가락의 방향이 기전력의 방향을 가리킨다.** 이것을 **플레밍의 오른손의 법칙**이라고 한다.

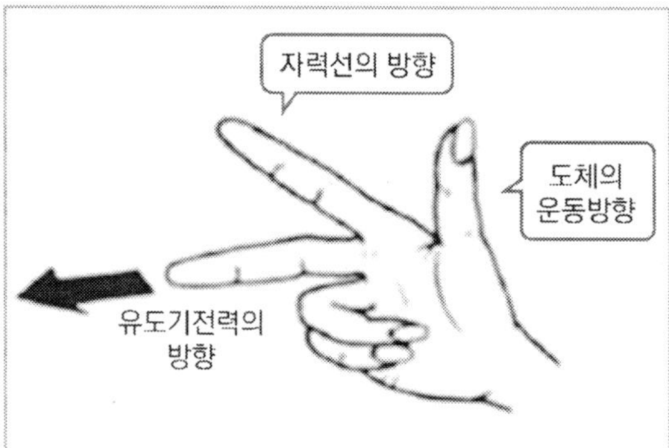

[그림38] 플레밍의 오른손 법칙

플레밍의 오른손의 법칙

오른손의 엄지손가락, 둘째손가락, 가운데손가락을 서로 직각으로 벌리고 둘째손가락을 자력선의 방향, 엄지손가락을 도선을 움직이는 방향에 맞추면 가운데 손가락이 가리키는 방향에 유도전류가 흐른다.

이 법칙은 발전기에 의해서 생기는 전류의 방향을 알고 싶을 때 쓰인다.

즉 전자력을 구할 때는 왼손의 법칙, 유도 전류를 구할 때는 오른손의 법칙을 쓴다.

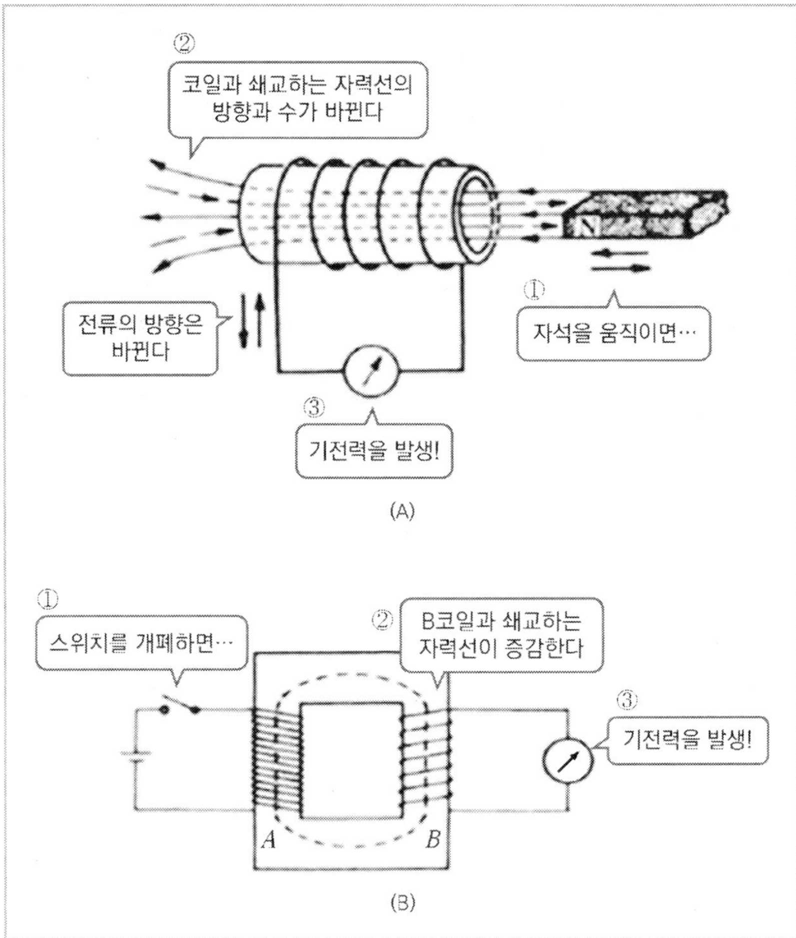

[그림39] 코일에 발생하는 기전력

(2) 코일과 교차하는 자속이 변화하는 경우

그림39를 참조하면 코일과 교차하는 자속이 증가 또는 감소하는 것을 알 수 있다.

① 그림39(A)와 같이 코일을 고정해 두고 자석의 N극을 가까이 했다 멀리 했다 한다.

② (1)과는 반대로 자석을 고정해 두고 자극에 코일을 가까이 했다 멀리 했다 한다.

③ A와 B의 코일을 모두 1개의 철심에 감고 A코일의 스위치를 열었다 닫았다 하면 그 순간에 B코일의 자속이 변화한다. 이것은 ①과 같은 상태가 된다. [그림39(B)]

이상에서 코일과 자속이 교차하여 그 자속의 변화가 계속하는 동안 코일(도체)이 자력선을 끊고 있다고 생각할 수 있다. 따라서 전자유도작용으로 코일에 기전력이 발생한다. 이 기전력의 크기와 방향은 다음의 두 법칙으로 알 수 있다.

① 기전력의 크기

전자유도작용에 의해서 코일에 발생하는 기전력의 크기는 이 코일과 교차하는(쇄교하는) 자속이 변화하는 비율에 비례한다. 이것을 **패러데이의 법칙**이라고 한다.

② 기전력의 방향

코일과 교차하는(쇄교하는) 자속이 변화할 때 코일에 유도되는 기전력의 방향은 그 자속의 변화를 방해하는 방향으로 자속을 발생시키면 기전력을 발생한다. 이것을 **렌츠의 법칙**이라고 한다.

예를 들면 그림40의 오른쪽 그림과 같이 코일에 자석을 접근시키면 코일 속을 통하는 자력선이 증가하므로 전자유도작용에 의해서 기전력을 발생하여 코일에 전류가 흐른다. 이 전류에 의해서 발생하는 자속은 자석이 발생하는 자속과 반대방향이 된다. 즉 자속의 변화를 방해하는 방향(이 경우는 자속이 감소하는 방향)으로 전류가 발생한다.

반대로 그림의 왼쪽 그림과 같이 자석에서 코일을 멀리하면 코일을 통하는 자속이 감소하므로 코일에 흐르는 전류에 의해서 생기는 자속은 자석의 자속과 같은 방향(이 경우는 자속이 증가하는 방향)에 발생한다.

페러데이 법칙과 렌츠의 법칙

① 패러데이의 법칙(기전력의 크기에 대해서)

전자유도작용에 의해서 코일에 발생하는 기전력의 크기는 1초간 코일을 끊는 자력선의 수가 많을수록, 또 자석을 움직이는 속도가 빠를수록 크다.

② 렌츠의 법칙(기전력의 방향에 대해서)

코일은 이것을 관통하는 자력선의 변화가 있으면 그 자력선의 변화를 방해하려는 방향으로 기전력을 유도한다.

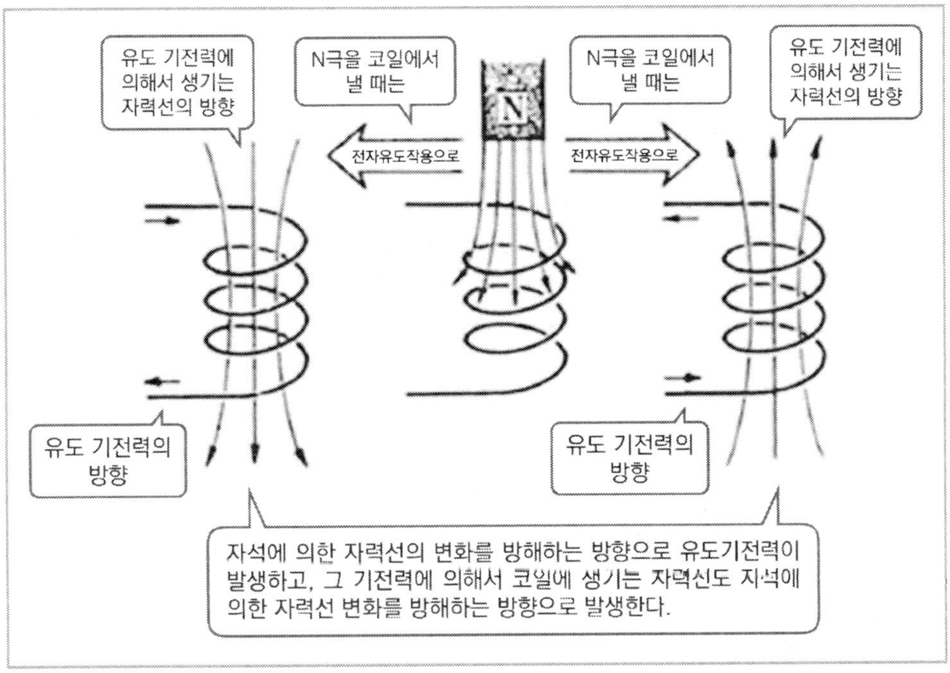

[그림40] 코일에 발생하는 기전력의 방향

4.9 와전류와 와전류손 - 〈금속에 발생하는 유도전류〉

발전기의 전기자 철심이나 변압기의 철심에는 얇은 강판을 겹쳐 쌓은 성층철심이 쓰이고 있다. 그 이유는 와전류를 감소시키는 것이 목적이다. 그러면 와전류란 어떤 것인가를 생각해 보기로 하자.

그림41(A)와 같이 한 장의 금속판을 관통하고 있는 자력선이 변화하면 혹은 금속판을 화살표 방향으로 움직이면 자력선과 금속판이 서로 끊기므로 전자유도작용에 의해서 기전력이 발생한다. 이에 의해서 전류가 소용돌이모양으로 순환하는 흐름이 되는데 그 방향은 자속의 변화를 방해하는 방향, 그림41(B)에 보인 것과 같다. 이 전류를 **와전류**라고 한다.

이와 같이 자속이 증가 혹은 감소하여 금속판에 와전류가 흐르면 저항 $R(\Omega)$을 가진 금속판에 와전류 I(A)가 흐르게 되므로 $I^2 \times R$ 에 비례하는 줄열이 발생해서 금속의 온도를 상승시킨다. 이것을 **와전류손**이라고 한다.

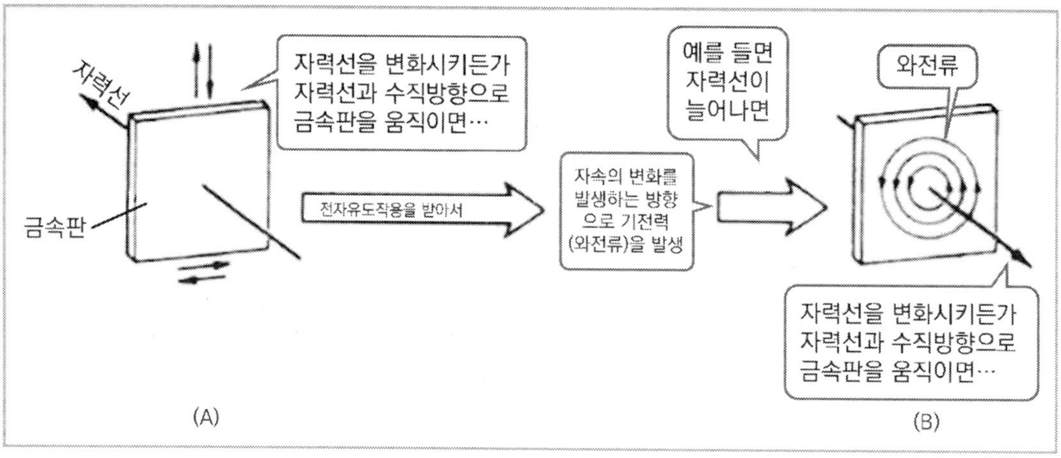

[그림41] 와전류의 발생

발전기의 전기자 철심이나 변압기의 철심의 경우 앞의 것은 전기자 철심이 자력선을 끊고 뒤의 것은 철심을 관통하고 있는 자력선이 변화하기 때문에 각각 철심에 와전류가 발생한다. 이 와전류를 적게 하려면 판 모양의 강재표면에 절연도료를 붙이고 이것을 겹쳐서 성층으로 하여 전기저항을 크게 한다.

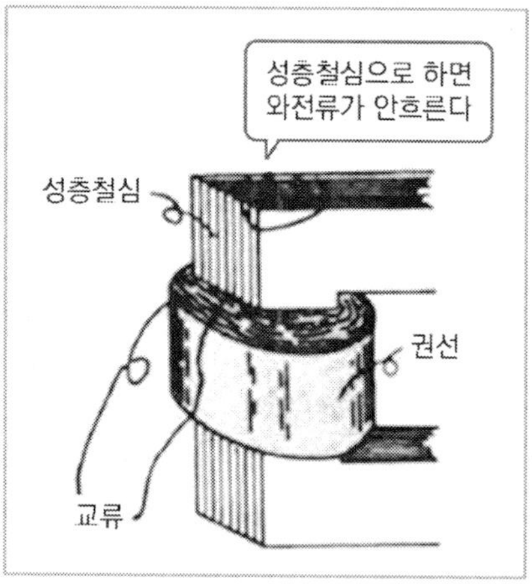

[그림42] 변압기의 성층철심

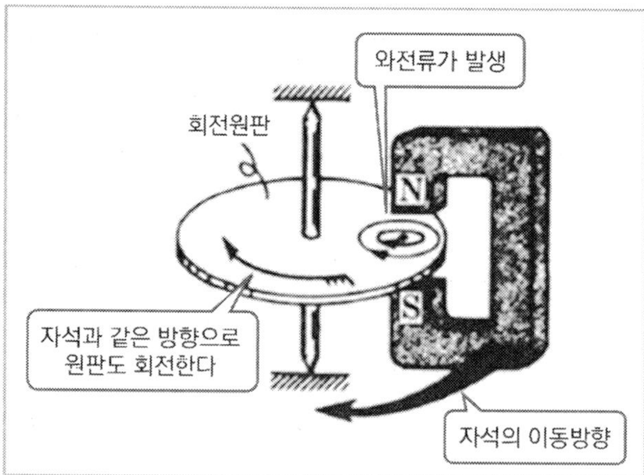

[그림43] 아라고의 원판

그 결과 와전류는 흐르기 어렵게 되어 와전류손을 적게 할 수 있다. 그림42는 변압기의 성층철심을 나타낸다.

한편 와전류를 적극적으로 이용하는 것도 있다. 그 일례가 그림43 **아라고의 원판**(Arago's disc)이다. 이것은 유도전동기의 원리가 되는 것으로, 그림에서 자석을 화살표 방향으로 움직이면 원판에 와전류가 흐른다. 이 전류와 자석의 자력선 사이에 플레밍의 왼손의 법칙에 따르는 전자력이 발생해서 자석을 회전시키면 원판도 같은 방향으로 회전하게 된다.

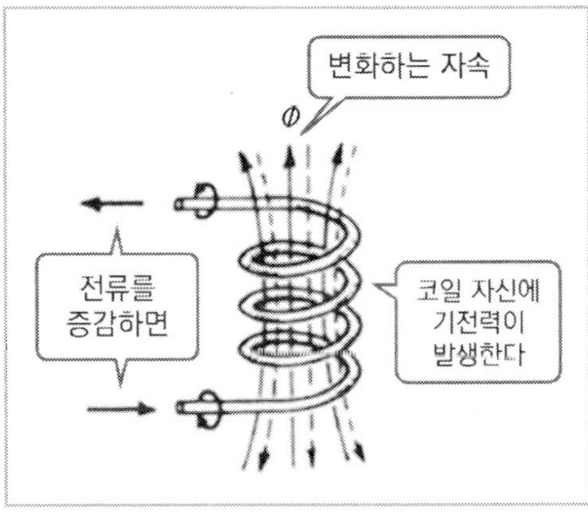

[그림44] 자기유도작용

4.10 자기유도작용 - 〈코일 자신에도 기전력을 발생한다.〉

그림44처럼 코일에 크기가 변화하는 전류 $I(A)$를 흘리면 이 전류에 비례한 자속 $\varPhi$가 발생한다. 그 때문에 코일과 쇄교(코일과 자력선이 사슬과 같이 교차하는 것)하고 있는 자속이 변화하여 코일 자신에도 전자유도작용에 의해서 새로운 기전력이 발생한다. 이와 같은 현상을 **자기유도작용**[25]이라고 한다.

그러면 자기유도작용에 의해서 유도되는 기전력의 크기를 코일에 흐르는 전류의 변화에서 구해 보기로 하자.

코일에 유도되는 기전력의 크기는 코일에 쇄교하는 자속의 변화의 비율에 비례한다. 이것을 식으로 나타내면 다음과 같이 된다.

$$e = N \cdot \frac{\Delta \varPhi}{\Delta t} \quad \cdots\cdots (1)$$

25) 미국의 헨리가 1830년에 이 현상을 발견하였다.

(e : 자기유도 기전력, N : 코일의 권수, $\Delta\Phi$: 변화한 자속의 양, Δt : 자속이 변화하는데 필요한 시간)

자기유도작용과 인덕턴스

하나의 코일이 있고 코일 자신을 흐르고 있는 전류가 변화하면 코일과 쇄교하고 있는 자력선이 변화하여 코일 자신에 새로운 기전력이 유도된다. 이것이 자기유도작용이다.

코일의 자기유도작용에 의한 기전력의 크기는 코일에 흐르는 전류의 변화에 비례한다. 이때의 비례정수를 「자기 인덕턴스」라 하고 기호 L로 나타낸다. 자기 인덕턴스는 자기유도계수라고도 하며 단위는 헨리(H)이다.

또 코일에 발생하는 자력선수 Φ는 전류 $I(A)$와 코일의 권수 N 의 곱에 비례한다. 따라서 비례정수를 k로 하면 다음 식으로 나타낼 수 있다.

$$\Phi = kN \cdot I \quad \cdots\cdots (2)$$

(1)식의 $\Delta\Phi$에 (2)식을 대입하면

$$e = N \cdot \frac{\Delta\Phi}{\Delta t} = N \cdot \frac{\Delta(kN \cdot I)}{\Delta t} = kN^2 \cdot \frac{\Delta I}{\Delta t} \quad \cdots\cdots (3)$$

가 된다. kN^2은 코일의 권수, 모양, 재질에 의해서 정해지는 정수이다. 여기서 이 정수를 L로 하고 (3)식을 다음과 같이 바꾸어 쓴다.

$$e = L \cdot \frac{\Delta I}{\Delta t} \quad \cdots\cdots (4)$$

(4)식의 L을 **자기 인덕턴스**[26]라 하고 그 단위를 헨리(H)로 나타낸다.

즉 자기 인덕턴스란 그 코일에 흐르는 전류의 변화에 의해서 생기는 자기유도 기전력을 구하기 위한 계수(자기유도계수)라고 할 수 있다.

26) 「인덕턴스」는 「인덕트(induct)=안내하다, 도입하다」에서 파생한 술어.

4.11 상호유도작용 - 〈이것이 변압기의 원리이다.〉

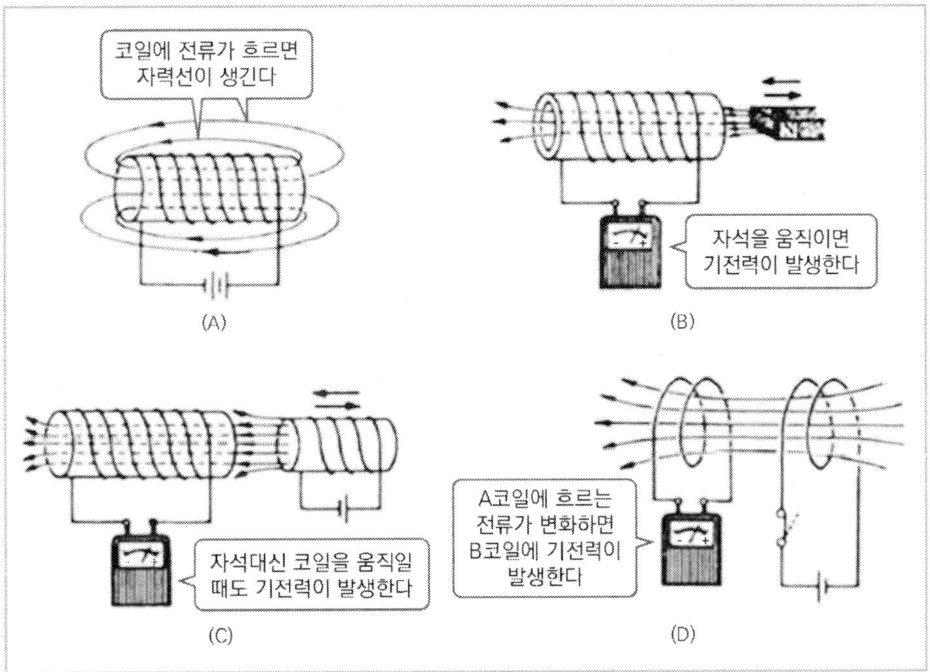

[그림45] 상호유도작용

그림45를 보기 바란다.

그림(A) : 코일에 전류를 흘리면 자속이 발생한다.

그림(B) : 코일에 자석을 가까이하거나 멀리하면 전자유도작용으로 코일에 기전력이 발생한다.

그림(C) : 자석 대신 오른쪽 코일을 좌우로 움직이면 자석을 가까이하거나 멀리하는 것과 마찬가지로 왼쪽 코일에 쇄교되는 자속이 변화하여 기전력이 발생한다.

그림(D) : 코일A 및 B를 고정해 두고 코일A에 흐르는 전류를 변화시킨다. 즉 스위치를 개폐하면 그 순간 코일A의 자속이 변화하여 그 자속이 코일B를 꿰뚫게 되어서 기전력을 발생한다.

이렇게 두 코일 A, B가 있고 한쪽 코일A에 흐르는 전류가 증가 혹은 감소하면 전류의 변화에 비례하여 코일A의 자속이 변화한다. 또 그 자속이 코일B와 쇄교하는 상태에 있으면 코일B에 기전력이 유도된다. 이 현상을 **상호유도작용**이라고 한다. 그리고 이 상호유도작용이 뒤에서 설명하는 변압기의 원리가 되는 것이다.(제2편 5.1참조).

상호유도작용과 자기유도작용

근접해 있는 2개의 코일 중 한쪽 코일에 흐르는 전류가 변화할 때 다른 쪽 코일에 기전력이 유도된다. 이 현상을 상호유도작용이라 하고 변압기의 원리이기도 하다.

자기유도작용이나 상호유도작용이나 전기와 자기의 작용을 결부시킨 전자유도 작용임에는 틀림없지만 앞에 있는 것에서는 전류가 변화한 코일 자신에 새로운 기전력이 발생하는데 비해 뒤의 것은 전류가 변화한 코일과는 다른 또 한쪽의 코일에 기전력이 발생한다.

제 5 장 : 정전기의 기초적인 지식

지금까지는 도체에 흐르는 동전기의 성질이나 역할에 대해서 배워왔다. 그런데 일상생활에서 서로 다른 두 물체를 마찰하여 수천 볼트에서 수만 볼트의 전기를 물체에 대전하는 현상이 있다.[27] 예를 들면 스웨터를 벗을 때 머리카락이 끌린다든지 혹은 불꽃이 생기고 소리가 나는 것은 전하 사이에 작용하는 전기의 성질에 의한다고 볼 수 있다. 이 전기는 그 물체 상에 정지한 상태에 있으므로 「정전기」라고 부르고 있다.

이 장에서는 이 정전기의 역할에 대해서 살펴보기로 하자.

5.1 대전과 전하의 종류 - 〈한쪽에는 양전하, 다른 쪽에는 같은 양의 음전하〉

모든 물체에는 전기가 있다. 그렇지만 꼬마전구를 전선으로 접속해도 빛을 내는 것은 아니다. 왜 그럴까. 그것은 세상의 모든 물체에는 ⊞와 ⊟의 전기가 같은 양 만큼 들어있으므로 그대로는 전기의 역할을 하지 않기 때문에 꼬마전구는 켜지지 않는 것이다.

이미 설명한 바와 같이 전기에는 ⊞의 전기와 ⊟의 전기가 있다. 모든 물체 속에는 이 두 전기가 같은 양 만큼 들어 있어 ⊞의 전기와 ⊟의 전기는 서로의 성질을 상쇄하도록 작용하기 때문에 전기적으로는 중성(전기를 띠고 있지 않은)인 것이다.

그런데 물체를 마찰하면, 예를 들면 그림46과 같이 명주천과 유리를 마찰하면 물체에 전기를 띤다. 이 이유에 대해서는 이미 제1장, 제2장에서 설명하였다. 전기적으로 중성이었던 물체가 마찰에 의해서 전기를 띠는 것을 「대전했다」고 하고 대전한 물체를 「대전체」라고 한다. 그리고 그 물체가 대전함으로써 얻은 전기량을 「전하」라고 한다. 바꾸어 말하면 대전하여 물체가 가지고 있는 전기량을 「전하」라고 한다.

---

27) 전기를 통하는 물체(도체)를 마찰해도 정전기는 발생하지 않는다.

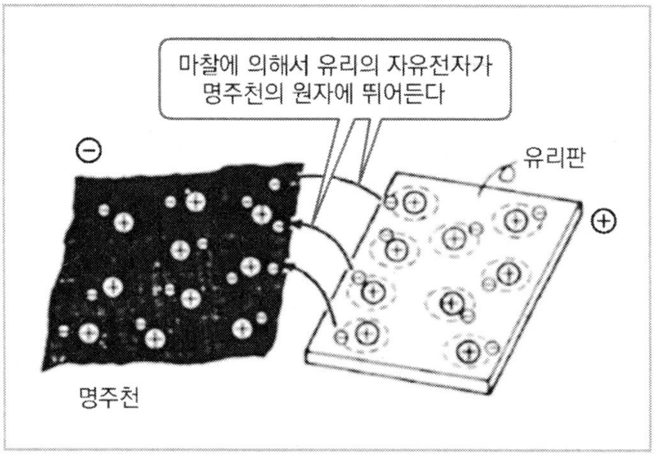

[그림46] 명주천과 유리의 마찰에 의해서 생기는 정전기

전하에는 양전하(또는 ⊞전하)와 음전하(또는 ⊟전하)의 두 종류가 있으며 일반적으로 서로 다른 두 물체를 마찰하여 한쪽은 ⊞의 전하를, 다른 쪽에는 이것과 같은 양의 ⊟의 전하를 띠게 된다. 그리고 자석의 자극 간에 힘이 작용하는 것과 마찬가지로 양전하와 음전하 사이에는 끌어당기는 힘이 작용하고 같은 종류의 전하 사이에는 반발하는 힘이 작용하는 성질이 있다. 이러한 힘을 **정전력**이라고 한다.

5.2 쿨롱의 법칙 - 〈두 전하 사이에도 힘이 작용한다.〉

그림47에 의하면 **두 대전체 사이에 작용하는 정전력의 크기 F (N)은 각각의 전하 Q_1 (C), Q_2 (C)의 곱에 비례하고 전하 간의 거리 r(m)의 제곱에 반비례**하며 정전력의 방향은 양 전하를 연결하는 직선상에 있다. 이것은 자극에 관한 쿨롱의 법칙과 아주 비슷한 관계이며 전하에 관한 **쿨롱의 법칙**이라고 한다. 이 법칙에 의해서 정전력의 크기와 방향을 알 수 있다.

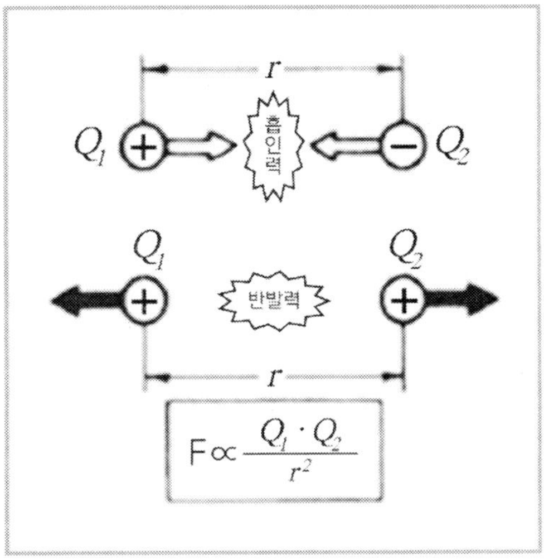

[그림47] 쿨롱의 법칙

쿨롱의 법칙

① 자기에 관한 쿨롱의 법칙

2개의 자극 사이에 작용하는 힘 F(N)은 자극의 세기 m_1(Wb), m_2(Wb)의 곱에 비례하고 자극 간의 거리 r(m)의 제곱에 반비례한다.

$$F \propto \frac{m_1 \cdot m_2}{r^2} \quad (4.2참조)$$

② 정전기에 관한 쿨롱의 법칙

두 전하 간에 작용하는 힘 F(N)은 양 전하 Q_1(C), Q_2(C) 의 곱에 비례하고 전하 간의 거리 r(m)의 제곱에 반비례한다.

$$F \propto \frac{Q_1 \cdot Q_2}{r^2}$$

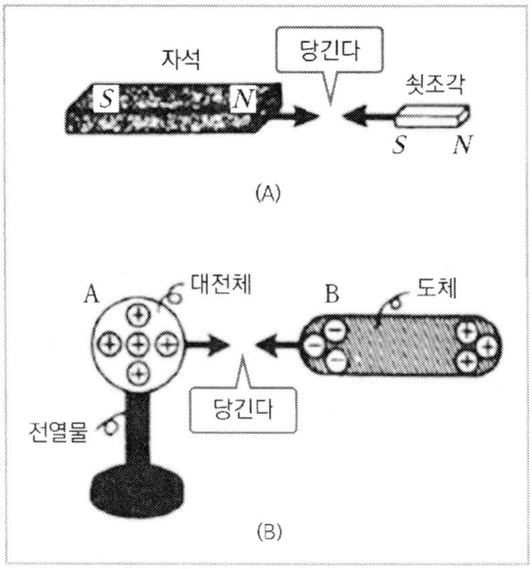

[그림48] 자기유도작용과 정전유도작용의 유사성

정전유도작용과 자기유도작용

절연된 도체 B를 마찰 등에 의해서 전기를 띤 물체(대전체) A에 가까이 하면 도체 B의 대전체 A에 가까운 쪽에 A와 같은 종류의 전하가 나타난다. 이 현상이 정전유도작용이다.

한편 자기유도작용이란 자석의 N극과 S극 사이에 쇳조각을 두었을 경우 이 쇳조각에 자석의 N극에 가까운 쪽에 S극이, 반대쪽(S극에 가까운 쪽)에 N극이 유도되는 현상을 말한다.

이들 두 작용에는 비슷한 점이 많다.

5.3 정전유도 - 〈스웨터를 벗을 때 머리카락이 끌리는 현상〉

4.4에서 설명한 바와 같이 자석 가까이에 쇳조각을 두면 자기유도에 의해서 쇳조각은 자화되어 자석이 된다. 그림48(A)와 같이 원래의 자석과의 사이에 자기력이 작용하여 자석은 쇳조각을 흡인한다. 이것과 마찬가지로 정전기에서도 같은 현상이 일어난다.

그림48(B)에서 보는 것과 같이 ⊞의 전하를 가진 대전체 A에 도체 B를 가까이 하면

대전체 A에 가까운 부분에는 A와 종류가 다른 전하(이 경우는 ⊟의 전하)가 나타나고 또 한쪽의 먼 부분에는 A와 같은 종류의 전하(이 경우는 ⊞전하)가 나타난다. 이러한 현상을 **정전유도작용**이라고 한다. 그리고 ⊞의 전하와 ⊟의 전하사이에는 끌어당기는 힘이 작용하여 도체 B는 대전체 A에 끌리게 된다. 즉 정전력이 발생한다.

5.4 전계와 전기력선 - 〈정전공간을 해명하는 키워드〉

전기(즉 전하)를 띠고 있지 않은 종이에 ⊞전하를 띤 물체를 가까이 하면 종이에는 그림49와 같이 전하가 나타나 흡인력이 작용한다. 종이와 물체 사이는 공간인데 어째서 이러한 현상이 일어날까.

여기서 그림50에 보는 것과 같이 전하 주위의 공간에 자석의 경우의 자력선에 상당하는 것이 존재하기 때문이라고 생각한다. 이것을 **전기력선**이라 하고 전기력선이 있는 공간을 **전계**라고 한다.

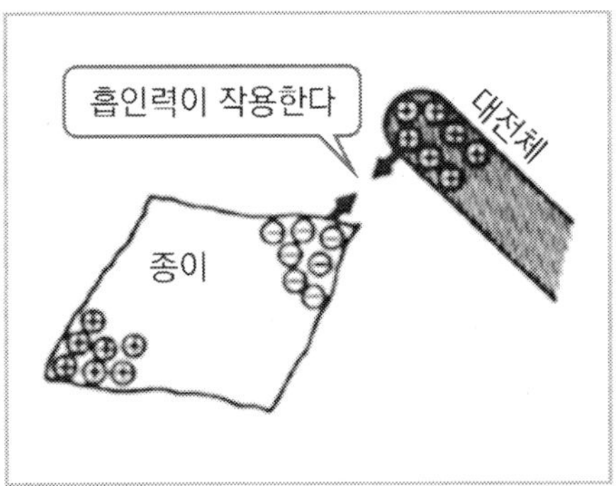

[그림49] 정전유도작용에 의해서 종이에 생기는 전하

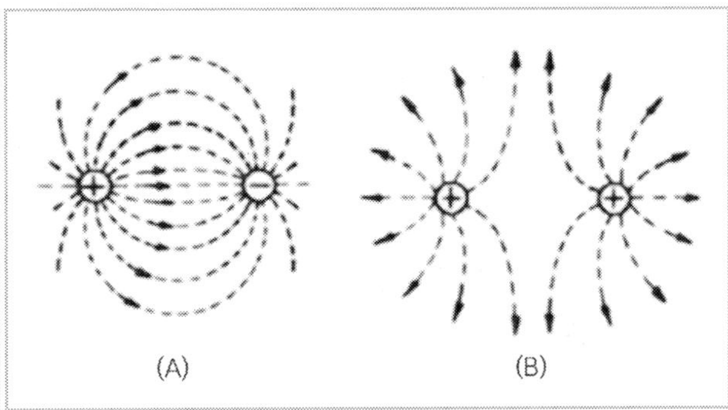

[그림50] 전하와 전기력선의 방향

자력선에도 그 성질이 있듯이 전기력선은 다음과 같은 성질이 있다.

① 전기력선은 ⊞의 전하에서 시작해 ⊟의 전하에서 끝난다.

② 전기력선의 방향은 그 점의 전계의 방향과 일치한다.

③ 전기력선은 늘린 고무와 같이 최단거리를 지나려고 하지만 같은 방향의 전기력선끼리는 서로 멀어지려고 한다.

즉 전기력선에는 위와 같은 성질이 있기 때문에 앞에서 설명한 바와 같은 현상이 일어나게 된다.

5.5 정전용량 - 〈콘덴서(축전기)의 원리〉

그림51(A)와 같이 2개의 금속판을 서로 마주보게 하고 여기에 전압을 가하면 ⊞의 전원이 접속되어 있는 금속판에는 ⊞의 전하가 모이고 ⊟의 전원이 접속되어 있는 금속판에는 ⊟의 전하가 모여 서로 전하가 끌어당기듯이 두 장의 금속판에 전하가 축적된다. 이러한 것을 「콘덴서(또는 캐패시터)」라 하고 전하를 축적하는 성질을 가진 전기 부품의 일반적인 명칭으로서 쓰이고 있다.

콘덴서에 축적되는 전하 Q는 여기에 접속하는 전압 V에 비례하는 것을 알 수 있으므로 이것을 식으로 나타내면 다음과 같이 된다.

$$Q \propto V$$

여기서 비례정수를 C로 나타내면

$$Q = C \cdot V$$

가 된다. 이 비례정수 C 를 콘덴서의 **정전용량**이라고 한다. 그리고 정전용량의 기호에는 C를 쓰고 단위는 패러드(F)로 나타낸다. 또 전하의 단위에는 쿨롱(C)이 쓰이며 1C=1F×1V의 관계가 된다.

위의 식은 콘덴서의 정전용량과 전압, 전하와의 사이의 관계를 나타내는 중요한 식이다. 이 식을 물탱크 속의 수량으로 비유해서 생각해 보면 다음과 같이 설명할 수 있다.

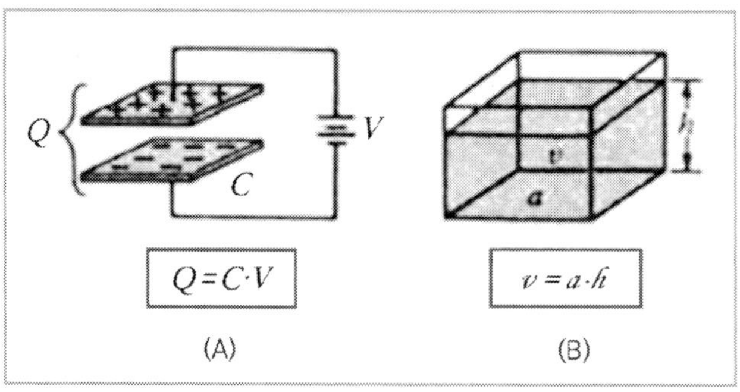

[그림51] 콘덴서와 물탱크의 유사성

정전기와 자기의 비교

정전기	자기
쿨롱의 법칙 $F \propto \frac{Q_1 \cdot Q_2}{r^2}$	쿨롱의 법칙 $F \propto \frac{m_1 \cdot m_2}{r^2}$
전 하	자 극
정전력	자 력
정전유도	자기유도
전 계	자 계
전기력선	자력선
$Q = C \cdot V$	$\Phi = L \cdot I$

그림51(B)와 같은 물탱크 속의 수량 v가 용량의 밑면적 a와 높이 h의 곱에 의해서 나타내듯이 전하를 축적하는 용기를 상상하여 콘덴서에 적용하면 다음과 같은 관계가 된다.

- v (물탱크 내의 수량) ➔ Q (콘덴서에 축적되는 전하)
- a (물탱크의 밑면적) ➔ C (콘덴서의 정전용량)
- h (물탱크의 수위) ➔ V (콘덴서에 걸리는 전압)
- $v = a \cdot h$ ➔ $Q = C \cdot V$

즉 콘덴서는 전하를 축적하기 위하여 만들어진 용기라고 생각 할 수 있다. 여기서 보다 큰 정전용량을 가지고 보다 소형으로 하기 위하여 다음과 같은 점에 중점을 두어서 콘덴서가 사용되고 있다.

① 두 장의 도체판 사이의 거리를 짧게 한다. … (대표적인 것은 전해 콘덴서)
② 도체판의 면적을 크게 한다. … (페이퍼 콘덴서가 대표적)
③ 도체판 사이에 마이카를 넣는다 … (자기 콘덴서)

또한 뒤에서 설명하는 바와 같이 전기를 축적하는 콘덴서는 교류회로나 전자회로에서 중요한 역할을 한다.

정전용량

전하(전기량)를 축적하는 그릇이 콘덴서이며 이 전하를 축적하는 능력이 정전용량이다.

그리고 콘덴서에 축적되는 전하량 Q(C), 가한 전압 V(V) 및 정전용량 C(F)와의 사이에는 다음의 관계가 성립한다.

$$Q = C \cdot V$$

제 6 장 : 교류의 기본적인 성질

직류전기는 화학적 에너지(1차전지나 2차전지)로 변환해 둘 수 있으나 교류전기는 할 수 없다. 따라서 휴대용이나 이동식의 전원, 혹은 크레인의 원동기나 전동차와 같이 시작할 때의 회전력이 큰 것이 요구되는 전동기는 직류밖에 없다. 이에 대해서 교류는 변압기에 의해서 전압을 올리거나 낮출 수 있으므로 원하는 전압으로 바꾸어서 많은 용도에 이용할 수 있다. 또 회전자계를 발생시켜서 유도전동기를 회전시킨다. 이와 같이 교류는 직류보다도 이용면이 넓다는 점에서 일반적으로는 교류가 널리 사용되고 있다.

6.1 직류전기와 교류전기의 차이점 - 〈교류는 방향과 크기가 바뀐다.〉

배터리(축전지)에서 흐르는 전류는 직류이고 3상유도전동기에 공급되는 전원은 교류라고 부르는데 직류와 교류는 어떤 차이가 있는지 생각해 보기로 하자.

배터리는 전위(전압)가 높은 ⊞극에서 전위(전압)가 낮은 ⊟극을 향해서 전류가 흐른다.(실제로는 ⊟의 전하를 가진 자유전자가 ⊟극에서 ⊞극으로 이동한다.)

직류 · 맥류 · 교류

① 직 류
전압과 전류의 크기 및 방향이 언제나 일정한 전기를 말한다. (예 : 전지의 전류)

② 맥 류
전압과 전류의 방향은 달라지지 않지만 크기가 변화하는 전기를 말한다. (예 : 전화선의 전류)

③ 교 류
전압과 전류의 크기와 방향이 주기적으로 변화하는 전기를 말한다. (예 : 일반가정용 전기)

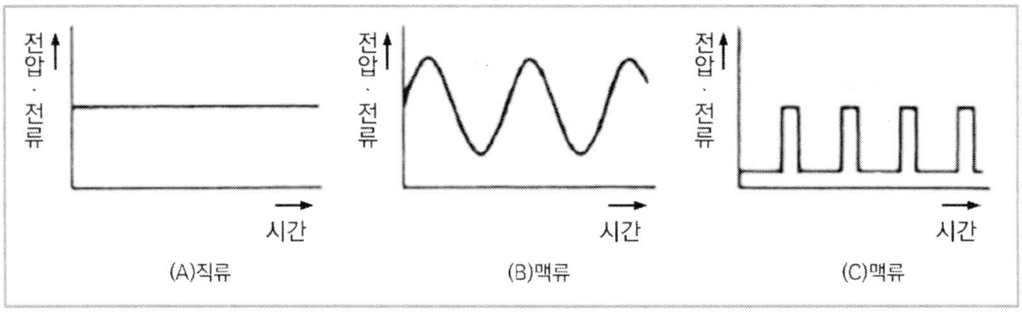

[그림52] 직류전기의 모양

그림52(A)에 보는 바와 같이 배터리에서 저항을 통하여 흐르는 전류는 언제나 일정하고 변화하는 일이 없다. 이러한 전류를 **직류**[28]라 하며 일정한 전압을 「직류전압」이라고 한다.

그런데 그림52(B), (C)와 같이 전압과 전류의 방향은 바뀌지 않지만 크기가 변화하는 것을 **맥류**라고 한다. 예를 들면 전화선을 흐르는 전류와 같이 음성의 변화에 따라서 전류의 크기가 달라지는 것이다.

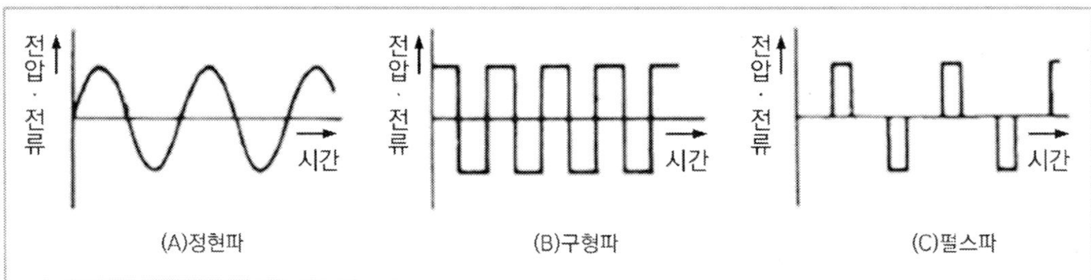

[그림53] 교류전기의 모양

이에 비해서 그림53과 같이 시간의 경과와 더불어 흐르는 방향과 크기가 주기적으로 변화하는 전류를 **교류**[29]라고 한다. 교류는 그 파형에 따라 그림의 (A), (B), (C)로 분류된다. 그러나 일반적으로 교류라고 하면 정현파를 가리킨다.

---

28) 직류를 영어로 Direct Current라 쓰고 이 머리글자를 따서 DC라고 한다.
29) 교류전류는 영어로 Alternating Current라 쓰고 머리글자를 따서 AC라고 나타낸다. 교류전압, 교류전류를 모두 교류라 하고 AC로 약기한다.

6.2 교류의 발생 - 〈정현곡선을 그리는 이유〉

그림 54(A)와 같이 자계(자석)내에서 코일(권선)을 돌리든가 그림(B)와 같이 코일 내에서 자석을 돌리면 계속해서 코일이 자력선을 끊기 때문에 전자유도작용에 의해서 연속하여 코일에 기전력이 발생하게 된다.30) 그리고 코일에 생기는 기전력의 크기나 방향은 자속의 변화와 비율 혹은 방향으로 알 수 있다.

[그림54] 교류전기의 발생원리

지금 자계 내에서 코일을 돌리는 경우를 생각해 보자[그림54(A)]. 코일이 그림55의 ①의 위치에 있을 때를 0°로 하고 반시계 방향으로 돈다고 하자. 코일이 움직이기 시작하는 곳은 코일 a-b부와 c-d부가 자력선과 거의 평행하게 움직이므로 자력선을 끊지 않는다. 그러므로 기전력은 0V이다. 코일이 30°, 45°(그림의 ②), 60°로 회전함에 따라서 기전력은 커지고 코일이 그림의 ③의 위치에 오면 가장 많이 자력선을 끊게 되어 기전력은 최대가 된다.

이때 플레밍의 오른손 법칙에 의하여 코일의 a-b 간에는 a에서 b를 향하는 전기, c-d사이에는 c에서 d를 향하는 전기가 발생한다. 그리고 b-c 및 a-d 간에는 전기는 발생하지 않지만 b-c가 접속되어 있으므로 a-d에 접속한 슬립 링의 단자에는 a-b 간에 발생한 전기와 c-d 간에 발생한 전기를 더한 교류전압을 발생한다.

코일이 다시 120°(그림의 ④), 150°로 회전하면 끊는 자력선이 적어지고 180°에서 기전력은 0V가 된다(그림의 ⑤). 180°를 넘으면 또 기전력을 발생하는데 이번에는 기전력의 방향이 역전하여 a-b 간에는 b에서 a를 향하는 전기, c-d 간에는 d에서 c를

30) 1831년에 영국의 패러데이가 발전기의 원리를 발견하고 1832년에 프랑스의 픽시는 발전기를 만들었다.

향하는 전기가 발생한다. 그리고 그림55의 ⑥(210°)을 거쳐서 ⑦(270°)에서 기전력은 최저값이 되고 다시 증가하기 시작한다. 다시 코일이 회전하여 최초의 출발점으로 되돌아오면 기전력은 다시 0V가 된다(그림의 ⑨).

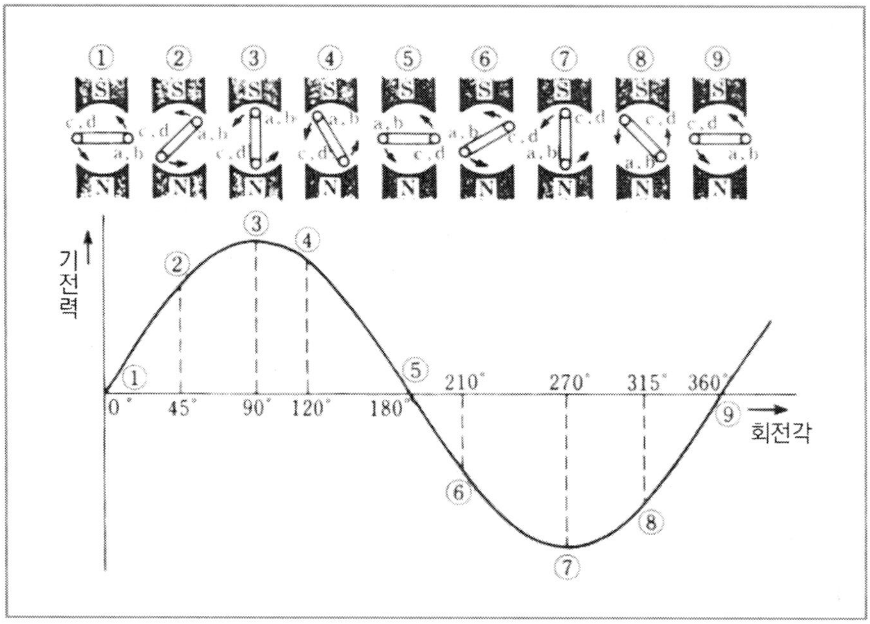

[그림55] 정현파 교류의 발생

코일이 1회전할 때마다 이와 같은 변화를 되풀이하여 그림55에 보인 것과 같은 결의 모양을 한 곡선을 그린다. 이 기전력은 일정한 주기로 방향이 변화하므로 교류 기전력(교류전기)이다. 또 이와 같이 매끄럽게 변화하는 교류를 「정현파 교류」라 하고 앞에서 설명한 바와 같이 일반적으로 교류라고 하면 이 정현파 교류를 가리킨다.

6.3 주파수 - 〈발전기의 극수와 회전수로 정해진다.〉

교류의 전압, 전류의 크기와 방향은 주기적으로 변화하는데 그 하나의 파형을 「1사이클」이라 하고 1회의 변화(사이클)를 완료하기까지 요하는 시간을 「주기」라 하며 1초간 사이클의 수를 **주파수**라고 한다. 그리고 주파수의 기호를 f[31], 단위는 헤르츠[32](Hertz

31) 주파수는 영어로 frequency라고 하므로 그 머리글자 f로 나타내는 일이 많다.
32) 1888년에 전파를 발견하여 오늘날의 라디오 문화를 개척한 독일의 학자 이름.

: 단위기호 Hz)로 나타낸다.

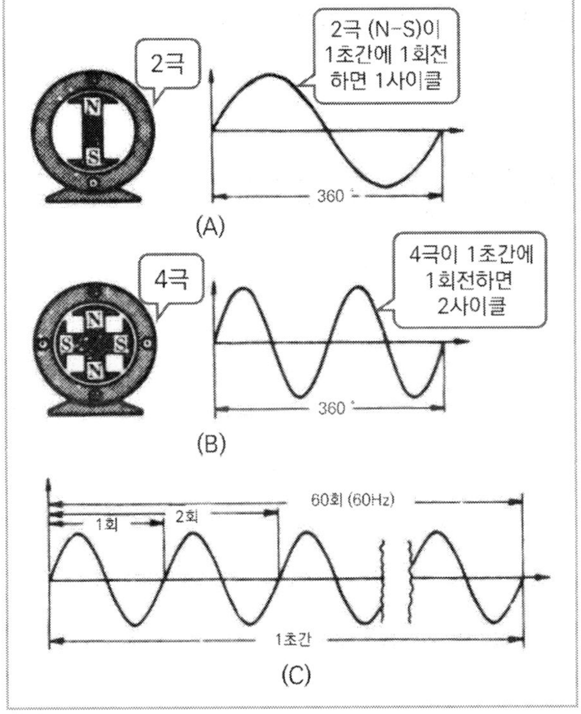

[그림56] 극수와 주파수의 관련

그림56(A)와 같이 2극(N과 S)의 자석을 1회전시킬 때마다 1사이클의 기전력을 발생하고 매초 60회전의 속도로 회전시키면 60Hz의 교류를 발생하게 된다. 그러나 2극의 발전기로 60Hz의 교류를 발생시키려면 1분 간에 3600회전이라는 빠른 속도로 회전하지 않으면 안 된다. 따라서 디젤기관으로 회전시키기에는 너무 속도가 빠르다. 그래서 극수를 2배, 4배로 하면 60Hz의 교류를 발생하는데 회전수를 1/2(즉 1,800회전), 1/4(즉 900회전)로 줄일 수 있게 된다. 그림56(B)에 4극인 경우의 예를 들어 두었다.

일반적으로 교류발전기의 극수를 P_1, 매분 회전수를 N_s라고 하면 주파수 f(Hz)는 다음 식으로 구해진다.

$$f = \frac{P}{2} \times \frac{N_2}{60} \Rightarrow f = \frac{P \cdot N_s}{120}$$

[주파수] = $\frac{\text{[극수]×[매분회전수]}}{120}$

여기서 N_s는 발전기의 극수와 주파수에 따라서 정해지는 일정한 회전수로, **동기속도**라고 한다.

또한 가정에서 사용하고 있는 교류의 주파수는 60Hz이고 선박에서도 보통 60Hz가 사용되고 있다.

교류의 주파수

정현파 교류에 있어서 정현파에서의 하나의 파를 1사이클이라 부르고 1초당 사이클 수를 주파수라고 한다.

동기 발전기의 극수 P와 매분 회전수 N 및 발생하는 기전력의 주파수 f(Hz)와의 사이에는 다음의 관계가 성립한다.

$$f = \frac{P \cdot N}{120}$$

또한 선박의 전원은 일반적으로 60Hz이다.

6.4 교류의 표현법 - 〈크기, 파형, 주파수, 위상〉

직류의 전압이나 전류를 나타내는 데는 크기만으로 가능하지만 교류의 경우는 크기, 파형, 주파수, 위상의 네 가지에 대해서 나타내지 않으면 안 된다. 여기서는 교류의 크기, 위상에 대해서 생각해 보기로 하자.

(1) 교류의 크기를 나타내는 방법

그림57의 파형과 같이 교류의 크기는 시시각각으로 변화하므로 그것을 나타내기가 매우 어렵다. 그래서 교류의 크기를 나타내는데 순시값, 최대값, 평균값, 실효값이라는 네 가지 용어가 쓰인다.

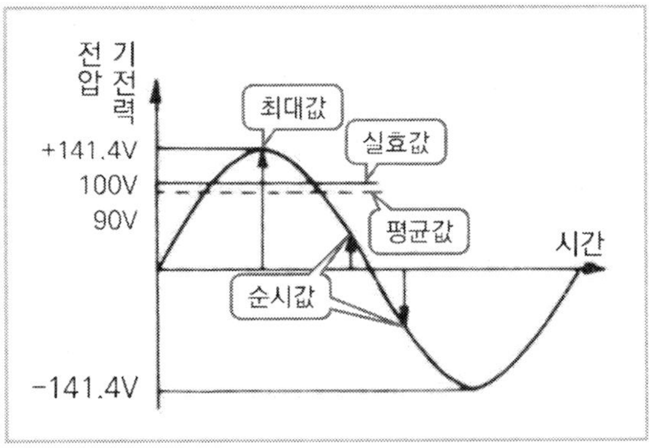

[그림57] 교류의 크기

① 순시값이란 어느 순간의 값을 말한다.

② 최대값이란 순시값 중에서 가장 큰 것을 말한다.

③ 평균값이란 순시값의 반주파의 평균적인 값을 말한다. 정현파의 경우 그 평균값과 최대값과의 사이에는 다음의 관계가 있다.

[평균값] = 0.637 × [최대값]

④ 실효값은 시시각각으로 변화하는 교류의 전압이나 전류의 순시값의 값을 제곱한 것을 평균하고 다시 평방근을 구한 것이다. 예를 들면 100V의 교류전압이라든가 10A의 교류전류라든가 하는 경우는 실효값을 나타내고 있다.

[실효값] = $\sqrt{[\text{순시값의 제곱의 평균값}]}$

교류의 크기

교류의 크기를 나타내는 값에는 다음의 네 종류가 있다.

① 순 시 값 … 임의의 순간 값.

② 최 대 값 … 가장 큰 값.

③ 평 균 값 … 순시값의 반주파수의 평균값.

[평균값] = 0.637 × [최대값]

④ 실 효 값 … 직류와 같은 일의 양 (발열량)을 나타내는 교류의 값, 교류에 있어서의 전압이나 전류의 값은 이 실효값으로 나타낸다.

[실효값] = 0.707 × [최대값]

[실효값] = $\sqrt{[\text{순시값의 제곱의 평균값}]}$

이 실효값이라는 것은 어느 교류를 전열기에 가했을 때 생기는 열이 그 전열기에 직류를 가했을 때와 똑같은 때의 직류의 값에 일치한다. 예를 들면 실효값 100V의 교류의 전압은 순간순간의 값은 +141V에서 -141V까지 변화하고 어느 순간에는 전혀 전압이 걸리지 않고 전류도 흐르지 않을 때도 있지만, 그래도 이러한 교류 100V에 의해서 발생하는 열량과 100V의 직류를 가했을 때 발생하는 열량이 똑같이 일치한다.

또 정현파 교류의 실효값과 최대값 사이에는 다음과 같은 관계가 성립된다.

[실효값] = 0.707 × [최대값]

보통 교류의 전압이나 전류의 값은 이 실효값으로 나타내어지고 있다. 따라서 교류의 전압계, 전류계의 수치는 모두 이 실효값으로 지시하고 있다. 예를 들면 전압계가 100V를 표시하고 있을 때 100V가 이 교류의 실효값이고 최대값은 약 141V, 평균값은 약 90V가 된다.

(2) 위상

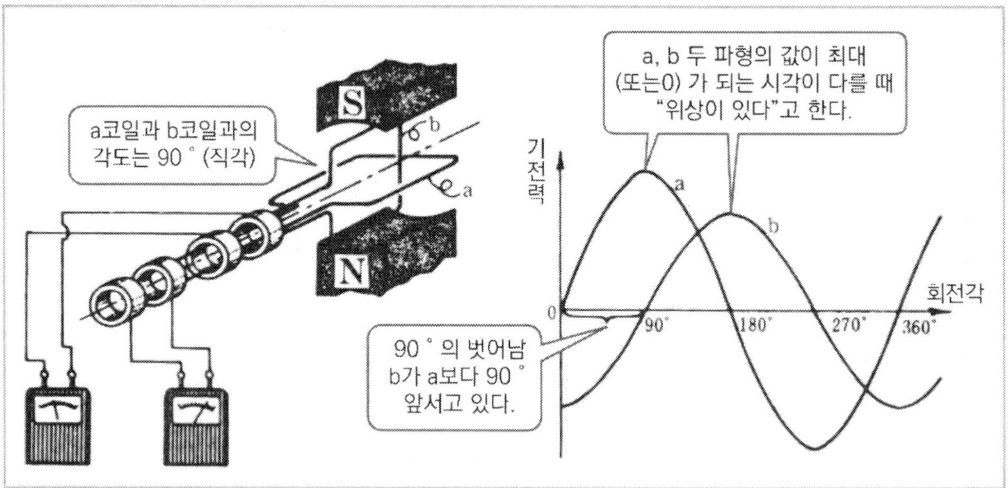

[그림58] 위상의 벗어남

그림58에서 보는 것과 같이 교류에서는 크기, 파형 그리고 주파수가 같더라도 두 교류파형의 변화에 시간적인 벗어남 -그림의 경우는 90°의 벗어남이 있다.- 이 생기는 일이 있다.

이러한 시간적인 벗어남을 **위상**이라고 한다.

예를 들면 간만현상과 같이 주로 달의 인력에 의해서 달에 면하는 쪽과 그 반대쪽에 바다수면이 부풀어 오르고 그와 90°의 방향에 있는 바다수면이 낮아지기 때문에 주기적으로 일어나는 조류가 있다는 것은 이미 알고 있으리라고 생각한다. 그런데 만내(灣內)에 있어서 실제로 일어나는 간만은 지형 등의 영향을 받기 때문에 달의 위치보다 시간이 늦게 일어난다. 즉 이것도 위상이 있는 것이다.

한편 그림59에 보는 것과 같이 두 교류(교류전압, 교류전류)의 크기와 같지 않더라도 교류의 크기가 0으로 되는 시각이 같은 경우 두 교류는 「동상」이라고 한다.

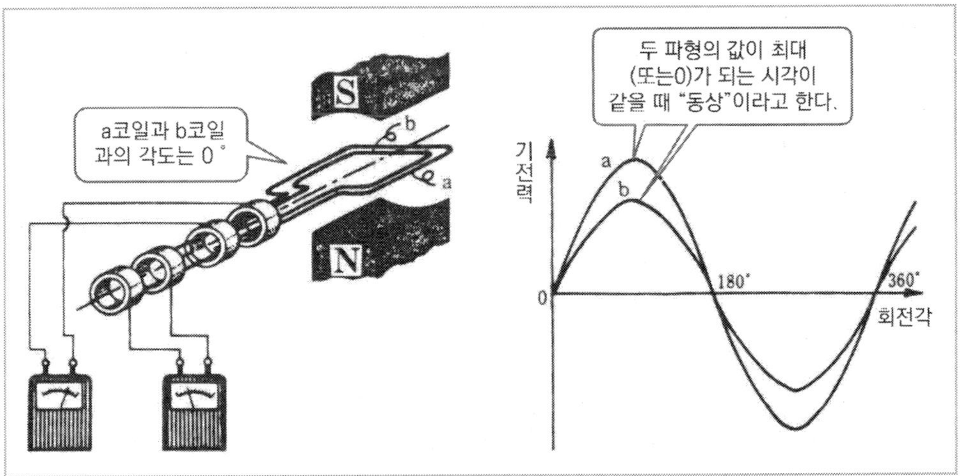

[그림59] 동상에 있는 교류

6.5 3상교류 - 〈그 원리와 결선법 및 회전자계〉

선내의 전동회로는 두 줄의 전선이 1조가 되어 전기를 전등에 공급하는 「단상 2선식」이다. 그런데 3상유도전동기에서의 배선은 세 줄의 전선이 1조가 되어 전력을 공급하고 있다. 이 배선방식을 「3상 3선식」이라고 한다.

3상이라는 것은 주파수가 같은 세 교류가 서로 120°씩 벗어나 있는 것을 말한다. 전류의 흐름이 세 가지가 있는 만큼 복잡하지만 각각 세 전류는 ⊞나 ⊟이고 그들을 셋 합치면 ⊞와 ⊟가 상쇄하여 0으로 되는 성질이 있다.

따라서 3상교류를 송전하려면 여섯 줄의 전선이 필요하지만 이것을 잘 접속하면 세 줄의 전선으로 세 교류(3상교류)를 송전할 수 있다.

교류의 위상

교류의 전압이나 전류를 나타내는 경우에는 크기, 파형, 주파수, 위상의 4사항에 대해서 표시하지 않으면 안 된다.

교류회로에서는 가한 전압과 흐르는 전류의 사이에 시간적이 벗어남이 생기는 일이 있다. 이 시간적인 벗어남을 위상 또는 위상각이라고 한다. 그리고 두 파형의 위상의 차를 위상차라고 한다.

즉 위상은 전압과 전류의 상대적인 위치관계를 나타내는 것이다.

(1) 3상교류의 발생

자계 내에 도체를 두고 그 도체가 자력선을 끊도록 움직이면 전자유도작용에 의해서 도체에 기전력이 발생한다. 이 현상은 6.2에서 설명하였다.

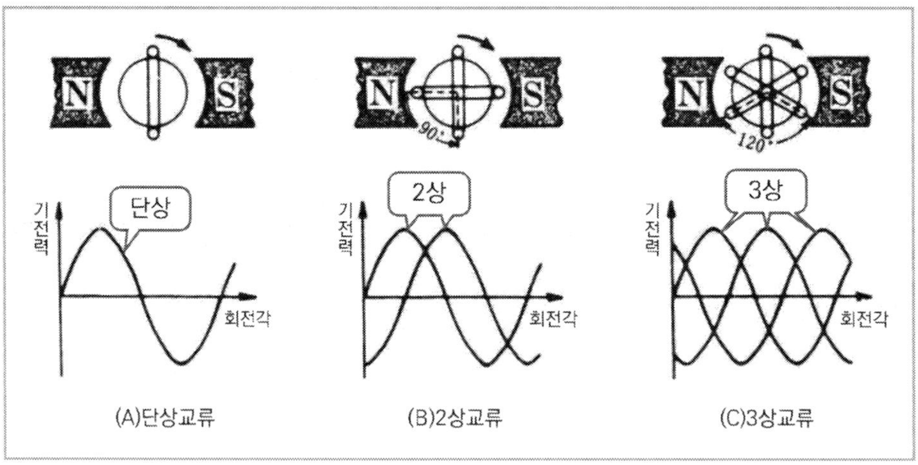

[그림60] 단상교류, 2상교류, 3상교류

그림60(A)와 같이 자계 내에서 도체가 연속하여 회전할 수 있게 하여 발생한 기전력이 단상교류이다. 도체의 수를 2개로 하여 직교시킨 것을 돌린 것이 그림(B)이며 이 경우에 발생하는 전류가 2상교류이다. 또 도체를 3개로 하여 120°씩 벗어나

게 하여 그것을 회전한 것이 그림(C)의 경우이다. 이 때 발생하는 전류가 3상교류이다. 이 3상교류에 대해서 좀 더 자세하게 설명하기로 한다.

앞서의 그림60(C)의 경우와는 반대로 이번에는 3개의 도체(코일)를 120°벗어나게 하여 배치하고, 그 중에서 자극 N-S를 회전시키게 한 것이 그림61(A)이다. 지금 자극(N-S)을 시계방향으로 회전하면 3개의 코일에 기전력이 발생하고, 그 기전력은 자극(N-S)이 120°도는 시간만큼씩 벗어나서(위상을 가지고) 발생한다. A의 코일에 발생하는 기전력을 e_a, B, C의 코일의 기전력을 각각 e, e_c 로 해서 각각의 기전력을 비교해 보면 기전력(전압)의 크기, 파형, 주파수는 같고 위상이 120°씩 틀린 것이 발생하고 있다.

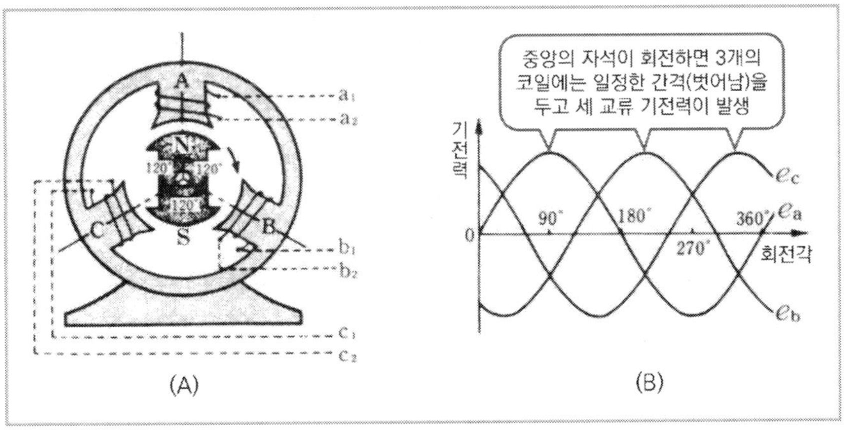

[그림61] 3상교류의 발생

e_a, e_b, e_c의 파형을 그리면 그림61(B)와 같이 된다. 이 파형을 참조하면 B의 코일에 발생하는 기전력을 120°회전하고 비로소 기전력 0V의 e_a의 기전력에 이르고 C의 도체의 기전력 e_c는 e_a보다 240°위상이 늦어지고 있다.

이 경우 e_a, e_b, e_c를 각각 「제1상의 상기전력」, 「제2상의 상기전력」, 「제3상의 상기전력」이라 하고 3개의 기전력, 즉 e_a, e_b, e_c와 같이 크기와 주파수가 같고 위상이 120°씩 다른 세 단상교류가 함께 존재하는 것을 **3상교류**라고 한다.

3상교류는 단상교류에 비해서 발전기나 전동기를 소형으로 만들 수 있고 또 세 교류 e_a, e_b, e_c를 여섯 줄의 전선으로 보내는 것을 다음 항에서 설명하는 바와 같이 세 줄의 전선으로 보낼 수 있기 때문에 경제적이다. 또 유도전동기의 회전자계를 발생한다. 이와 같은 이유에서 선박의 교류발전기로서 3상교류발전기를 일반적으로 사용하고 있다.

(2) 3상교류의 접속법

3개의 코일 A, B, C로 발생한 세 교류를 세 줄의 전선으로 보내기 위해서는 다음에 설명하는 두 가지 방법이 있다.

먼저 각 코일로부터의 전선을 그림62(A)와 같이 조합한다. 그런데 중앙의 세 줄의 선을 한 줄의 전선으로 할 수 있다. 이 선을 「중성선」이라 하고 중성선의 접속점을 「중성점」이라고 한다[그림62(B)]. 이와 같이 중성선을 포함해서 네 줄의 전선으로 3상전기회로를 만들고 있는 배전방식을 「3상 4선식」이라고 한다.

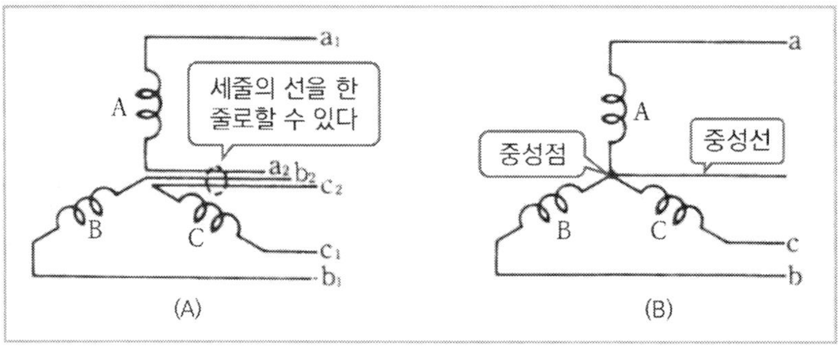

[그림62] 3상4선식 배전방식

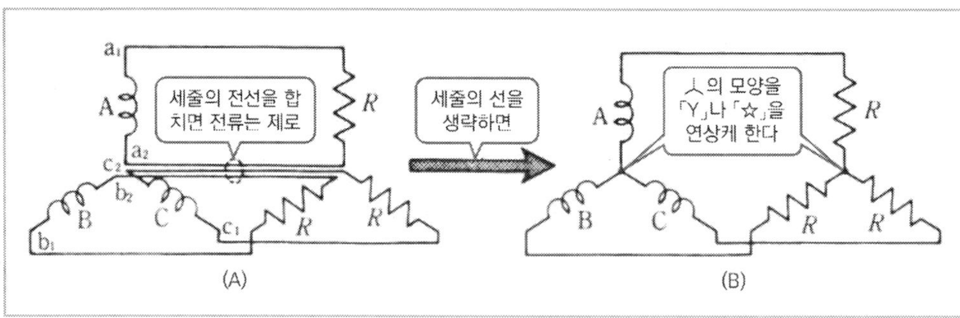

[그림63] 성형결선 (Y결선)

그런데 그림63(A)에 보인 것과 같이 3상전기회로의 부하저항 R이 셋 모두 같을 때는 중성선에는 전류가 흐르지 않는다. 따라서 그림(B)와 같이 발전기의 3개의 코일 A, B, C의 감기 끝이 한끝을 연결하고 부하저항 R의 한 끝을 이어 중성선을 생략한다. 이러한 결선을 **성형결선** 혹은 **Y결선**이라고 한다.

성형결선 외에 그림64와 같이 3개의 코일을 세모꼴로 접속하고 E_a의 기전력에 의한 전압이 a, b의 선간, E_b의 기전력에 의한 전압이 b, c간, E_c의 기전력에 의한 전압이 b, c 간에 나타나게 하는 방식이 있다. 이것을 **3각결선** 혹은 **△결선**이라고 한다.

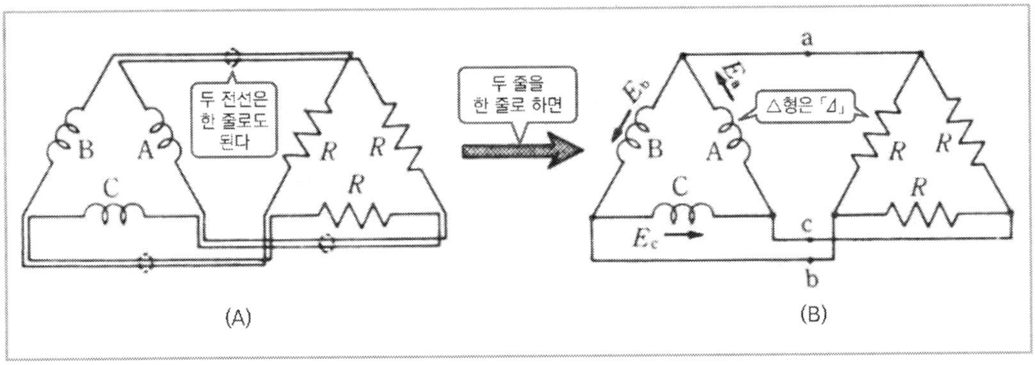

[그림64] 3각결선 (△결선)

3상교류의 결선법

3상교류는 세 줄의 전선으로 전력을 보낼 수가 있다. 그리고 3상교류발전기의 고정자에 감긴 3개의 코일과 3상교류를 보내는 세 줄의 전선의 연결법에는 다음의 두 가지 방법이 있다.

① Y(성형)결선 … 선간전압은 상전압의 $\sqrt{3}$배가 되지만 선전류는 상전류와 같다.

② △(3각)결선 … 선간전압은 상전압과 같아지고 선전류는 상전류의 $\sqrt{3}$배가 된다.

이상 두 방법의 어느 것에 결선하면 3상 3선식의 배전방식이 되어 전력을 보내는데 여섯 줄의 전선이 필요했던 것이 세 줄의 전선으로 할 수 있게 된다.

여기서 각각 3개의 코일에 발생하는 기전력(상전압)을 V_p, 흐르는 전류(상전류)를

I_p, 또 세 줄의 전선 간의 전압(선간전압)을 V_l, 전선에 흐르는 전류(선전류)를 I_l이라고 하면 상전압(혹은 상전류)과 선간전압(혹은 선전류)의 관계는 3개의 코일의 결선방법에 따라서 다음과 같이 된다.

① 성형결선(Y결선)의 경우[그림65(A)]

선간전압은 상전압의 $\sqrt{3}$배이고 상전류와 선전류는 같다.

[선간전압] = $\sqrt{3}$ × [상전압] $\quad V_l = \sqrt{3}\,V_P$
[선전류] = [상전류] $\quad I_l = I_P$

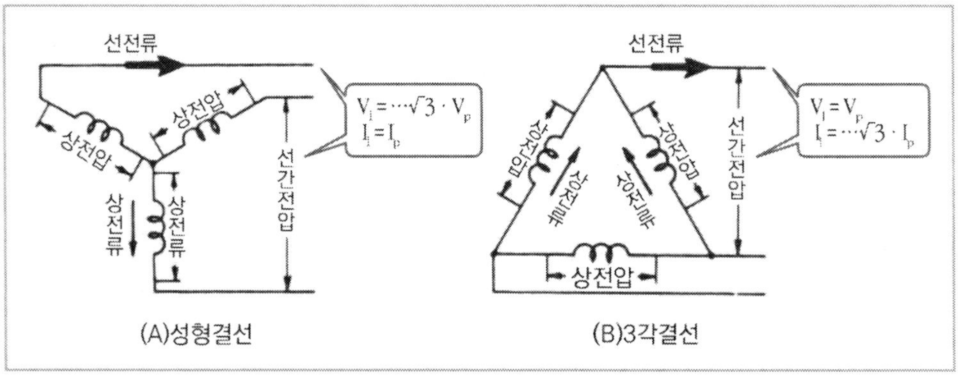

[그림65] 상전압(상전류)과 선간전압(선간전류의 관계)

② 3각결선(△결선)의 경우[그림65(B)]

상전압과 선간전압은 같으나 선전류는 상전류의 $\sqrt{3}$배이다.

[선간전압] = [상전압] $\quad V_l = V_P$
[선전류] = $\sqrt{3}$ × [상전류] $\quad I_l = \sqrt{3}\,I_P$

이상으로 3상교류발전기의 단자전압은 3개의 코일을 Y결선으로 접속하느냐 △결선으로 결선하느냐에 따라 다르다는 것을 알 수 있다. 마찬가지로 전선을 흐르는 전류도 다르다.

선내의 송전선을 보면 전동기에는 세 줄의 전선으로 보내지고 있는데 조명용에는 변압기로 전압을 낮추는 동시에 세 줄의 전선 중 두 줄에서 전기를 공급하고 있다. 그래서 이것을 3상교류에 대해서 「단상교류」라고 불러서 구별한다.

(3) 회전자계

그림66(A)에서 보는 것과 같이 고정자 철심의 안둘레(내주)의 120°씩 떨어진 위치에 있는 홈 속에 3개의 코일(권선) A, B, C를 넣고 U, V, W를 각각 감기 시작, 또 X, Y, Z를 각각 감기끝으로 하고 각각의 코일의 감기끝을 1점에 이어서 Y결선으로 한다. 이 3상권선(A, B, C)에 그림(B)와 같은 3상교류를 A의 권선에 제1상, B의 권선에 제2상, C의 권선에 제3상으로 흘리면 그림(B)의 ①, ②, ③, ④의 각 순간에 자력선이 생기는 모양은 그림(C)와 같이 된다.

즉 그림66(B)에서 0선에서 위는 전류가 ⊕(겉에서 뒤)의 방향으로 흐르게 하면 0선에서 밑은 ⊙(뒤에서 겉)의 반대방향으로 흐르게 된다.

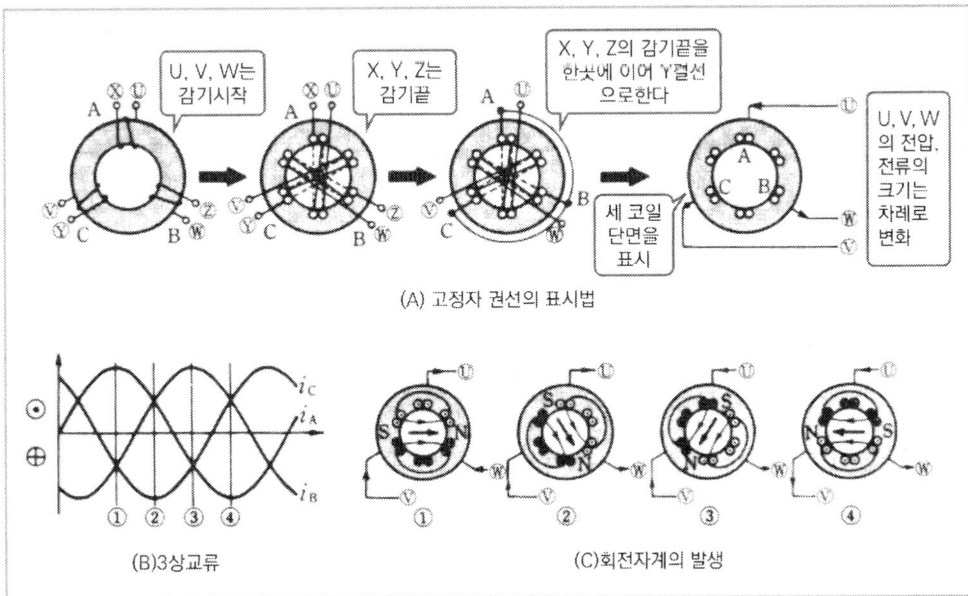

[그림66] 회전자계의 발생

여기서 ①의 순간에는 제1상이 (+)플러스로, 고정자의 A권선에 흐르는 방향은 ⊕(겉에서 뒤)방향의 최대이다. 제2상은 (-)마이너스이므로 B권선의 전류방향은 ⊙(뒤에서 겉), 마찬가지로 제3상은 (-)마이너스로 C권선의 전류방향은 ⊙, 그리고 전류의 크기는 제1상의 전류의 1/2이다. 따라서 3상교류의 ①의 순간의 합성자속은 그림66(C)의 ①과 같이 되어 N과 S의 위치가 수평위치가 된다. ②, ③, ④로 시간이 경과함에 따라 자력선의 상태가 그림(C)의 ②, ③, ④와 같이 변화하여 합성자계는 시계방향으로 회전해서 1사이클에 1회전한다. 이러한 자계를 **회전자계**라고 한다. 이 회전자계의 회전속도를 **동기속도**라고 한다. 그림66(C)와 같이 3개의 코일 1조에 생기는 회전자계의 극수는 2극이며 지금 고정자 권선의 극수를 P, 주파수를 f로 하면 동기속도 N_s는 다음 식으로 나타내어진다(6.3참조).

$$N_S = \frac{60 \times f}{\frac{P}{2}} = \frac{120f}{P}(r.p.m.)$$[33] $$[\text{동기속도}] = \frac{120 \times [\text{주파수}]}{[\text{극수}]}$$

회전자계는 유도전동기에 널리 이용되고 있다. 예를 들면 유도전동기의 고정자에 P극의 자극이 이루어지게 고정자 권선(1차 코일이라고도 한다)을 감고 여기에 f(Hz)의 주파수를 갖는 전원을 공급하면 $N_s = \frac{120f}{P}(r.p.m.)$ 의 동기속도로 회전하는 회전자계가 발생한다. 그러므로 유도전동기는 이 동기속도보다 느린 회전으로 운전한다.

또한 유도전동기의 회전방향을 반대로 하려면 회전자계의 회전방향을 반대로 하면 되고 그러기 위해서는 전원의 어떤 두 줄의 선을 반대로 접속한다.

회전자계와 회전계자

3상유도전동기의 고정자 권선에 3상교류를 흘리면 이 전류에 비례한 자력선이 각각의 권선에 발생하여 합성된 고정자의 자계가 된다. 이 자계는 권선이 멈추어 있음에도 불구하고 회전하므로 회전자계라고 한다. 이 회전자계의 회전속도(동기속도)는 다음 식으로 구해진다.

$$N_s = \frac{120f}{P}(r.p.m.)$$

*회전자계란 발전기의 전기자 내에서 자극 N-S가 회전하는 것을 말한다.

33) r. p. m.은 매분 회전수를 나타내는 단위.

제 7 장 : 교류회로의 기본적인 성질

여러분도 잘 알다시피 전기에는 직류와 교류가 있다. 직류가 흐르는 전기회로를 직류회로라 하고 이에 대해서 교류가 흐르는 회로를 교류회로라고 한다. 전기회로 그 자체의 본질은 같으나 여기에 흐르는 전류가 직류냐 교류냐에 따라서 다른 현상이 일어난다.

직류회로에서는 전류가 흐르는 것을 방해하는 것으로 회로의 저항에 대해서만 생각했었다. 그런데 교류회로에서는 전압, 전류의 크기와 방향이 주기적으로 변화하므로 전류의 흐름을 방해하는 것으로서 저항, 코일의 인덕턴스, 콘덴서의 정전용량을 생각하지 않으면 안 된다. 그렇다면 교류회로는 어떤 성질을 가지고 있을까.

7.1 저항에 교류를 흘렸을 경우 - 〈전압과 전류는 동상이고 옴의 법칙이 성립함〉

백열전구, 전기난로 등과 같이 저항 $R(\Omega)$뿐인 회로에 교류전압을 가한 경우 여기에 흐르는 전류의 크기와 가한 전압과 전류의 위상관계에 대해서 배우기로 하자.

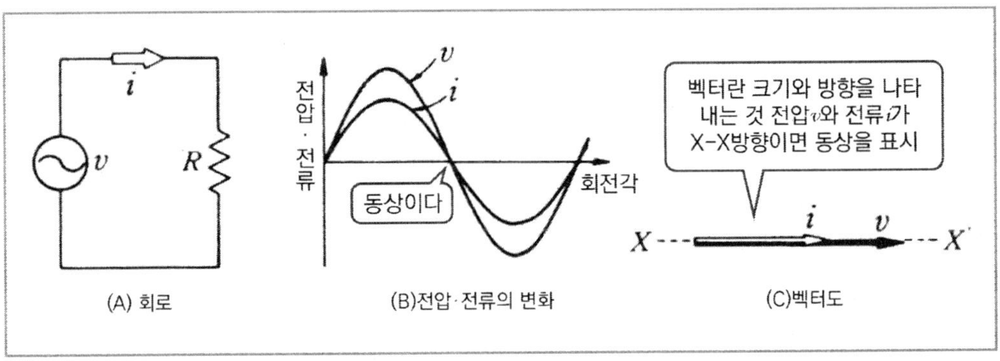

[그림67] 교류의 저항 회로와 그 전압, 전류

직류회로에서는 저항 $R(\Omega)$와 전압 $V(\mathrm{V})$를 가하면 흐르는 전류 $I(\mathrm{A})$는 옴의 법칙에 따라서 $I=\dfrac{V}{R}(\mathrm{A})$이다. 그러면 저항 $R(\Omega)$에 교류 $v(\mathrm{V})$를 가할 때 교류회로에 흐르는 전류는 어떻게 될까.

일반적으로 저항 $R(\Omega)$에 가해진 교류전압 $v(\mathrm{V})$와 교류회로에 흐르는 전류 $i(\mathrm{A})$를 나타내려면 표2에 보인 4가지 사항에 대해서 나타내지 않으면 안 된다. 그림67을 참조하기 바란다.

표2 교류의 저항회로에 있어서의 전압과 전류의 관계

전류의 크기	$i=\dfrac{v}{R}(A)$. 직류회로와 마찬가지로 교류회로에서도 저항은 전류의 흐름을 방해하는 성질이 있으며 전압과 전류 사이에는 옴의 법칙이 성립한다.
파형	전압과 전류의 파형은 같다 [그림67 (B)참조]
주파수	전압 v 와 전류 i 의 주파수는 같다.
위상	전압 v 와 전류 i 는 동상 [그림67 (B), (C)참조]

교류회로에 있는 저항 $R(\Omega)$에는 다음과 같은 성질이 있다.

교류회로에 있어서의 저항

교류회로에서 전류의 흐름을 방해하는 것에는 저항, 코일의 유도 리액턴스, 콘덴서의 용량 리액턴스가 있다.

교류회로에서의 저항은 전류의 흐름을 방해하는 성질이 있으나 교류의 파형, 주파수, 위상을 변화시키는 작용은 없다.

저항만을 포함하는 회로에 교류전압을 가하면 전류는 동상으로 흐른다. 이 때 전압(실효값), 전류(실효값), 저항 사이에는 옴의 법칙이 성립한다.

즉 전류의 흐름을 방해하는 성질이 있다. 따라서 저항의 크기에 따라서 흐르는 전류가 달라진다. 그러나 파형, 주파수, 위상을 바꾸는 작용은 없다. 즉 **교류회로에 저항만을 접속하고 있는 경우에는 전압과 전류는 동상이다.**

7.2 코일에 교류를 흘렸을 경우 - 〈유도 리액턴스가 작용한다〉

코일에 직류전압을 접속한 경우, 그리고 교류전압을 접속한 경우에는 어떤 성질을 나타낼까.

그림68과 같은 실험을 해 보기로 하자. 권선이 많은 코일과 꼬마전구를 직렬로 접속하고 여기에 직류전압을 공급하면 전구가 켜진다[그림68(A)]. 그런데 그림(B)와 같이 교류전압을 접속해도 전구는 켜지지 않는다. 이것으로 코일이 교류에 대해서는 큰 저항이라는 것을 알 수 있다. 교류회로의 코일이 왜 교류 전류의 흐름을 방해하고 있을까.

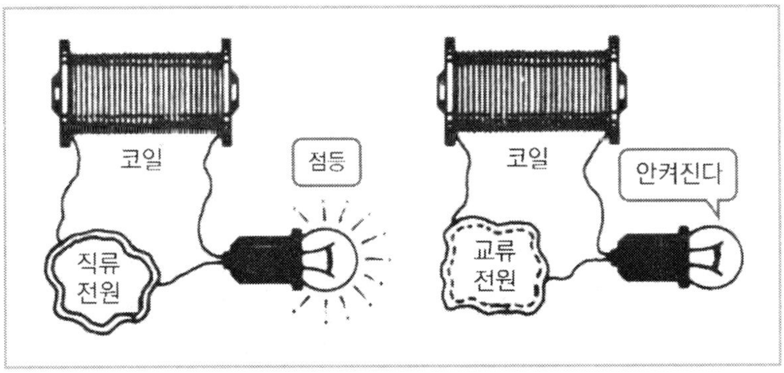

[그림68] 코일 회로의 통전실험

이미 4.10에서 설명한 바와 같이 코일에 흐르는 전류가 변화하면 코일 자신에 기전력이 발생하여 전류의 흐름을 방해하는 성질을 가지고 있다. 따라서 전류의 방향이 끊임없이 변화하고 있는 교류에서는 코일의 저항 외에 자기유도작용에 의한 역기전력이 가해져서 전류의 흐름을 방해하고 있는 것이다. 그러나 직류회로의 전류를 방해하는 것은 코일의 저항뿐이므로 큰 전류가 흘러서 전구는 켜지게 된 것이다.

이상으로 코일에는 교류의 전류의 흐름을 방해하는 작용이 있다는 것을 알았다. 그리고 이러한 코일의 교류에 대한 전류의 방해 정도를 나타내는 용어로서 **유도 리액턴스**[34]가 쓰인다. 기호로서는 X_L을 쓰고 저항과 마찬가지로 옴(Ω)이다.

교류의 주파수를 f(Hz), 코일의 자기 인덕턴스[35]를 L(H)로 하면 유도 리액턴스 X_L(Ω)은 다음 식으로 나타낼 수 있다.

---

34) 「리액턴스」는 「리액트(react) = 반작용하다, 반항하다, 반응하다」에서 파생한 술어.
35) 4.10 참조.

$$X_L = 2\pi f \cdot L \qquad [\text{유도 리액턴스}] = 2\pi \times [\text{주파수}] \times [\text{자기인덕턴스}]$$

이 식에서 알 수 있듯이 유도 리액턴스는 자기 인덕턴스와 주파수에 비례한다.

그림69(A)에 나타나는 것과 같이 코일에 교류전압을 가했을 때의 전압과 전류의 관계는 표3과 같이 된다.

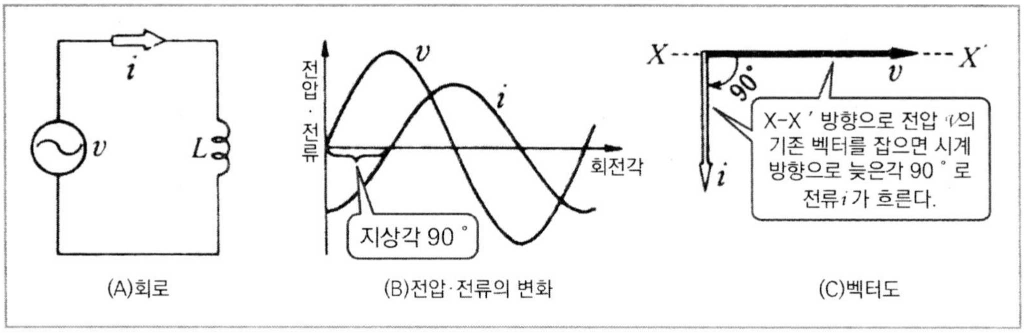

[그림69] 교류의 코일 회로와 그 전압, 전류

표3 교류의 코일 회로에 있어서의 전압과 전류의 관계

전류의 크기	$i = \dfrac{v}{X_L}(A)$. 유도 리액턴스 $X_L(\Omega)$의 코일에 전압 $v(V)$ 의 교류전압을 가했을 때 코일에 흐르는 전류의 크기 $i(A)$는 옴의 법칙과 마찬가지로 구할 수 있다.
파 형	전압$v(V)$와 전류$i(A)$의 파형은 같다. [그림69(B)참조]
주 파 수	전압과 전류의 주파수는 같다.
위 상	전압 $v(V)$에 대해서 전류 $i(A)$는 90° 늦게 흐른다. [그림69(B), (C)참조]

즉 **코일은 파형이나 주파수를 변화시키는 역할은 없지만 전류의 크기는 옴의 법칙에 따라서 변화하고 위상은 전압파형 v (V)에 대해서 전류파형 i (A)가 90° 늦는다.**

교류회로에 있어서의 코일

교류회로에 있는 코일에는 파형, 주파수를 바꾸는 작용은 없다. 흐르는 교류전류의 크기는 변화하고 $i = v/X_L$ 에 의해서 구해진다.

또 위상도 변화하여 가한 전압에 대해서 흐르는 전류의 위상은 90° 늦는다.

코일이 교류 전류의 흐름을 방해하는 작용을 유도 리액턴스 X_L이라 하고 다음 식으로 나타내어진다.

$$X_L = 2\pi f \cdot L$$

(f : 주파수, L : 자기 인덕턴스)

7.3 콘덴서에 교류를 흘렸을 경우 - 〈용량 리액턴스가 작용한다〉

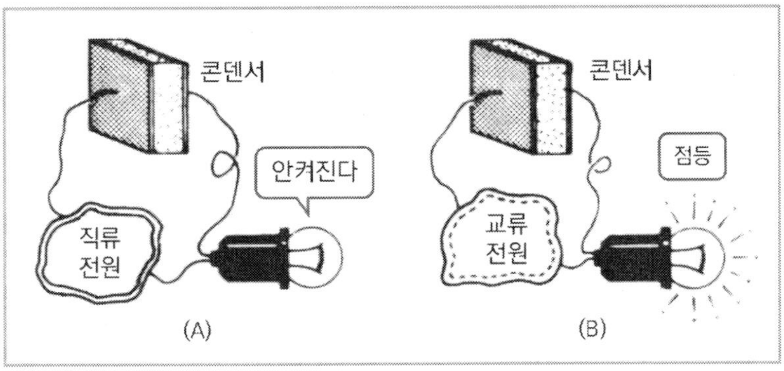

[그림70] 콘덴서 회로의 통전실험

그림70(A)와 같이 콘덴서와 전구를 직렬로 접속하고 여기에 직류전압을 가하면 전구는 켜지지 않는다. 그러나 교류전원을 가하면 전등은 켜진다[그림70(B)]. 그 이유는 무엇일까.

콘덴서에 직류전원을 접속할 때 콘덴서가 충전될 때는 전원에서 콘덴서에 충전전류가 흐르지만 5.5에서 설명한 바와 같이 콘덴서의 극판 상에 ⊞와 ⊟의 전하가 충전되어 공급전압과 같은 전압이 반대방향으로 발생하므로 전류는 흐르지 않게 된다.

즉 콘덴서는 직류를 통하지 않는다. 그렇지만 교류전압을 가하면 양상이 크게 달라진다. 교류전원에서는 두 단자가 교대로 ⊞(플러스)가 되었다 ⊟(마이너스)가 되었다 하므로 반사이클마다 충전과 방전이 되풀이되어 전기회로로서 보면 마치 전류가 콘덴서를 통해서 흐르듯이 보인다. 따라서 교류회로의 경우는 콘덴서를 통해서 전류가 흐르는 것으로서 다루고 있다.

콘덴서에는 교류의 흐름을 방해하는 성질이 있으며, 전류를 잘 흘리려고 하지 않는 정도를 나타내는데 **용량 리액턴스**라는 용어를 쓴다. 기호는 X_C, 단위는 저항과 마찬가지로 옴(Ω)을 쓴다.

콘덴서의 정전용량을 C(F), 전원 주파수를 f(Hz)로 하면 용량 리액턴스 X_C(Ω)은 다음 lr으로 나타내어진다.

$$X_c = \frac{1}{2\pi f \cdot C} \qquad [\text{용량리액턴스}] = \frac{1}{2\pi \times [\text{주파수}] \times [\text{정전용량}]}$$

이 식에서 용량 리액턴스는 정전용량과 주파수에 반비례한다는 것을 알 수 있다.

그림71(A)와 같이 콘덴서에 교류전압을 가했을 때의 전압과 직류의 관계는 표4와 같이 된다.

즉 **콘덴서는 교류의 파형이나 주파수를 바꾸는 역할은 없지만 전류의 크기는 옴의 법칙에 따라서 변화하고 흐르는 전류의 위상은 공급한 전압보다 90° 앞선다.**

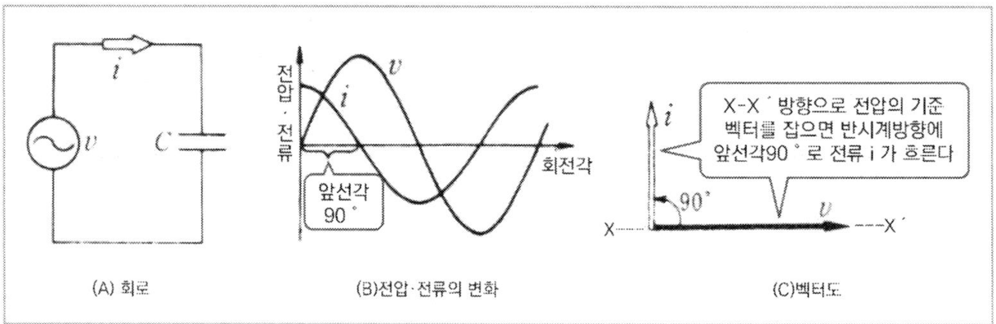

[그림71] 교류의 콘덴서 회로와 그 전압, 전류

표4 교류의 콘덴서 회로에 있어서의 전압과 전류의 관계

전류의 크기	$i = \dfrac{v}{X_C}(A)$. 용량 리액턴스 X_C에 전압$v(V)$를 가했을 때 회로에 흐르는 전류의 크기 $i(A)$는 옴의 법칙과 마찬가지로 구해진다.
파형	전압과 전류의 파형은 같다[그림71 (B)참조].
주파수	전압과 전류의 주파수는 같다.
위상	전류는 전압보다도 90° 앞에서 흐른다[그림71(B), (C)참조].

교류회로에 있어서의 콘덴서

교류회로에서의 콘덴서에는 파형이나 주파수를 바꾸는 작용은 없다. 그러나 흐르는 전류의 크기는 변화하고 $i = v/X$에 의해서 구해진다.

또 위상도 변화하여 가한 전압에 대해서 흐르는 전류의 위상은 90° 앞선다.

콘덴서가 전류의 흐름을 방해하는 작용을 용량 리액턴스 X_C라 하고 다음 식으로 나타낸다.

$$X_C = \frac{1}{2\pi f \cdot C}$$

(f : 주파수, C : 정전용량)

7.4 기본적인 교류회로 - 〈저항과 코일의 직렬회로의 경우〉

유도전동기(교류 모터)는 철심에 동선을 감은 계자권선(코일)을 사용하고 있다. 동선에는 얼마 간의 저항이 포함되어 있으므로 코일을 다룰 때는 저항 $R(\Omega)$과 유도리액턴스 $X_L(\Omega)$을 직렬로 접속한 것으로 하여 전기회로를 다룰 필요가 있다.

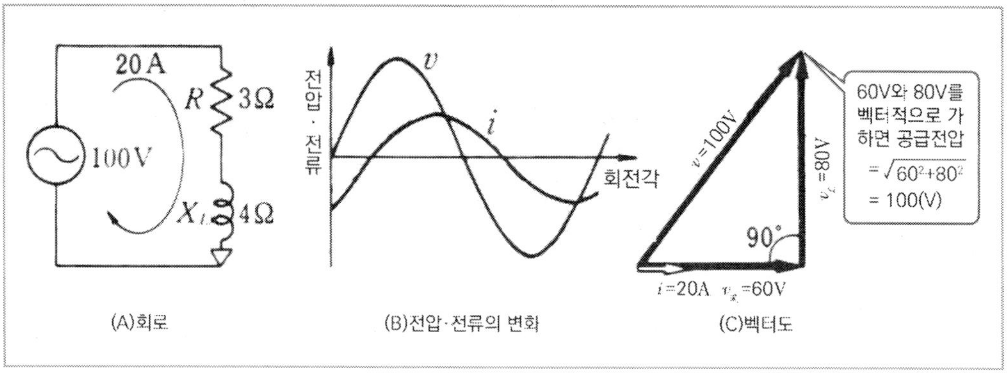

[그림72] 저항과 유도 리액턴스의 직렬접속회로와 그 전압, 전류

그림72(A)에 보인 회로에서는 저항이 3Ω, 유도 리액턴스가 4Ω이고 이들이 직렬로 접속되어 있다. 여기에 교류전압 100V를 공급했을 때 전류가 흐르기 어려운 정도는 어떻게 해서 구하면 되는지를 생각해 보기로 하자.

저항과 유도 리액턴스는 직렬로 접속되어 있으므로 두 저항의 합성저항을 구하는 식으로 3+4=7(Ω)이라고 간단히 구할 수는 없다. 그 이유는 회로에 가해진 전압과 전류와의 사이에 위상차가 있기 때문이다. 저항을 흐르는 전류가 그대로 코일에 흐르는데 저항 R(Ω)의 양단전압 V_R은 전류와 동상이지만 코일 양단의 전압 V_L은 전류와 90° 의 위상차를 갖는다.

예를 들면 회로에 20A의 전류가 흐르고 있다고 하면 저항 양단의 전압은 옴의 법칙에 의해서 3×20=60(V), 마찬가지로 코일 양단의 전압은 4×20=80(V)이다. 이 60V의 전압과 80V의 전압은 90°위상이 벗어나 있으므로 저항과 코일을 직렬로 접속한 단자 전압은 벡터적[36]으로 가한 크기가 된다.

36) 벡터란 방향과 크기를 나타낸 것이다. 따라서 2개의 벡터를 합칠 때는 각각의 벡터를 변으로 하여 평행 4변형을 만들고 그 대각선을 합성한 크기와 방향으로서 구한다.

저항과 코일의 직렬교류회로

저항을 $R(\Omega)$, 코일의 유도 리액턴스를 $X_L(\Omega)$으로 하면 R과 X_L의 직렬회로에는 같은 전류가 흐른다. 이 때 저항의 단자전압과 전류는 동상이고 코일의 단자전압에 대해서 전류는 90° 늦는 위상이다. 따라서 전 회로의 합성저항 $Z(\Omega)$은 다음 식으로 구할 수 있다.

$$Z = \sqrt{R^2 + X_L^2}$$

이 Z를 임피던스라고 한다.

그리고 이 경우 60V와 80V를 2변으로 하는 구형의 대각선의 길이에 상당하는 크기가 된다. 즉 그림72(C)에 보인 것과 같이 $\sqrt{60^2+80^2}$으로 구해진다.

이것을 계산하면 100V가 되어서 공급전압의 크기가 된다.

교류회로에 흐르는 전류의 크기(20A)와 공급한 전압 100V를 알면 옴의 법칙에 의해서 교류의 흐름을 방해하는 정도를 구할 수 있다.

$$I = \frac{V}{x} \rightarrow 20 = \frac{100}{x} \rightarrow x = 5(\Omega)$$

이와 같이 저항 $R(\Omega)$과 유도 리액턴스 $X_L(\Omega)$을 직렬로 접속한 교류회로에서 전류의 흐름을 방해하는 일종의 저항에 상당하는 것을 임피던스(impedance)[37]라고 한다. 기호는 Z, 단위가 옴(Ω)이다. 그리고 다음 식으로 구할 수 있다.

37) 「임피던스」는 「임피드(impede)=방해하다」에서 파생한 술어.

L, X_L, X_C, Z

① 자기 인덕턴스(L) : 코일에 발생하는 유도 기전력은 흐르는 전류의 변화의 비율에 비례하고 그 때의 비례정수가 L $\quad e = L = \frac{\Delta i}{\Delta t}$

② 유도 리액턴스(X) : 코일 L(H)가 가지고 있는 전류의 흐름을 방해하는 작용.
$X_L = 2\pi f \cdot L$

③ 용량 리액턴스(X_C) : 콘덴서 C(F)가 전류의 흐름을 방해하는 작용. $X_C = \frac{1}{2\pi f \cdot C}$

④ 임피던스(Z) : 저항 R과 코일 X_L의 직렬교류회로에서 있어서의 전류의 흐름을 방해하는 작용. $Z = \sqrt{R^2 + X^2}$

예제 그림과 같이 30Ω의 저항과 유도 리액턴스 40Ω의 코일을 직렬로 접속한 회로에 100V의 교류전압을 가할 때 이 회로에 흐르는 전류를 구하여라.

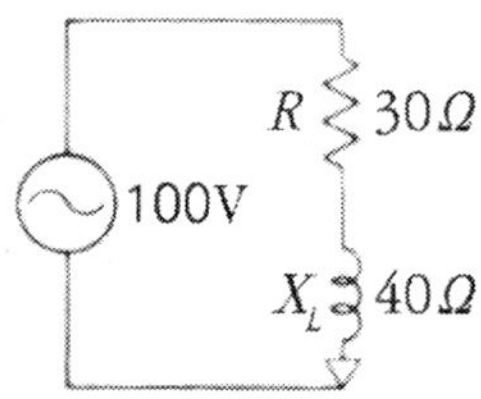

풀이 먼저 회로의 임피던스 Z(Ω)을 구한다.

$$Z = \sqrt{R^2 + {X_L}^2}$$
$$= \sqrt{30^2 + \{㉠\}^2}$$
$$= \{㉡\}(Ω)$$

임피던스를 구했으므로 교류회로에 있어서의 옴의 법칙에 의해서 회로에 흐르는 전류 i (A)를 구한다.

$$i = \frac{v}{Z}$$
$$= \frac{100}{\{㉡\}} = \{㉢\}(A)$$

답 : 40 ㉡ 50 ㉢ 2

7.5 교류의 전력과 전력량 - 〈역률이 문제가 된다〉

직류전기의 전력은 전압과 전류를 곱한 것으로 나타내었다. 교류전기의 경우도 어떤 순간의 전력은 그 순간의 전압과 전류를 곱한 것으로 계산한다. 그런데 교류는 전압도 전류도 시간과 더불어 변화하므로 전력도 시시각각 변화한다. 그래서 교류전기에서는 변화하는 전력을 1사이클에 대한 평균값을 교류전력으로 한다. 따라서 교류의 전력은 직류의 전력과 조금 다른 계산법이 된다.

(1) 교류전력

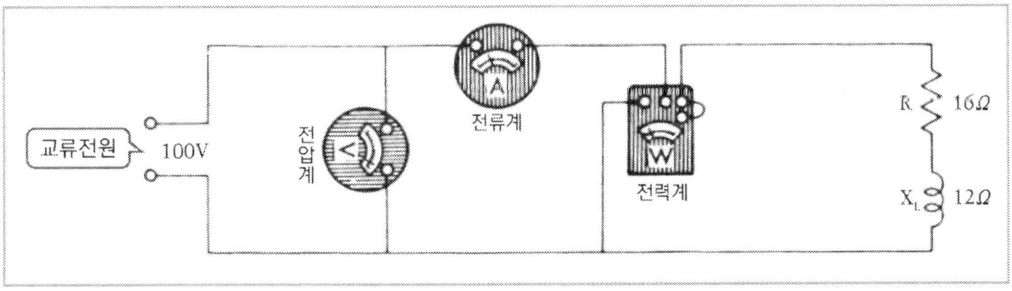

[그림73] 교류회로의 전력

그림73의 전기회로와 같이 저항 16Ω, 유도 리액턴스 12Ω의 코일을 직렬로 접속하고 여기에 교류 100V를 공급했다. 이 때 전압계는 100V, 전류계는 5A를 지시하고 전력계의 지시는 100×5=500보다 작은 400W를 가리켰다. 이 결과에서도 알 수 있듯이 교류의 전력은 [전압]×[전류]로는 간단히 구할 수 없다. 보통 전압, 전류 외에 역률이라는 것을 곱해서 구한다.

[교류전력]=[전압]×[역률]

즉 교류의 경우 「[전압]×[전류]」는 형식상으로는 직류의 전력과 같지만 여기에 역률을 곱하지 않으면 전력이 되지 않는다. 그래서 「[전압]×[전류]」는 겉으로 봤을 때의 전력이라는 뜻에서 「피상전력」이라고 한다. 피상전력의 단위는 볼트암페어(VA) 또는 1,000배인 킬로볼트암페어(kVA)를 쓴다.

그리고 **역률**이란 이 피상전력 중 교류전력이 되는 비율을 말한다.

그러면 이 비율이란 구체적으로 무엇일까. 그 의문에 답하기 전에 교류의 전력을 구하는 순서를 설명하기로 한다.

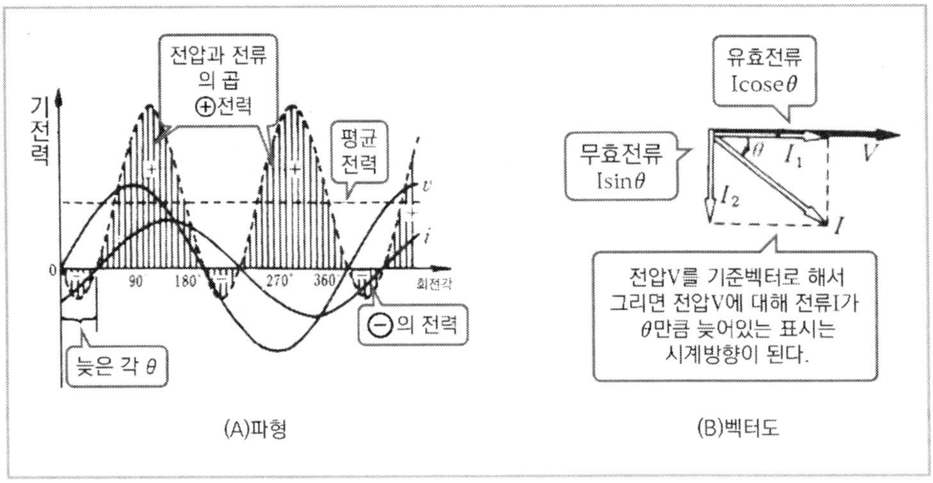

(A)파형 (B)벡터도

[그림74] 교류전력과 유효전력

그림 74(A)는 전압에 대해서 θ만큼 늦은 전류 i 와 교류전압 v 와 교류전력 p를 나타내고 있다. 교류전력 p 를 구하려면 먼저 그림74(B)에 보인 것과 같이 전류 I (A)를 전압과 동상분의 전류 I_1과 90° 늦는 전류 I_2로 분해한다.

$I_1 = I \cdot \cos\theta$ ························ 전압과 동상의 전류(유효전류)

$I_2 = I \cdot \sin\theta$ ························ 전압에 대해서 90° 늦는 전류(무효전류)

다음에 전압 V와 동상 전류 $I_1 (= I \cdot \cos\theta)$ 과의 곱에 의해서 교류의 전력 $p(W)$를 구한다. 즉

$p = V \cdot I \cdot \cos\theta$ **[교류전력] = [전압] × [전류] × [역률]**

이 식에서 알 수 있듯이 cosθ 가 역률을 나타내고 있다. 즉 역률은 전압과 전류의 위상각이 코사인(여현)으로 나타낼 수 있다. 바꾸어 말하면 앞에서 설명한 바와 같이 교류의 [전압]×[전류]가 교류전력 p가 되는 비율을 나타내고 있는 것이다.

(2) 교류 전력량

어떤 시간 내에 소비한 전력의 양을 전력량이라 하고 전력 p×시간 t 로 나타낸다. 즉 전력의 소비량은 전력 p에 비례하고 시간 t에도 비례한다. 이것은 직류인

경우와 다르지 않다.

적산 전력계에 표시되는 숫자는 전력량이며 단위는 킬로와트시(kWh)로 나타낸다. 여기서 kWh의 h는 시간(hour)의 뜻이다.

교류의 전력과 역률

교류회로에서는 전압과 전류가 주기적으로 변화하고 더욱이 전압과 전류 사이에는 시간적인 벗어남 (위상차 θ)이 있다. 따라서 교류전력 p는 다음 식으로 구한다.

$$p = V \cdot I \cdot \cos\theta$$

이 $\cos\theta$는 「[전압]×[전류]가 전력이 되는 비율」이라는 뜻에서 역률이라고 한다.

직류의 경우는 전압이나 전류의 크기나 방향이 변화하지 않으므로 그 전력은 전압과 전류를 곱하기만 하면 구할 수 있다.

예제 교류전압 100V로 500W의 전열기를 매일 2시간 사용했다고 하면 1개월간 (30일)의 소비 전력량은 얼마가 될 것인가.

해설 500W는 0.5kW이므로 이 전열기는 1시간에 0.5kW의 전력을 소비한다. 따라서 $w = p \cdot t$ 에서 30일 간의 소비 전력량(kWh)을 구하면

$0.5 \times 2 \times 30 = 30$(kWh)

답 : 30kWh

제 2 편

선내의 전기설비

제1편에서는 전기가 갖는 여러 가지 현상과 그 이론에 대해서 살펴보았다.

고대 사람들은 전기와 자기는 각각 별개의 현상이라고 생각하고 있었으나 이탈리아의 볼타가 전지를 발명함으로써 연속해서 흐르는 전류를 얻을 수 있게 되고, 전류에 의해서 자력선이 발생하는 현상 즉 전류에 의해서 자기작용을 덴마크의 에르스테드가 발견하고 전기와 자기 사이에 깊은 관련이 있다는 것을 알게 되었다.

볼타가 만든 전지는 묽은황산속에 동판과 아연판을 넣은 것이었다. 볼타의 전지와 똑같은 구조로 만든 것이 연(납)축전지다.

전기의 발생원으로서는 이와 같은 전지 외에 발전기가 있다. 발전기의 원리는 패러데이가 한 실험 -자석을 움직임으로써 전기를 일으키는 방법- 즉 전자유도작용이다. 이 원리는 변압기에도 응용되고 있다.

발전기와 정반대로 생각해서 만들어진 것이 전동기이다. 유도전동기는 아라고의 원판의 실험의 응용이며 이로써 전력에서 동력을 얻을 수 있게 된 것이다.

또 조명설비나 전열기 등은 전류의 발열작용을 이용한 것이다.

선내에서는 이 밖에 여러 가지 기기에 전기가 이용되고 있다. 예를 들면 무선전신이나 무선전화, 레이더 등에 대표되는 항해계기나 여러 가지 전기계기 등이 있으며 각각의 용도에 쓰이고 있다.

제2편에서는 연축전지, 발전기, 변압기, 정류기, 전동기, 배전설비, 조명설비, 전기계기 등 선내의 주요시설에 관해서 그 원리, 구조, 취급법 등을 설명하기로 한다.

전기용 그림기호 (Ⅰ)

전기회로에 쓰이는 그림기호의 일부는 216페이지에 둔다.

명 칭	그림기호	비 고	
도선의 분기			
도선의 교차	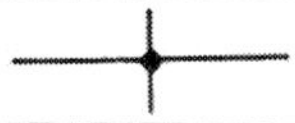	접속하는 경우	
도선의 교차		접속하지 않는 경우	
단자	○ 또는 ●		
접지	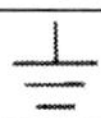		
겉 케이스에 접속	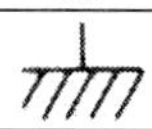		
직류	—	Ⓐ 직류 전류계	Ⓥ 직류 전압계
전지 또는 직류전원	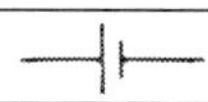	긴선을 ⊕극, 짧은 선을 ⊖극	
저항		 가변저항	
개폐기		나이프 스위치(단선도용)	
코일 또는 인덕턴스	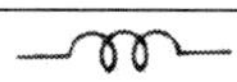		
정전용량 또는 콘덴서	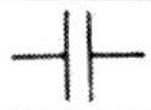		
교류		Ⓐ 직류 전류계	Ⓥ 직류 전압계
교류전원		상수, 주파수를 나타내는 경우는 다음 예와 같이 한다. 3 ~ 50 (상수) (주파수)	
릴레이 접점 (a접점)	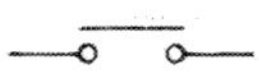	전자코일에 여자전류가 흐르고 있지 않을 때는 열려있다	
릴레이 접점 (b접점)		전자 코일에 여자전류가 흐르고 있지 않을 때는 닫혀 있다.	
임피던스			

배전반에 쓰이는 약호

NP	명판	SY	동기 검정기
V	전압계	PB	푸시버튼
A	전류계	GS	거버너 모터용 스위치
FM	주파수계	VR	계자 저항기
W	전력계	NFB	차단기
VS	전압계 전환 스위치	ACB	기중 차단기
AS	전류계 전환 스위치		

제 1 장 : 연축전지

전지는 이탈리아의 볼타에 의해서 발명되었다. 이 전지는 묽은황산 속에 동판과 아연판을 넣은 것인데 묽은황산 속에서 화학변화를 일으켜 두 금속 간에 기전력이 발생하고 이들을 전선으로 연결하면 전류가 흐른다. 이와 같이 화학 에너지를 전기에너지로서 외부에 꺼내는 장치를 「전지」라고 한다.

볼타의 전지는 방전하면 다시 전기를 꺼낼 수가 없다. 이러한 전지를 1차 전지라하고 이에 대해서 다시 충전할 수 있는 전지를 2차 전지 혹은 축전지라고 한다.

1.1 전해액 - 〈전기를 통하는 수용액〉

철이나 구리 등의 금속이 전기를 잘 통한다는 것은 여러분도 잘 알고 있을 것이다. 그러면 금속 이외에 전기를 잘 통하는 물질에는 어떤 것이 있을까.

증류수[38]에 전압을 걸어도 전류가 흐르지 않는다. 하지만 식염수 혹은 황산을 녹인 식염수, 묽은황산은 전압을 걸면 전류가 흐르게 된다. 그러나 고체인 식염에는 전류가 흐르지 않는다. 즉 식염, 황산, 염산 등을 물에 녹인 것에는 전기(전류)가 흐르는 성질이 있다. 이와 같이 물에 녹였을 때 전류가 흐를 수 있게 되는 물질을 **전해질**이라고 한다. 그리고 전해질(예를 들면 식염, 황산)이 물에 녹은 용액을 **전해액**이라고 한다.

제1편에서 배운 것과 같이 금속에 전류가 흐르는 것은 자유전자가 금속 내를 움직여서 전기를 운반하기 때문이다. 마찬가지로 전해질의 수용액 즉 전해액이 전기를 통하는 것은 수용액 중에 전기를 띤 원자(입자)가 있기 때문이다. 이 전기를 띤 원자(입자)를 **이온(ion)**이라 부르고 이 이온이 가해진 전압으로 에너지를 받아서 수용액 속을 일정한 방향으로 움직여 전류가 흐른다. 즉 금속 중에서는 전자가 전기를 운반하고 전해액에서는 이온이 전기를 운반한다고 생각하면 된다.

38) 불순물이 전혀 포함되지 않은 물을 말한다. 수돗물이나 우물물은 불순물이 있으므로 전기를 조금 통한다.

전기를 띤 원자를 이온이라고 했다. 그런데 원자는 전기적으로는 중성이며 전기를 띠고 있지 않다. 그러면 어떻게 해서 ⊞전기, ⊟전기를 띤 원자가 되는 것일까. 좀 더 자세하게 생각해 보기로 하자.

원자는 ⊞의 전기를 띤 원자핵과 그 주위를 둘러싸는 ⊟의 전기를 띤 전자로 이루어져 있다. 그럼에도 불구하고 원자가 전기를 띠고 있지 않은 이유는 원자핵의 ⊞전기와 전자의 ⊟전기의 양이 같아 전기적으로 상쇄해서 중성이기 때문이다.

그러나 많은 원자 중에는 전기적으로 중성인데 다른 원자에서 자유전자를 받아들인다든지 방출한다든지 하는 성질이 강한 것이 있다. 일례를 들면 나트륨이나 염소의 원자이다.

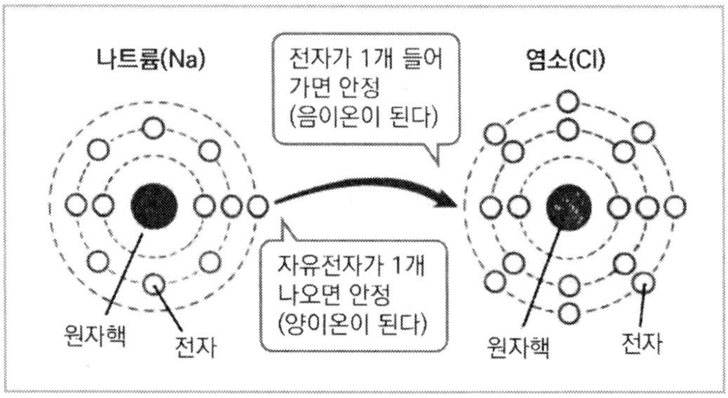

[그림1] 나트륨과 염소의 이온화

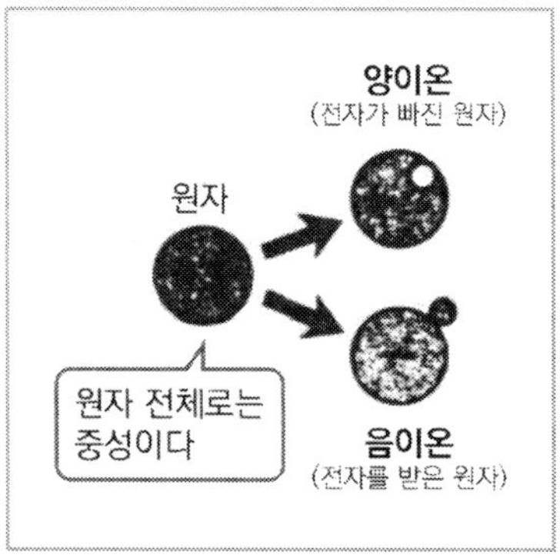

[그림2] 이온 모형

그림1을 보기 바란다. 나트륨에는 원자핵에서 가장 먼 궤도에 있는 자유전자는 1개, 염소는 7개 있다. 그런데 맨 바깥쪽 궤도(그림의 경우는 안쪽에서 세 번째의 궤도)는 전자를 8개 넣을 수 있고 전자가 8개 있을 때 안정성이 좋다. 따라서 나트륨 원자는 전자를 1개 방출하여 안정되고[39] 염소원자는 반대로 전자 1개를 받아 들여서 안정된다. 이 때 전자를 방출한 나트륨 원자는 ⊞의 전기를 띤 원자(**양이온**)가 되고 염소는 전자를 흡수하여 ⊟의 전기를 띤 원자(**음이온**)가 된다. 양이온과 음이온을 모형적으로 보인 것이 그림2이다.

식염(NaCl)은 ⊞의 전기를 띤 나트륨 이온과 ⊟의 전기를 띤 염소 이온이 전기적으

39) 전자가 원자핵 둘레를 도는 궤도는 원자핵에 가까운 안쪽에서 K각, L각, M각 … 이라 부르고 하나의 궤도에 들어갈 수 있는 전자의 수에는 제한이 있으며 안쪽 궤도에서 2개, 8개, 18개 … 로 되어 있다. 따라서 나트륨의 경우 안쪽에서 세 번째(M각)의 전자를 1개 방출함으로써 세 번째의 궤도가 없어지고 두 번째의 궤도의 지정된 수(8개)의 전자가 되어 안정해진다(제 3편 1.1 참조)

로 결합해서 결정을 만들고 있다. 여기에 전압을 걸어도 ⊞의 이온과 ⊟의 이온이 전기적으로 단단히 결합하여 전류는 흐르지 않는다. 그런데 식염을 물속에 녹이면 ⊞의 나트륨 이온(Na^+)40)과 ⊟의 염소 이온(Cl^-)의 결합력이 약해져서 분리하여 물속에 퍼지고 만다.

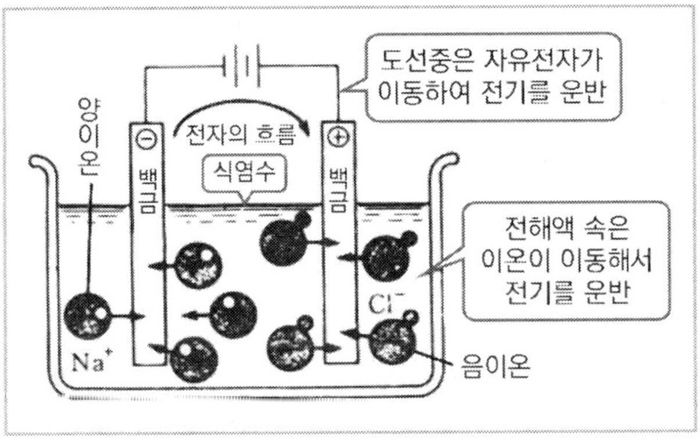

[그림3] 전해액(식염수)이 전기를 통하는 모양

그림3은 식염이 물에 녹은 상태를 보인 것이다. 이 수용액 속에 전압을 걸면 ⊞이온은 ⊟극으로, ⊟이온은 ⊞극 쪽으로 이동하여 전류가 되는 것이다. 이 경우 ⊞의 전기를 띤 나트륨 이온의 흐르는 방향이 전류의 방향이다.

즉 증류수나 식염만일 때는 전기를 통하지 않지만 물속에 식염을 넣으면 전해질이 된 식염이 ⊞와 ⊟의 전기를 띤 이온(입자)으로 나뉘어서 이것이 전기의 운반체가 되어 도체로 바뀐다.

1.2 전지의 원리 - 〈이온이 전기를 만들어낸다〉

전지에는 두 종류가 있다. 한 번 방전해 버리면 다시 사용할 수 없는 「1차 전지」와 방전과 충전을 몇 번이라도 되풀이해서 사용할 수 있는 「2차 전지」이다.

이들 모두 발생하는 전기는 직류이다. 선내에서는 주로 2차 전지가 쓰이며 전기통신 전원, 내연기관 시동용 전원, 그밖에 비상용 전원으로 사용하고 있다.

---

40) Na^+라고 쓰면 Na(나트륨)의 원자가 전자를 1개 방출하고 있는 상태를 뜻하고 반대로 Cl는 전자 1개를 끌어들인 염소의 상태를 나타내고 있다.

(1) 1차 전지의 발전

그림4와 같이 묽은황산 속에 아연판과 동판을 도선으로 접속해서 넣으면 약 1V의 기전력이 발생한다. 이것은 1800년에 이탈리아의 과학자 볼타에 의해서 발명된 현상이며 발명자의 이름을 따서 **볼타의 전지**라고 부른다.

볼타의 전지가 전기를 발생하는 과정은 다음과 같다.

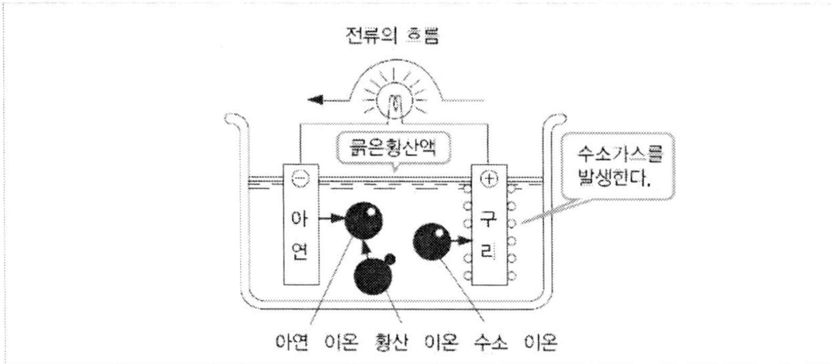

[그림4] 볼타의 전지

묽은황산은 그 속에 많은 ⊞의 수소 이온과 ⊟의 황산이온이 존재하는 전해액이다. 이 속에 아연판과 동판을 넣으면 아연은 구리에 비해서 이온으로 되기 쉽고 또 아연은 수소보다도 **이온화 경향**[41]이 크고, 구리는 수소보다도 이온화 경향이 작기 때문에 아연판만이 묽은황산 속에서 ⊞의 아연 이온(Zn^{2+})으로 되어서 자꾸 녹아간다. 이 때 아연 이온은 아연판 속에 전자를 남기고 있으므로 아연판은 동판보다도 전위가 낮은 음극이 된다.

묽은황산 속의 ⊞의 수소 이온과 아연판에서 녹은 ⊞의 아연 이온은 극이 같으므로 반발되어서 수소 이온은 동판 표면에 모인다. 그 결과 동판은 양극의 전기를 띤다. 이것으로 아연판과 동판 사이에 전위차(기전력)가 발생하게 된다. 따라서 아연판과 동판을 전선으로 연결하면 동판에서 아연판을 향해서 전류가 흐른다. 즉 전지에서는 이온화 경향이 작은 구리(양극)에서 전류가 흘러나오고 이온화 경향이 큰 아연(음극)에 흘러 들어가는데 전자는 반대로 아연판에서 동판으로 이동하고 있다.

---

41) 이온으로 되기 쉬운 정도를 이온화 경향이라고 한다. 이온 경향이 큰 순으로 배열하면 칼륨(K), 칼슘(Ca), 나트륨(Na), 마그네슘(Mg), 알루미늄(Al), 아연(Zn), 철(Fe), 니켈(Ni), 주석(Sn),납(Pb), 수소(H), 구리(Cu)로 되어서 이온화 경향이 큰 것일수록 전위가 낮아진다.

일반적으로 성질이 다른 금속을 전해액 속에 담그면 내부에서 화학변화[42]가 일어나 두 금속 내에 기전력이 발생하여 도선으로 연결하면 전류가 흐른다.

이와 같이 화학적 에너지를 전기 에너지로서 외부에 꺼내는 것이 볼타의 전지이다.

(2) 2차 전지(연축전지)의 발전원리

연축전지는 볼타의 전지와 같은 원리이다. 다만 연축전지의 경우 그림5(A)와 같이 묽은황산 속에 2산화연을 양극으로 하고 납을 음극으로 하여 서로 격리해서 담그면 약 2V의 기전력이 발생한다. 이것이 연축전지의 원리이다. 또 연축전지는 2차 전지이므로 충전할 수가 있다.

그러면 연축전지의 방전과 충전은 어떻게 해서 이루어지는가를 생각해 보기로 하자.

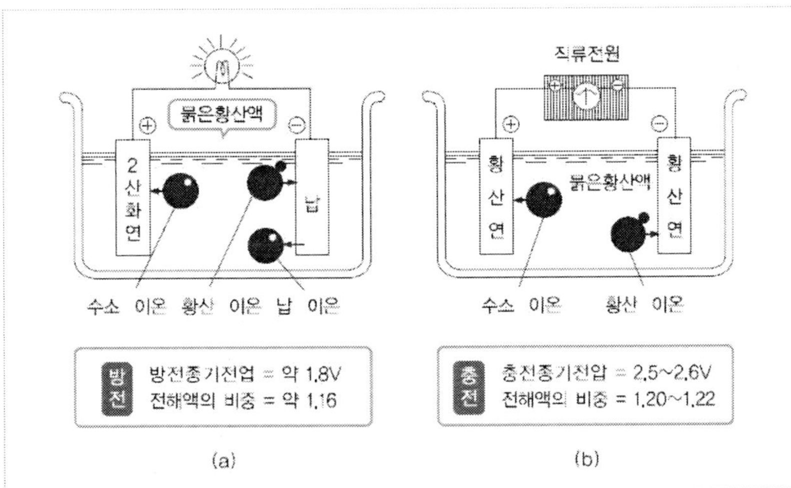

[그림5] 연축전지의 원리

그림5(A)에 보인 것과 같이 수소 이온과 황산이온에 분리하고 있는 묽은황산 속에 초콜릿색을 한 2산화연과 청회색을 한 납의 극을 붙이면 납 원자의 일부가 전자를 놓아둔 용액 속에 녹는다. 이 납의 원자를 「납이온」이라고 한다. 전자는 마이너스의 전기를 띠고 있으므로 납의 극은 마이너스극이 된다.

---

42) 바닷물 속에 종류가 다른 금속이 있을 때 이온 경향이 큰 금속이 바닷물 속에 녹는 현상을 일으킨다. 이 현상은 전기 화학적 부식으로, 일반적으로 「전식작용」이라고 부른다. 예를 들면 프로펠러(청동)와 선체(철)에서는 이온화 경향이 큰 금속쪽이 부식한다.

한편 수소 이온은 2산화연의 극에 모여 2산화연의 전자를 끌어내서 수소가스가 되므로 2산화연의 극은 플러스의 극이 된다. 그리고 양 극 간의 전위차는 약 2V를 유지한다.

그런데 2산화연의 ⊞극과 납의 ⊟극을 도선으로 연결하면 ⊟극의 납은 황산이온과 화합하여 황산연으로, ⊞극에서는 수소 가스가 산화하여 물이 되고 2산화연은 황산연으로 두 극 모두 바뀌어가고 전해액인 묽은황산도 이 물에 의해서 묽어져 간다. 이와 같은 화학변화를 「방전」이라고 하는데 방전을 계속해 양 극 간의 기전력이 1.8V, 비중이 1.16정도로 저하하면 갑자기 전지로서의 작용이 저하된다. 여기서 이 전압을 **방전종기전압**이라며 하며 이 전압에 이르기 전에 충전하지 않으면 안 된다.

방전한 연축전지를 충전하려면 그림5(B)와 같이 외부의 직류 전원의 플러스극을 축전지의 플러스극에, 마이너스극을 축전지의 마이너스극에 연결하고 축전지의 전압보다도 조금 높은 전압을 공급한다. 그렇게 하면 전지 내부에서 방전과는 반대의 변화가 일어나서 플러스극의 황산연은 2산화연이, 마이너스극의 황산연은 납으로 되는데 이때 황산을 발생하여 묽은황산의 농도는 증가하여 단자전압의 2.5~2.6V, 비중이 1.20~1.22정도가 되면 충전을 완료한다. 이때의 전압을 **충전종기전압**이라고 한다.

연축전지의 전해액

연축전지용의 전해액은 묽은황산으로 ⊞의 수소 이온과 ⊟의 황산이온에 전리(電離)하여 전기를 전하는 역할을 한다.

묽은황산을 만들 때는 용해열을 방출하고 있으므로 물속에 황산을 조금씩 섞어갈 것. 반대로 황산 속에 물을 혼합하면 황산이 튀는 일이 있으므로 위험하다.

전해액의 비중은 20°C일 때의 값이 기준이 되며 완전충전의 상태에서 약 1.22, 그 후의 방전에 따라서 작아진다.

1.3 연축전지의 구조 - 〈음극판은 양극판보다 한 장 많다〉

연축전지는 양극판, 음극판, 격리판, 전지조(電池槽) 및 전해액으로 구성되어 있다. 즉 그림6과 같이 여러 장의 양극판과 음극판을 교대로 조합하여 병렬로 접속하고 양쪽 끝은 모두 음극판이며 양극판보다 반드시 한 장 많다. 그리고 각각의 극판 사이에는 격리판을 두어 접촉하는 것을 막고 있다.

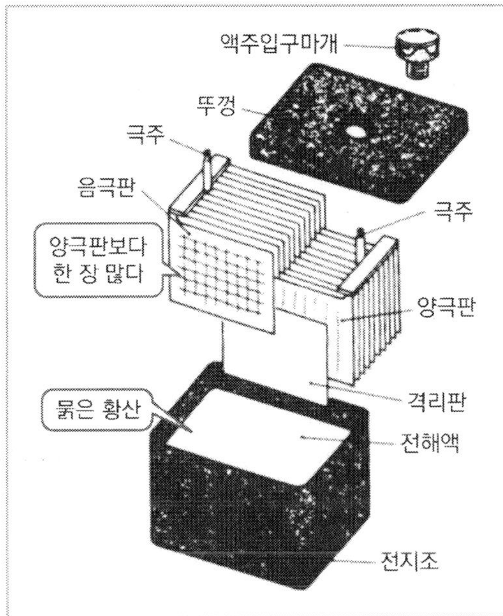

[그림6] 연축전지의 구조의 일례

표1 연축전지의 주요구성부분

양 극 판	전위가 높은 전극판으로 연합금제의 격자에 납가루를 묽은황산을 혼합한 페이스트를 충전해서 만든다.
음 극 판	전위가 낮은 전극판으로, 양극판보다 한 장 많고 양극판과 같게 만들어져 있다.
격 리 판	미공성의 고무, 또는 섬유판 등이 쓰인다.
전 지 조	유리조, 에보나이트조 등이 있다.
전 해 액	묽은황산이 쓰인다. 황산은 물에 녹으면 분해하여 수소이온과 황산이온으로 되어서 분리하여 전기를 전하는 역할을 한다.

1.4 연축전지의 특성 - 〈먼저 사용한계를 알아 두자〉

그림7은 축전지를 일정전류로 방전 또는 충전했을 때의 단자전압 및 전해액 비중의 변화의 일례이다. 시간의 경과와 더불어 단자전압, 전해액의 비중은 그림과 같이 변화하여 방전 혹은 충전의 종기가 갑자기 변화한다. 그림 속의 A점을 **방전종기전압**(약 1.8V), B점을 **충전종기전압**(2.5~2.6V)이라 하여 방전과 충전의 한계점으로 하고 있다.

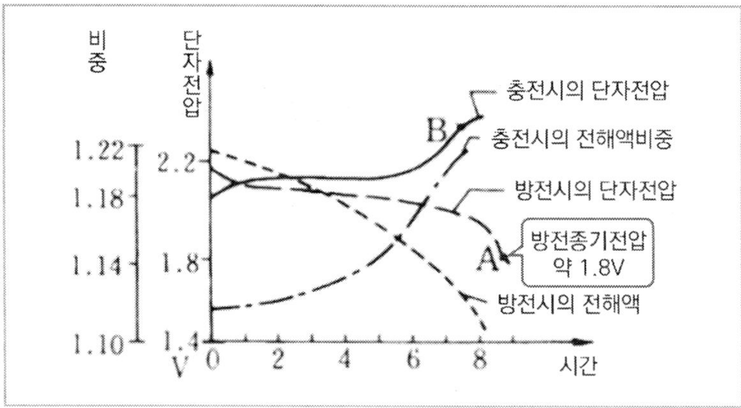

[그림7] 연축전지의 충방전 특성

방전개시 후 잠시 동안은 전압이 갑자기 저하하여 약 2V가 되고, 그 후는 조금씩 저하하고 다시 A점에서 갑자기 저하한다. 여기서 방전을 멈추고 충전한다.

충전할 때는 2.2V정도까지는 조금씩 상승하고 그 다음 B점에 이른다. 그 후 전압의 상승은 멈추고 전지의 양극판에서 수소 가스 및 산소를 활발히 발생한다.

(1) 과방전과 단점

연축전지의 단자전압은 방전과 더불어 저하하는데 이 전압이 방전종기전압(1전조당 **10시간 방전율**[43]에서는 약 1.8V)이하로 내려가도 방전을 계속 하는 것을 과방전이라고 한다. 이 이상 방전을 계속해서 과방전이 되면 극관이 크게 팽창하여 극판의 작용물질을 상하게 하고, 납가루의 탈락을 일으켜 충전해도 회복하기가 곤란해진다.

(2) 자기방전

연축전지를 사용하지 않을 때라도 전해액 속에 포함하는 불순물과 전해액과의 화학작용에 의해서 전지에 축적한 전기 에너지를 소모하여 용량이 감소한다. 이 현상을 **자기방전**이라고 한다. 이 자기방전은 전해액의 비중 및 온도가 상승할수록 심하게 나타난다.

---

43) 방전율이란 축전지 용량에 대한 방전전류의 크기를 나타내는 것이다.

(3) 과충전

과충전이란 충전의 마지막에 수소 가스가 나와 전압과 비중의 상승이 멈춘 다음 다시 1~2시간 충전하는 것을 말한다.

과충전을 자주 하게 되면 전지의 수명이 단축되므로 좋지 않다. 그러나 방전 후 즉시 충전하지 않는다든가 극판면에 백색 결정 모양의 황산염이 발생했을 때 등 전지의 고장을 미연에 방지하고 고장이 진행되고 있는 것을 방지 할 목적으로 2~4주일에 한번 정도 과충전을 해 두는 일이 있다.

(4) 연축전지의 용량

축전지의 용량은 충분히 충전한 다음 방전종기전압으로 내려가기까지 방전 할 수 있는 전기량으로 나타낸다. 그리고 단위에는 암페어시(Ah)를 쓴다.

[방전전기량(배터리용량)(Ah)] = [방전전류(A)×방전시간(h)]

그런데 연축전지의 용량(방전 전기량)은 대전류로 방전할수록 사용시간이 짧아지므로 보통 일정전압으로 방전을 계속하여 10시간에 방전하는 전기량(10시간 방전율의 용량)이 쓰인다.

충분히 충전한 전지를 일정전류로 방전하여 10시간에 방전종기전압이 되었다고 하면 이 일정전류를 「10시간 방전율의 전류」라고 한다.

예를 들면 15A의 전류를 연속 8시간 방전하여 방전종기전압이 되었다고 하면 그 전지의 용량은 15×8=120(Ah)이다. 바꾸어 말하면 전지는 10시간 방전율이 표준이므로 120Ah 용량의 축전지는 12A의 전류로 방전하면 종기 전압에 이르기까지 10시간 사용할 수 있다.

1.5 연축전지의 취급법 - 〈주의사항을 잘 지킬 것〉

(1) 묽은황산(전해액) 만드는 법

묽은황산은 황산을 물로 묽게 한 것인데 혼합할 때 황산은 물과의 친화력[44]이 크므로 증류수 속에 한꺼번에 많은 황산을 넣는다든지 혹은 황산 속에 증류수를 넣

44) 친화력이란 물과 황산이 화합하는 힘이며 이 때 용해열을 방출한다.

는다든지 하면 혼합하는 순간에 심한 열을 발생하여 물이 비등해서 황산이 튄다던지 용기가 파손된다던지 할 위험이 있다. 따라서 황산과 증류수를 혼합하려면 다음 방법으로 한다.

① 유리 용기나 도자기제의 용기에 필요한 양의 증류수를 넣는다.
② 황산을 주사기로 빨아 올려 증류수의 수면 밑에 서서히 밀어 넣고 혼합한다. 그런 다음 유리 막대로 조용히 젓는다.
③ 필요량의 황산을 전부 주입한 다음 비중을 재고 온도계로 온도를 측정하여 기준온도의 비중으로 환산한다.45)

연축전지의 용량은 전해액의 비중에 따라서 변화한다. 일반적으로 사용되는 비중은 1.2~1.3 [기준온도(20℃)의 비중은 1.24]의 범위이며 너무 비중이 높으면 극판이나 격리판의 열화가 빨라지고 또 자기방전은 증대한다.

(2) 연축전지의 전극 판별법

연축전지의 전극을 판별 하는 데는 다음과 같은 방법이 있다.

① 양극에는 (+) 또는 P의 마크가 붙어 있고 음극에는 (-) 또는 N의 마크가 붙어 있다.
② 상당한 기간 사용한 축전지의 양극단자는 암흑색을 하고 있고 음극판은 회색을 하고 있다.
③ 직류전압을 측정하는 위치에 테스터를 전환해서 축전지의 양극에 대어 테스터의 바늘이 올바른 방향으로 움직이면 테스터의 양 단자와 같은 전극이 된다.
④ 적색으로 칠해진 단자가 (+)극, 흑색이 (-)극이다.

(3) 연축전지의 충전방법

연축전지의 충전에는 직류분권 발전기, 각종 정류기 등의 직류전원을 쓰고 축전지의 충전법에는 정전압 충전법과 정전류 충전법이 있다. 일반적으로 쓰이는 것은 정전류 충전법이며 전원의 (+)극과 (-)극에 각각 축전지의 양극과 음극을 접속하여 가감

45) 충전상태에서의 전해액 비중의 온도환산은 1°C당 0.0007의 비율로 15°C에서의 비중값으로 가감하면 된다. 전해액의 온도가 15°C이상일 때는 수정값을 더한다. 15°C이하일 때는 줄인다.

저항기를 직렬로 접속해서 5~10시간 방전율의 일정전류로 충전하는 방법이다.

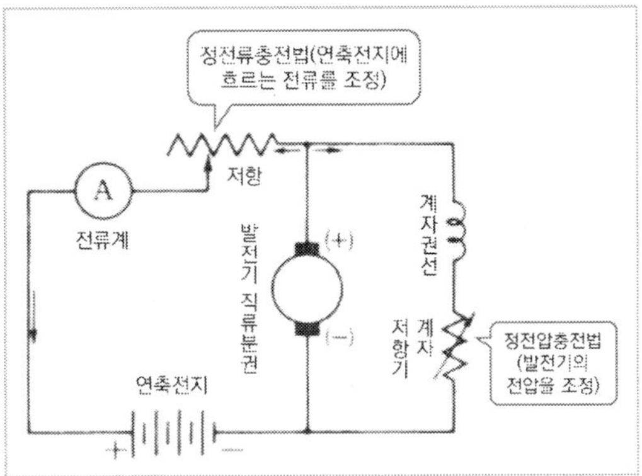

[그림8] 연축전지의 충전법

연축전지에 관한 중요한 수치

항 목	수 치	비 고
기전력	약2V	전해액의 온도·비중에 따라 다르다
충전종기전압	2.5~2.6V	충전원을 제거하면 약 2.1V로 저하한다.
충전종기비중	1.20~1.22	
방전종기전압	1.8V	
방전종기비중	1.12~1.16	
전해액온도	45℃이하	고온은 수명을 단축
묽은황산의 비중	1.20~1.22	(진한황산의 비중 1.84)

그림8과 같이 직류분권 발전기의 직류전원을 축전지에 접속하여 축전지의 전압보다 높은 전압을 가하고 회로에 저항과 전류계를 직렬로 넣어서 규정의 전류[46]를 흘린다. 충전이 진행하면 축전지의 전압이 상승해 오므로 30분이나 1시간마다 저항을 가감하여 일정한 전류를 충전한다. 이 방법을 **정전류 충전법**이라고 한다. 이에 대해서 계자 저항기를 가감하면서 처음부터 끝까지 일정한 전압으로 충전하는 방법을 **정전압 충전법**이라고 한다.

축전지가 충전되면 (+)양극판은 진한 갈색의 산화염으로, (-)음극판이 청회색의 해면상의 납으로 되고 전해액의 비중이 1.20~1.22에 이르며 전지의 전압은 2.5~2.6가 된다.

(4) 주의사항

연축전지를 사용 또는 사용 후 보관하는 경우 다음과 같은 점에 주의하지 않으면 안 된다.

46) 충전전류의 크기는 일반적으로 10시간율 또는 그 25%를 늘린 값으로 한다. 예를 들면 120Ah의 전지이면 $\frac{120}{10}=12$ (A) 또는 15(A)의 전류로 충전한다.

표2 연축전지의 취급상의 주의사항

구분	주의사항
전반적 주의	① 정기적으로 점검하여 단자전압에 주의하고 과방전을 하지 않는다. ② 전해액의 양에 주의하고 증류수의 보충을 게을리 하지 않는다. ③ 과대전류에 의한 충전 혹은 방전을 피하고 이상 온도상승에 주의한다.
충전시 주의	① 화기가 없고 바람이 잘 통하는 곳에서 하고 전원과의 접속을 틀리지 않게 한다. ② 전해액의 온도에 주의하여 45℃정도가 되면 충전을 일시 멈추고 온도를 낮춘 다음 충전한다. 이로써 전지의 수명을 길게 할 수 있다. ③ 각 전조의 극판의 색, 가스의 발생상태, 온도의 상승정도가 같은가, 특히 비중이 낮은 것이 없는가. ④ 충전의 종기에 주의하여 과충전이 되지 않게 한다.
방전시 주의	① 전지의 수명이 짧아지므로 방전전류를 규정 이상으로 하지 않는다. ② 전지전압이나 전해액의 비중에 주의하고 과방전이 되지 않게 한다. ③ 전해액은 일정하게 유지되어 있는가, 온도에 이상은 없는가 주의한다. ④ 각 전조에서 전해액의 비중이 특히 낮은 것은 없는가.
사용후 보관시 주의	① 사용 후 일정기간 보관시에는 반드시 충분히 충전해 둔다. ② 사용하지 않더라도 자기방전하므로 2주일에 한번은 충전한다. ③ 가끔 전해액의 비중을 재서 언제나 충전상태로 해 둔다. ④ 되도록 어두운 장소, 온도의 변화가 적은 곳에 보존한다.

1.6 연축전지의 연결법 - 〈용도에 따른 연결을 하자〉

전지로 일정하게 계속 유지하는 전위의 차를 기전력이라 하며, 연축전지의 기전력은 2V이다. 이 전지를 여러 개 접속함으로써 높은 전압을 얻는다든지 혹은 큰 전류를 흘린다든지 할 수 있다. 요구에 따라서 다음의 세 가지 연결법이 있다.

(1) 직렬 연결법

그림9(A)와 같이 연결해야 할 전지의 ⊞극과 ⊟극을 순차 연결하는 방법이다. 그림(B)는 그 결선도의 일례이다. 이 연결법에서는 합성전압은 1개의 축전지의 전압에 축전지수를 곱한 값이 되고 합성용량은 1개인 경우와 같다.

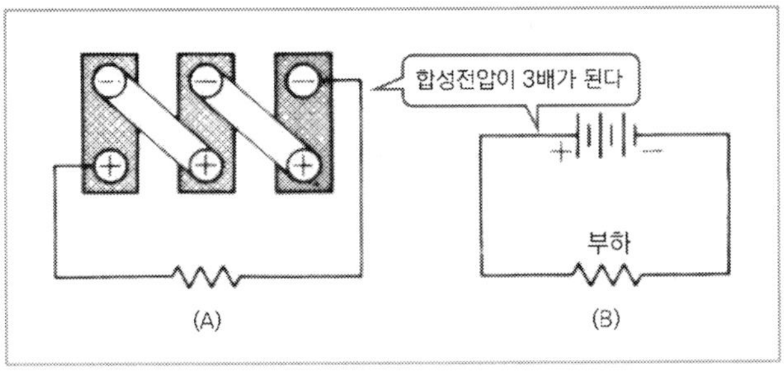

[그림9] 연축전지의 직렬접속

예를 들면 각 전지의 전압 2V, 용량을 100Ah로 하고 이것을 3개 직렬로 연결하면 합성전압은 2(V)×3=6(V)가 된다. 그러나 합성용량은 1개의 경우와 같이 100Ah이다.

(2) 병렬 연결법

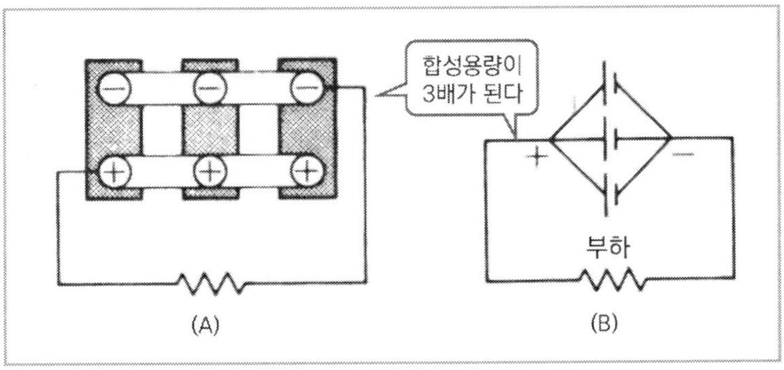

[그림10] 연축전지의 병렬접속

그림10(A)와 같이 극을 함께 연결하는 방법이다. 그림(B)에 그 결선도의 일례를 보였다. 이 경우 합성전압은 1개의 전압과 같고 또 합성용량은 하나의 전지의 용량에 축전지의 수를 곱한 것이 된다.

예를 들면 2V, 100Ah의 용량의 것을 3개 병렬로 연결하면 합성전압은 1개의 전압과 같은 2V이지만 합성용량은 100(Ah)×3=300(Ah)가 된다.

(3) 직병렬 연결법

그림11(A)와 같이 여러 개의 축전지를 직렬로 접속한 것을 다시 병렬로 연결하는

방법으로 큰 전기용량과 높은 전압을 요구할 때 쓴다. 이 연결법의 결선도의 일례를 그림(B)에 보였다.

예를 들면 2V, 100Ah용량의 축전지를 3개 직렬로 연결한 것을 다시 2조 병렬로 하면 6V, 200Ah의 전원이 얻어지게 된다.

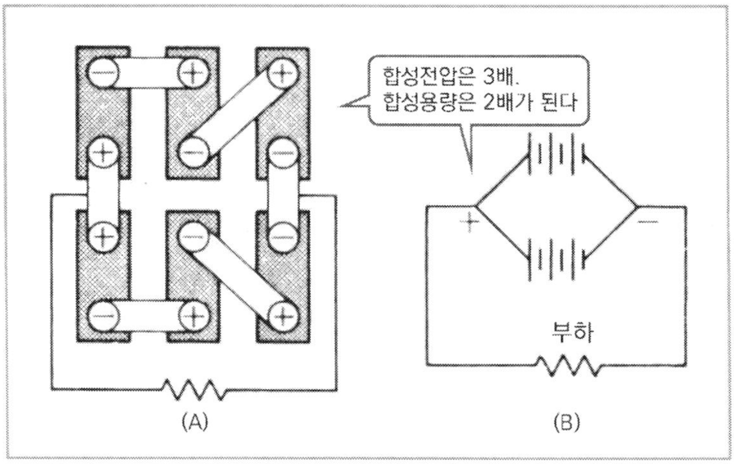

[그림11] 연축전지의 직병렬 접속

연축전지의 접속

(1) 충전시의 전원과 축전지의 접속법

전원의 ⊞와 전지의 ⊞극, 전원의 ⊟와 전지의 ⊟극을 접속하고 전지보다 조금 높은 전압을 공급.

(2) 방전시의 축전지의 연결법

[직렬연결]각 전지의 서로 다른 극을 순차로 연결하는 방법.
전압은 연결개수에 비례하고 용량은 1개와 같다.

[병렬연결]각 전지의 같은 극을 순차로 연결하는 방법.
용량은 연결개수에 비례하고 전압은 1개와 같다.

[직병렬연결]직렬로 연결한 것을 다시 병렬로 연결하는 방법.
전압은 직렬부분, 용량은 병렬부분에 비례하여 변화한다.

제 2 장 : 직류발전기

전기를 만드는 것을 「발전」이라 하고 전자유도작용의 현상을 이용하여 연속해서 전기를 발생시키는 기계를 「발전기」라고 한다. 이것은 전력의 발생원으로서 선내의 기기 중에서 중요시되는 것의 하나이다.

선박용 전원으로서 종래 갑판기계를 속도제어의 필요성으로 직류발전기가 사용되고 있었으나 가격이나 보수에서 유리한 유도전동기(교류 모터)를 선내 보기의 동력원으로서 사용하게 되고부터는 교류발전기가 쓰이게 되어 현재에 이르고 있다.

이 장에서는 발전기의 종류 그리고 주로 직류발전기의 원리 및 취급 등에 대해서 설명하기로 한다.

2.1 발전기의 종류 - 〈계통을 세워서 이해해 두자〉

표3 발전기의 분류

발생전류에 의한 분류	회전자에 의한 분류	상수에 의한 분류	여자방식에 의한 분류	회전속도	용 도
직류발전기	회전전기자형		타려식 직류발전기		저전압대전류용 또는 특수용도
			자려식 직류 - 직권발전기		쓰이지 않는다
			자려식 직류 - 분권발전기		배터리 충전용발전기
			자려식 직류 - 복권발전기		일반적으로 쓰고 있다. 계자에 영구자석을 사용
	회전계자형				소용량에만 사용
교류발전기	회전전기자형				소용량의 것 이외 쓰지 않음
	회전계자형	단상	타려식 동기발전기	동기속도	현재는 거의 쓰이지 않음
		2상	자려식 동기발전기	동기속도	일반적으로 쓰이고 있다 교류발전기
		3상	브러실리스 동기발전기	동기속도	

발전기에는 표3과 같이 많은 종류가 있다. 이것은 크게 직류발전기와 교류발전기로 나누어지는데 다시 원리, 구조 등의 차이에 따라서 세분된다.

직류발전기는 일반적으로 자여자 발전기이며 회전 전기자형의 복권 발전기가 채용된다. 한편 교류발전기는 자여자, 회전 계자형, 3상, 동기 발전기가 널리 사용되고 있다.

2.2 직류발전기의 원리 - 〈교류 기전력 → 맥류 → 직류〉

전자유도의 현상(도체가 자력선을 끊으면 그 도체에 기전력(전압)이 발생하는)을 응용하여 연속적으로 직류전기를 만들어내게 한 장치가 직류발전기이다.

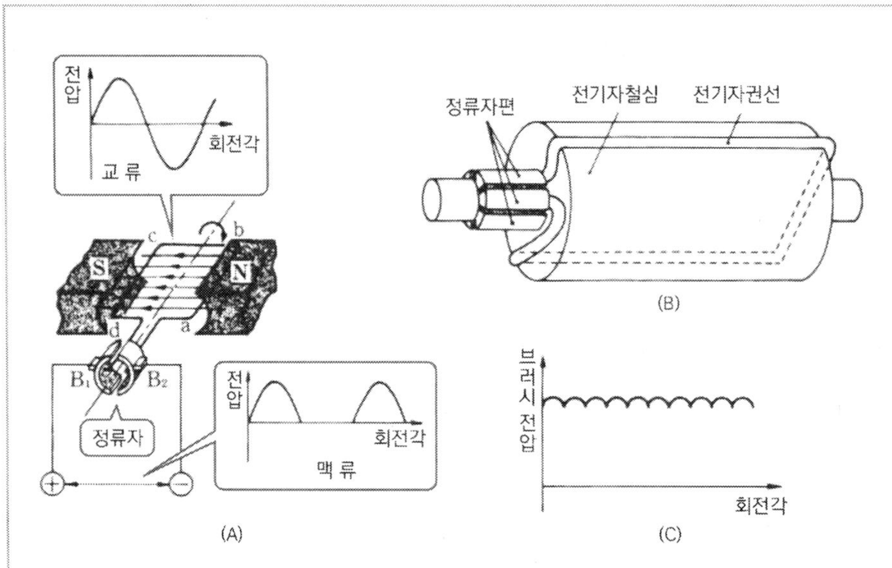

[그림12] 직류발전기의 원리

그림12(A)와 같이 자극 N, S사이에서 구형의 코일 a, b, c, d를 원동기로 회전시키면 코일변은 자극의 자력선을 끊어서 유도 기전력을 발생한다(제1편 4.8 참조).

이 기전력은 코일변이 N극 측과 S극 측을 지날 때마다 방향과 크기가 바뀌는 교류 기전력이다. 그러나 발생한 교류 기전력은 다음 절에서 설명하는 바와 같이 코일변의 양단이 정류자라고 불리는 장치에 접속되어 있기 때문에 정류자와 브러시의 역할에 의해서 일정방향으로 흐르는 기전력으로 변화되어 직류전압으로서 브러시 B_1, B_2에서 꺼내진다.

그러나 B_1과 B_2사이에 발생한 직류전압은 그 크기가 0에서 최대값까지 변화하는 맥류[47]이다. 여기서 그림12(B)와 같이 많은 전기자 권선을 정류자에 접속하여 브러시 간의 전압을 증가시키는 동시에 일정방향으로 크기가 같은, 그림(C)와 같은 직류전압을 발생하게 한다. 이상이 직류발전기의 원리이다.

2.3 직류발전기의 구조 - 〈각부의 역할〉

직류발전기는 그림13에 보는 것과 같이 회전부분과 고정부분으로 나뉜다. 고정부분의 주된 것은 자극, 계철, 축받이이며 회전부분의 주된 것은 전기자, 정류자 및 축이다. 여기서는 이들 주요부분과 그 역할을 간단히 설명하기로 한다.

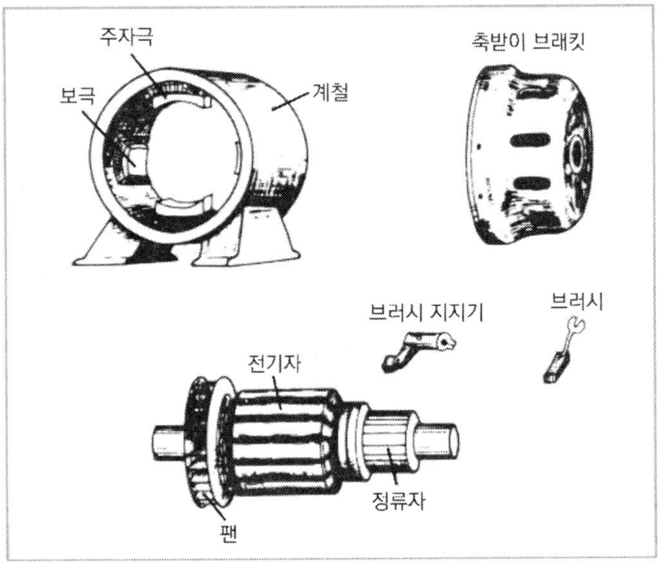

[그림13] 직류발전기의 주요구성 부분

(1) 자극

자극은 자력선을 발생하는 부분으로, 자력선이 통하기 쉽게 하기 위한 **계자철심**, 여기에 자력선을 발생하는 **계자권선** 등으로 이루어져 있다. 자극은 주자극과 보극으로 분류되며 이들은 모두 **계철**[48]에 2~6극(짝수개) 부착되어 있다.

47) 맥류란 전압(전류)의 방향은 일정하나 크기가 시간과 더불어 변화하는 것을 말한다.

보극은 주자극과 주자극 사이에 두어져 발전기의 특성을 좋게 하는 동시에 정류자면에 불꽃이 발생하는 것을 방지하는 역할도 한다. 보극의 극성[49]은 전기자의 회전방향으로 보아 그 보극 다음에 위치한 주자극과 동극이고 또 거기에 감겨져 있는 보극권선은 전기자 권선과 직렬로 접속한다.

(2) 전기자

전기자는 회전함으로써 기전력(전압)을 유도하는 전기자 권선, 이것을 유지하여 자력선을 통하기 쉽게 하기 위한 전기자 철심, 철심을 지지하는 부분 및 축 등으로 이루어져 있다.

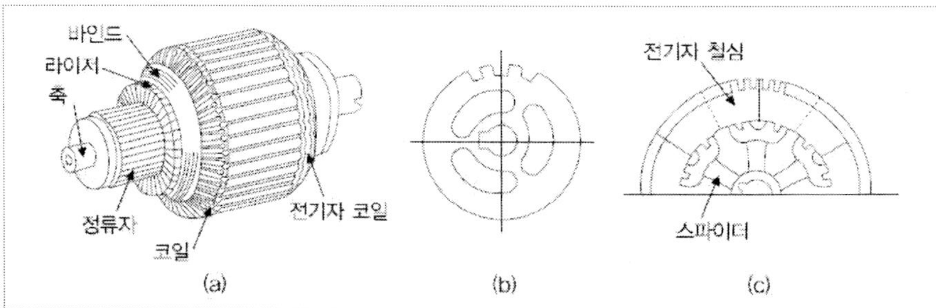

전기자 철심

전기자 철심은 **성층철심[50]**을 써서 와전류의 발생을 경감한다(제1편 4.9참조).

(3) 정류자

전기자에 발생한 교류전기를 직류로 하는 것이다. 그 구조는 구리조각을 운모판으로 끼워서 절연하여 원통형으로 조립되어 있다. 이 구리조각에 전기자권선을 접속하고 있다.

---

48) 발전기의 겉틀부분에서 계자철심 간을 이어 자력선의 통로가 되는 부분이다.
49) N극 혹은 S극의 어느 한쪽을 말한다.
50) 얇은 철판을 서로 절연하여 겹쳐 쌓아서 철심으로 한 것을 말한다. 와전류가 흘러서 철심이 가열하는 것을 방지하는 역할을 한다.

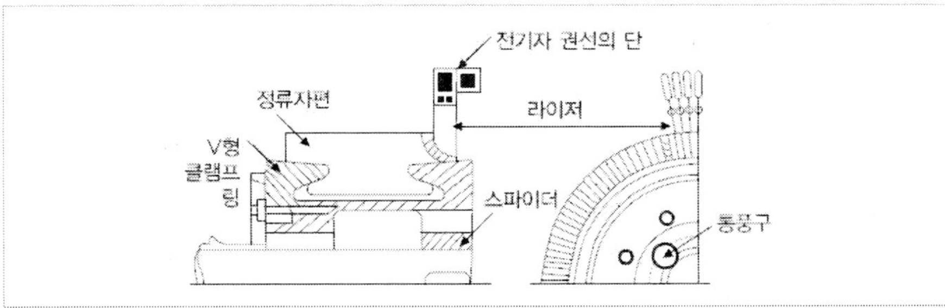

정류자의 구조

(4) 브러시

브러시에는 탄소가 쓰이며 브러시 유지기로 유지되고 스프링으로 정류자면에 적당한 압력으로 눌러져 있다. 그리고 전기자에 발생한 전류를 정류자를 거쳐서 외부에 끌어내는 역할을 한다.

(5) 축과 축받이

축의 한 끝에는 원동기를 연결하기 위한 조인트가 붙어있고 또 운전중에 통풍을 좋게 하기 위해 팬이 붙어 있다. 그리고 이 축을 지탱하는 역할을 하고 있는 것이 축받이이다.

2.4 직류발전기의 종류와 용도 - 〈각 기종의 특징을 알아 두자〉

직류발전기에는 회전자가 되는 부분이 전기자이냐 계자이냐에 따라서 회전 전기자형과 회전 계자형이 있다. 직류발전기의 경우 앞의 것이 압도적으로 널리 쓰이고 있다. 여기서는 계자권선에 여자전류를 공급해주는 방법에 따라서 분류하고 각각을 비교해 보도록 하자(2.1 참조).

(1) 타여자 직류발전기

발전기와는 별도로 마련한 전원에서 계자권선에 여자전류를 공급하는 것으로, 일반적으로 그다지 쓰이지 않는다. 그 구조 및 회로도는 그림14에 보는 것과 같다.

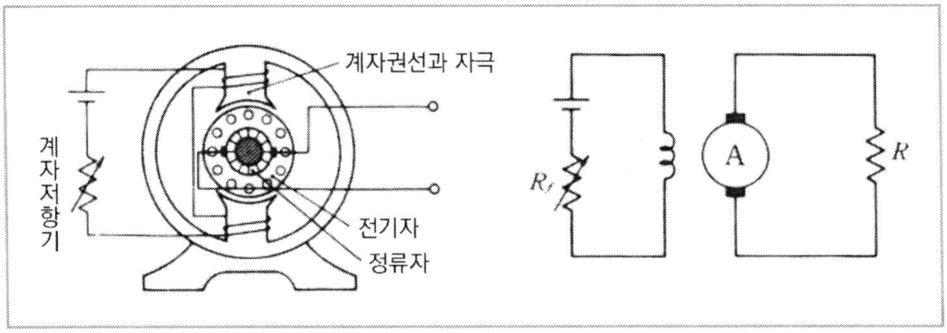

[그림14] 타여자 직류발전기

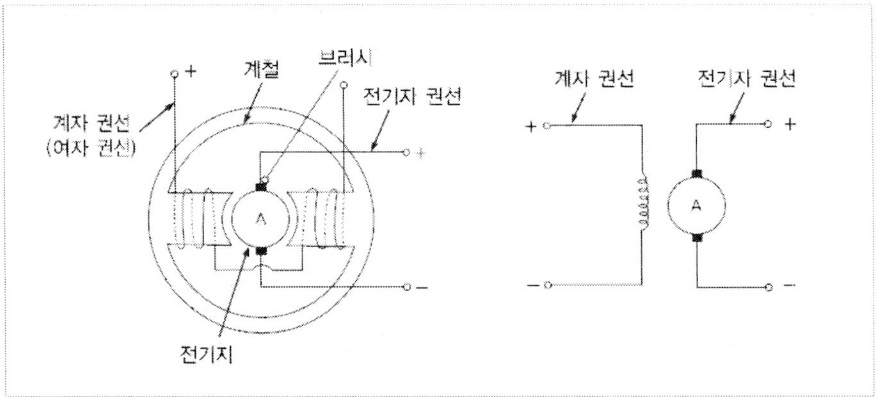

타여자 발전기

(2) 자여자 직류발전기

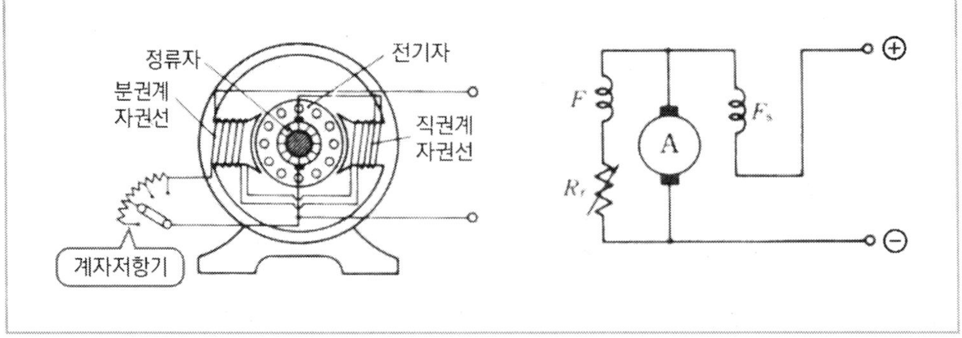

[그림15] 자여자 직류발전기 (복권의 경우)

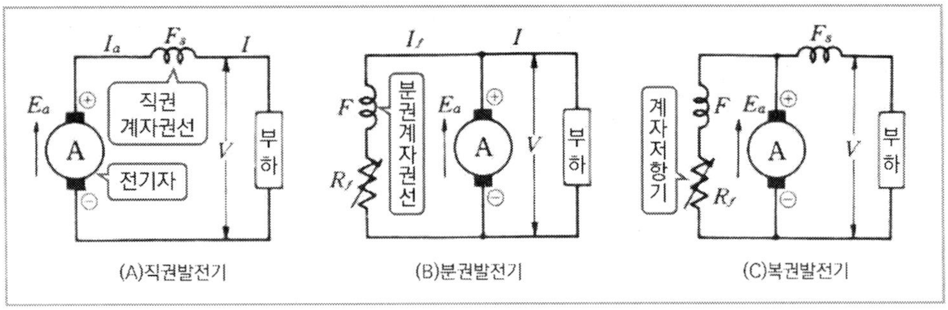

[그림16] 계자권선과 전지가 권선과의 접속법(자여자 직류발전기)

이것은 계자철심의 잔류자기를 바탕으로 하여 발전기 자신이 발생하는 기전력을 여자전류로서 공급하는 방식으로, 그림15에 그 구조와 회로도를 보였다. 그리고 계자권선과 전기자 권선과의 접속법에 따라서 다음의 세 종류로 나뉜다.

① 직권 발전기

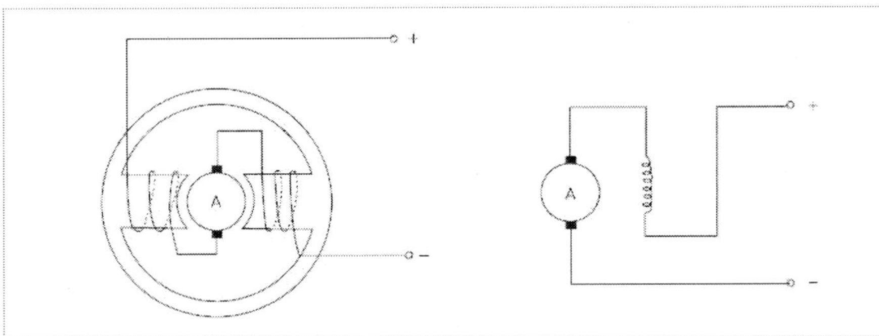

직권 발전기

그림16(A)와 같이 전기자 A와 직권계자권선 F_s가 직렬로 접속되어 있는 것으로, 부하전류 I가 여자전류 I_a가 된다. 따라서 부하전류가 증가할수록 발생전압은 증가한다. 이 방식의 발전기는 거의 사용하지 않는다.

② 분권 발전기

전기자 권선과 계자권선이 직렬로 접속되어 있는 것을 직권 발전기라고 부른다. 마찬가지로 전기자 권선과 분권계자권선이 병렬로 나누어서 접속된 것이 분권 발전기이다. 그림16(B)와 같이 분권계자권선 F에 직렬로 계자 저항기

R_f를 접속하여 이 저항을 적게 하면 여자전류 I_f는 증대하여 발생전압은 상승한다. 따라서 어느 범위 내에서 발생전압을 조정할 수 있으므로 축 전지의 충전용, 교류발전기의 여자용 등의 전원으로서 사용된다.

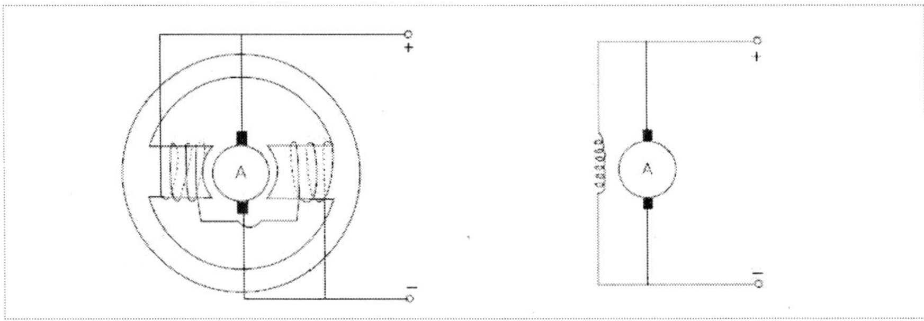

분권 발전기

③ 복권 발전기

그림16(C)와 같이 분권계자권선 F와 직권계자권선F_s를 갖춘 발전기를 복권 발전기라고 한다. 분권계자권선에서 발생하는 자력선은 계자 저항기로 조정하는 여자전류에 의해서 증감하고 직권계자권선에 발생하는 자력선은 부하전류의 다소에 의해서 정해진다. 그리고 양자의 자력선이 같은 방향에 발생해서 가해지게 결선되어 있다.

또한 가는 동선을 많이 감은 분권 계자선과 굵은 동선을 조금 감은 직권계자권선을 적당히 설계하여 부하의 변동에 관계없이 발전기의 단자전압을 거의 일정하게 유지할 수 있는 것을 「평복권 발전기」라고 한다. 선박에서 사용하는 직류발전기에는 평복권 발전기를 채용한다.

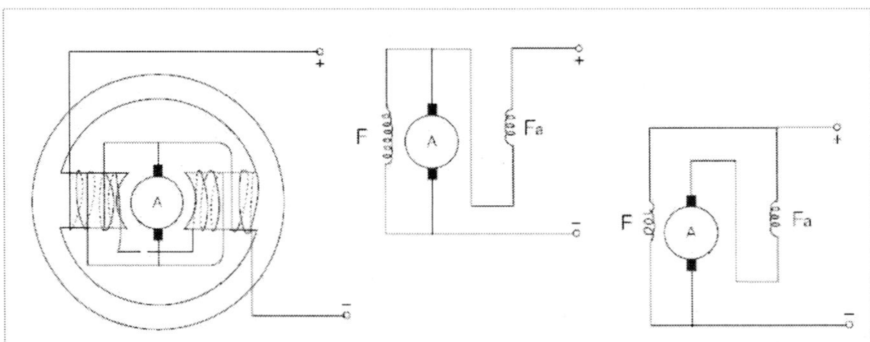

복권 발전기

자여자 직류발전기의 비교

종류	구조	특성	용도
직권발전기	전기자 권선과 직권계자권선을 직렬로 접속	전압의 변동이 심하다.	정전압전원에는 쓸 수 없다
분권발전기	전기자 권선과 분권계자권선을 병렬로 접속	전압의 변동이 적다	충전용, 여자용의 전원
복권발전기	직권계자 권선과 분권계자 권선을 갖는다.	직권발전기와 분권발전기의 양쪽 성질을 갖는다.	일반전원용

2.5 직류발전기의 취급 - 〈운전방법과 취급〉

직류발전기의 운전준비, 운전 중 및 운전정지 후의 주의 등에 대해서 생각해 보기로 하자.

(1) 운전준비

발전기를 시동하기 전에 다음 사항을 확인해 둔다.

① 터닝[51]하여 각부에 이상이 없는지를 살핀다.
② 브러시가 적당한 위치에 있는가, 또 유지기가 고착하고 있지 않는가를 살핀다.
③ 축받이의 윤활유량은 유량계의 1/2정도일 것.
④ 주개폐기는 열려있고 계자 저항기의 핸들이 시동의 위치에 있는가를 살핀다.

운전준비가 끝난 다음 원동기를 규정의 회전수까지 상승시키고 계자 저항기로 전압을 일정하게 한다. 그리고 자동 차단기, 주개폐기를 닫은 다음 선내의 각 구획에 송전한다.

51) 발전기를 구동하는 원동기가 직결하고 있는 상태에서 축을 수동으로 회전하는 것을 말한다.

(2) 운전중의 주의사항

발전기의 운전 중에는 다음 사항에 대해서 주의한다.

① 부하의 변화에 따라서 브러시에 불꽃이 발생하지 않게 조정한다.
② 전기자나 계자권선 및 축받이부의 발열에 주의한다.
③ 발전기 가까이에 금속조각을 접근시켜서는 안 된다(자력선에 영향을 주므로).
④ 수분이나 유분이 주요부에 침입하지 않게 한다.
⑤ 검루등으로 누전의 유무를 살핀다.
⑥ 주개폐기나 분배 개폐기는 재빨리 끊을 것(부하가 걸려 있을 때 큰 불꽃이 튀어서 개폐기를 손상하는 경우가 있으므로).

(3) 직류발전기의 운전정지

다음 순서로 발전기를 멈춘다.

① 축전지 충전중에는 충전용 개폐기가 열려 있는가를 확인할 것(축전지에서 역류하여 발전기의 극성을 전환하는 것을 방지하기 위하여).
② 계자 저항기의 저항을 증가하여 전압을 낮춘다. 그리고 분전 개폐기, 자동 차단기, 주개폐기의 순으로 연다.
③ 원동기를 정지한다.
④ 전기자나 계자권선 등의 발열정도를 검사한다.

(4) 직류발전기의 병렬운전

2개 이상의 축전지를 병렬로 접속하여 사용하듯이 2대 이상의 발전기를 병렬로 접속하고 부하에 전력을 보내는 것을 「발전기의 병렬 운전」이라고 한다.

직류발전기의 병렬운전은 주로 자여자 복권 발전기에 있어서 단자전압이 같은 것을 2대 이상 병렬로 접속해서 한다. 직류발전기의 병렬 운전을 하면 단자전압은 바뀌지 않은 채 각 발전기의 정격전류를 합친 만큼의 전류를 얻을 수 있다.

일반적으로 발전기를 병렬운전하는 이점은

① 발전기를 효율적으로 쓸 수 있다(대용량의 발전기를 1대 사용하는 대신 소용량의 발전기를 2대 이상 갖추어 부하의 변화에 따라서 단독운전 혹은 병렬운전하면 효율이 좋다).
② 예비기로서 고장이 났을 때의 전환이나 정비에 편리하다.
③ 정전하지 않고 사용 발전기를 변경할 수 있다.

등이다. 이상의 ①, ②, ③은 교류발전기를 병렬운전 할 때의 이점이기도 하다.

(5) 병렬운전의 순서

자여자 직류복권 발전기는 계자권선에 직권권선과 분권권선을 사용하고 있으므로 양 발전기의 부하전류(I_1, I_2)[52]의 대소에 따라 직권권선에서 발생하는 자력선이 바뀌어 병렬운전 중에 양 발전기의 기전력에 차를 발생한다. 기전력이 높은 발전기에서 낮은 발전기로 순환하는 전류가 흘러서 양 발전기의 직권권선에 발생하는 자력선의 수에 차가 발생하여 더욱 양 발전기의 기전력에 차가 생긴다. 따라서 그림17에 보인 것과 같이 직권권선과 브러시 간을 잇는 **균압선**을 두어 양 발전기의 전압을 균일하게 할 필요가 있다.

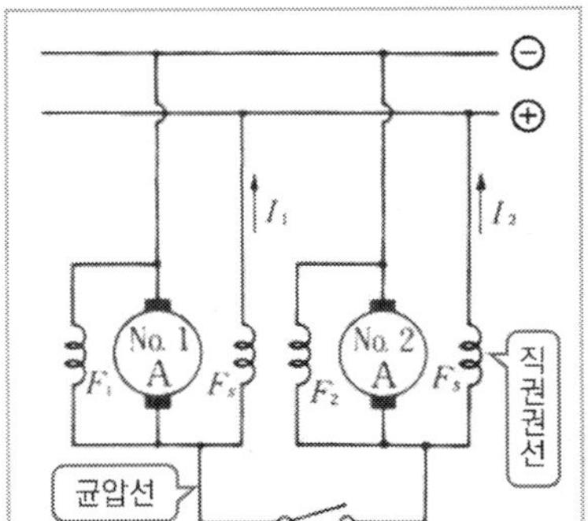

[그림17] 직류복권 발전기의 병렬운전접속

균압선의 역할

직류 복권 발전기를 병렬운전하는 경우에 양기의 브러시와 직권권선과의 사이를 연결하는 것이 균압선이다. 병렬운전 중 어떤 원인으로 양기의 전기자 전류에 차가 생겨도 고전압쪽의 발전기에서 저전압쪽의 발전기에 전류를 흘려 언제나 양기의 직권권선에 흐르는 전류를 같게 함으로써 양기의 부하가 불평형이 되지 않고 안정한 병렬운전을 할 수 있게 하는 것이 균압선이 역할이다.

직류발전기를 병렬운전하는 경우는 양 발전기의 단자전압이 같아야 하는 것이 필

52) I_1은 예를 들면 No.1발전기의 부하전류, I_2를 No.2발전기의 부하전류로 한다.

요조건이며 그림18과 같은 조작을 한다.

2.6 직류발전기의 고장 - 〈고장의 원인과 그 대책〉

표4 직류발전기의 고장과 그 원인·대책

고장	주요한 원인	대책
운전중에 정류자면에서 불꽃이 발생한다	① 과부하 때문에 과대전류가 흐르고 있다. ② 부하에 대해서 브러시의 위치가 정확하지 않다. ③ 브러시와 정류자면과의 접속이 불충분하다. ④ 브러시의 접촉압력이 부적당. ⑤ 정류자면이 거칠다. ⑥ 정류자가 둥글지 않다. ⑦ 정류자면이 구리가루 또는 탄소가루로 더러워져 있다. ⑧ 운모가 돌출하고 있다.(하이 마이카(high mica)) ⑨ 계자권선에 단락, 단선, 접지가 있다. ⑩ 전기자 권선에 단락, 단선, 접지가 있다.	① 전류계를 보고 부하를 감소시킨다. ② 브러시 진퇴기를 움직여서 불꽃이 발생하지 않게 한다. ③ 브러시와 정류자면과의 사이에 페이퍼를 끼고 문지른다. ④ 0.15~0.25kg/㎠정도의 압력으로 조정한다. ⑤ 전기자를 회전하여 페이퍼로 닦아낸다. ⑥ 선반에 걸어서 깎는다. ⑦ 헝겊조각에 알코올을 묻혀서 전기자를 회전시키면서 닦는다. ⑧ 운모를 깎아서 낮게 한다. ⑨ 메거로 살펴서 수리한다. ⑩ 메거로 살펴서 수리한다.
발전하지 않는다	① 원동기의 회전수가 부족하다. ② 브러시의 위치가 중성선[53]에서 벗어나 있다. ③ 계자의 전류자기가 소실했다. ④ 계자 코일의 접속을 잘못해서 극성이 전환하고 있다. ⑤ 계자 코일의 단락, 단선, 접지가 있다. ⑥ 계자 코일의 회로저항이 과대하다. ⑦ 계자 코일의 단선 또는 잘못 접속.	① 커버의 작동에 주의한다. ② 이때는 불꽃이 발생하므로 브러시의 위치를 이동한다. ③ 분권권선을 떼내고 다른 직류전원에서 직렬로 저항, 전류계를 붙여 수 암페어 이하의 전류를 흘린다. ④ 분권권선을 떼내고 직류전원의 ⊞를 분권계자권선의 ⊞로, 전원의 ⊟는 같은 권선의 ⊟단자에 접속하여 수분간 전류를 흘려서 자화한다. ⑤ 메거로 살펴서 수리한다. ⑥ 저항을 측정하여 전회에 측정한 값과 비교한다. ⑦ 단선인 경우는 다시 감는다.

53) 자극 N에서 S극을 향해서 자력선이 이어져 있을 대 전기자의 회전하는 중심을 통해서 자력선과 직각으로 만나는 선을 말한다.

(1) 고장원인과 대책

주요한 고장에는 정류자면으로부터의 불꽃발생과 발전불량이 있으며 그 원인과 대책은 표4에 보였다. 또한 극성전환에 대해서는 다음 항에서 설명한다.

(2) 직류발전기의 극성전환

발전기 자극의 N과 S가 반대로 되는 현상을 극성전환이라 하고 그 원인에는 다음과 같은 것이 생각된다.

① 축전지 충전중 발전기의 기전력이 낮아져서 축전지에서 발전기로 역전류가 흘러든다.
② 발전기를 병행 운전중에 1대의 발전기가 어떤 원인으로 모선전압 이하로 기전력이 내려가 그 발전기에 역전류가 흘러 들었다.
③ 관성이 큰 모터를 운전중에 발전기가 모터보다도 빨리 정지했다.

또한 극성전환의 유무를 알려면 작은 좌석에 가까이 하여 N극, S극이 교대 흡인되는가를 살핀다.

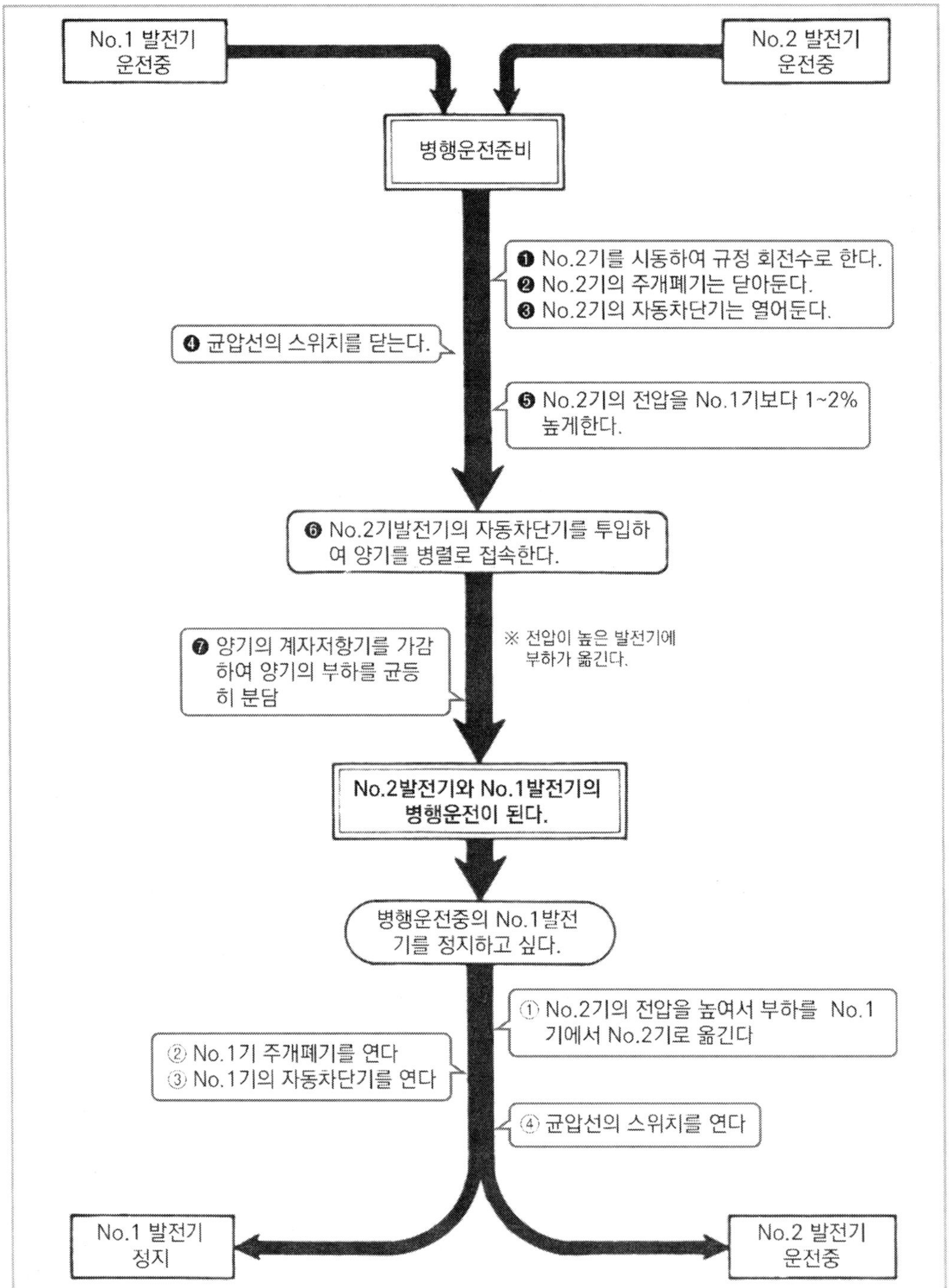

[그림18] 직류발전기의 병행 운전법

제 3 장 : 동기 발전기

선내 전원은 축전지를 사용한 초기의 시대를 거쳐서 직류발전기의 시대가 이어졌다. 그런데 제2차 세계대전 이후 점차 저가와 경량이며 보수가 용이한 것이 요구되어 종래의 직류발전기에서 교류발전기로 이행했다.

직류발전기를 구동하는 원동기의 회전수(속도)는 임의로 선택할 수 있게 되었으나 교류반전기를 구동하는 원동기의 회전수는 교류발전기의 기전력의 주파수와 발전기의 자극수에 의해서 정해지는 일정한 회전수가 아니면 안 된다. 예를 들면 발전기의 자극수가 6극이고 발생하는 기전력의 주파수를 60Hz로 하고 싶을 때 원동기의 회전수(회전속도)는 매분 1,200회전으로 운전한다. 이와 같이 발전기의 극수와 기전전력의 주파수에 의해서 정해지는 일정한 회전수를 동기속도라고 부른다.(제1편 6.5 참조)

동기속도로 회전하는 교류발전기를 동기 발전기라 하고 선내에서 사용하는 교류발전기는 동기 발전기가 된다. 동기 발전기는 여자방식, 형상, 구동방식 등에 의해서 분류되는데(제2편 2.1 및 3.3참조) 일반적으로 선내에서 사용하는 3상교류발전기는 자여자 회전 계자형 3상동기 교류발전기이며 단지 「동기 발전기」라 부르고 이 명칭의 뜻은 다음과 같이 된다.

자여자 회전 계자형 3상 동기 교류발전기 ························· 동기 발전기라고 부른다.

- 동기: 원동기의 회전수가 발전기의 극수와 기전력의 주파수에 따라서 정해지는 방식.
- 3상: 고정자의 원주를 3등분한 위치에 3개 코일이 감겨 있으며 이 코일에 사이클이 같이 세 교류가 일정하게 벗어나서 발생한다.
- 회전 계자형: 전기자가 고정되어 그 속에서 자극이 회전하는 형식.
- 자여자: 발전기 자신이 발전한 교류전기의 일부를 정류하여 직류로 한 다음 여자전류로 하는 방식.

이 장에서는 동기 발전기의 원리, 구조, 취급에 대해서 살펴보기로 하자.

3.1 동기 발전기의 원리 - 〈교류발전기에는 정류자가 필요하다〉

자석을 써서 운동에 의하여 전기를 일으키는 새로운 방법을 패러데이가 발견했다는 것은 제1편의 4.8에서 설명하였다. 오늘날 우리들이 쓰고 있는 전기의 대부분은 발전기가 회전해서 발생하는데 그 바탕이 되고 있는 원리는 패러데이가 발견한 전자유도에 의한 것이다.

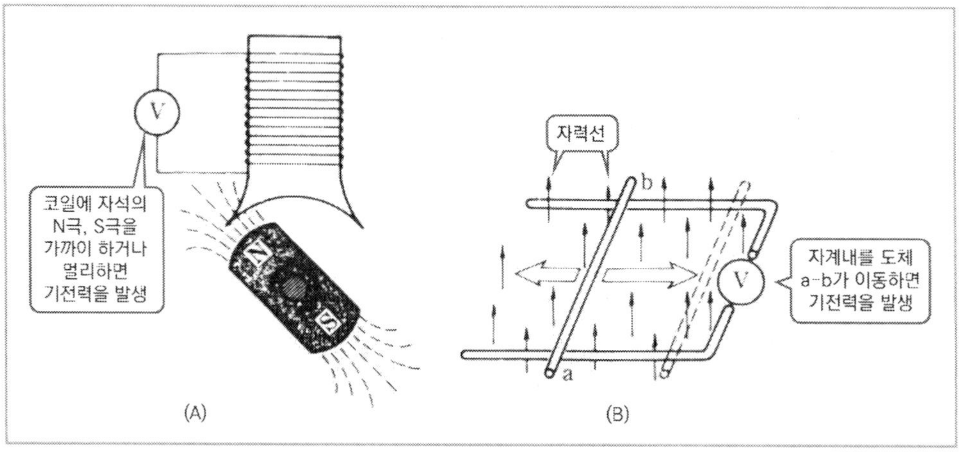

[그림19] 전자유도작용

즉 그림19(A)에 보는 것과 같이 코일에 자극 N-S를 가까이 한다든지 멀리 한다든지 할 때 혹은 그림(B)와 같이 자력선이 통하고 있는 공간 내를 도체가 이동하여 자력선을 끊으면 코일 혹은 도체에 기전력(전압)을 발생한다. 이 전자유도작용의 현상은 앞에서 설명한 바 있다.

그러면 그림20을 보기 바란다. 그림(A)와 같이 자극 N, S속에서 코일을 회전하든가 코일 속에서 자극 N-S를 회전(그림(B))함으로써 코일 자신에 연속해서 기전력을 발생하게 한 것이 교류발전기이다.

직류발전기와 교류발전기의 원리는 같으며 제2편의 그림12(A) 및 그림20(A)에 보인 것과 같이 회전하는 전기자 코일에 발생하는 기전력은 모두 교류전기이다. 단, 직류발전기는 그림12(A)와 같이 정류자라는 것을 붙여서 전류의 방향이 언제나 같게 흐르도록 하고 있다. 이에 대해서 그림20(A)를 보면 정류자를 쓰지 않고 따로 구리의 고리를 2개 붙여서 여기에 브러시를 접촉하여 코일에 발생한 전류를 꺼내고 있다. 여기에서 흐르는 전류는 회전자의 반회전마다 방향이 달라진다. 즉 교류발전기이다.

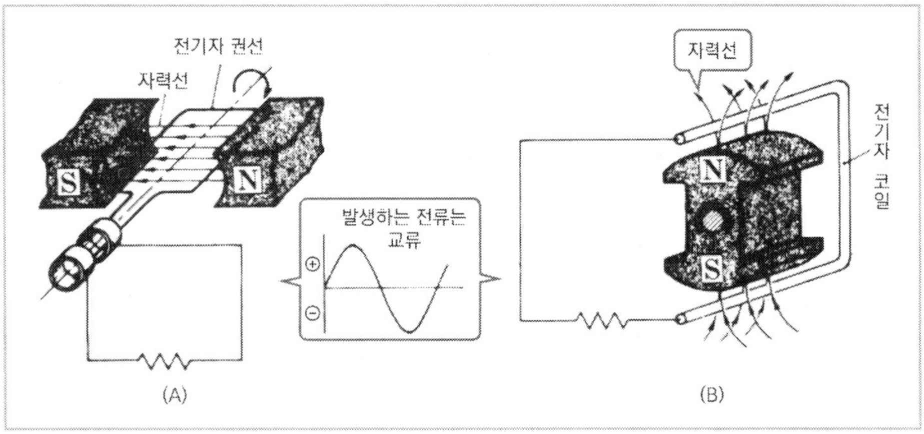

[그림20] 교류발전기의 발전원리

발전기에는 회전하는 부분(회전자)과 그 주위에 고정되어 있는 부분(고정자)이 있으며 다음과 같은 역할을 하는 각부로 이루어져 있다. 자력선을 발생하는 곳이 **전자석**이고 이것을 만드는 철심을 **계자철심**, 코일을 **계자권선**, 그리고 이 계자권선에 흐르는 직류전류를 **여자전류**라고 한다. 한편 자력선을 끊어서 기전력을 발생하는 곳을 **전기자**라 하고 여기에 감겨진 코일은 **전기자 권선**이라고 한다.

전기자 권선에 발생하는 기전력을 교류전기이고 그 크기(전압)는 도체(코일)가 단위시간당에 자력선을 끊는 수에 따라서 변화하고 그 방향(전류)은 자력선이 공간을 지나는 방향과 도체(코일)가 원주를 이동하는 위치(각도)에 따라서 정해진다.

예를 들면 그림21(A)와 같이 전기자 권선 사이에서 자석을 회전하면 전기자가 자극 N-S로부터의 자력선을 끊게 되어 교류전기를 발생한다. 그리고 자석이 1회전하면 자력선과 쇄교하는 전기자 권선의 각도가 바뀌기 때문에 그림(B)와 같은 정현파 교류가 얻어진다. 이것이 단상교류발전기의 원리이다.

보통 선박에서 사용하는 발전기는 3상교류발전기이다. 제1편의 6.5에서 설명한 바와 같이 이 발전기의 고정자에는 원주를 3등분한 위치(120°마다)에 3개의 전기적 권선이 감겨져 있고 그 사이에서 회전자(N-S극)를 동기속도로 돌리고 있다. 하나의 전기자 권선에 대해서 생각하면 단상교류발전기인 경우와 같은 원리로 교류전기를 발생하고 있으므로 결과로서 3개의 전기자 권선에는 기전력의 크기, 주파수가 같고 서로 120°의 위성(벗어남)을 가진 기전력이 발생하게 된다[그림22(B)참조].

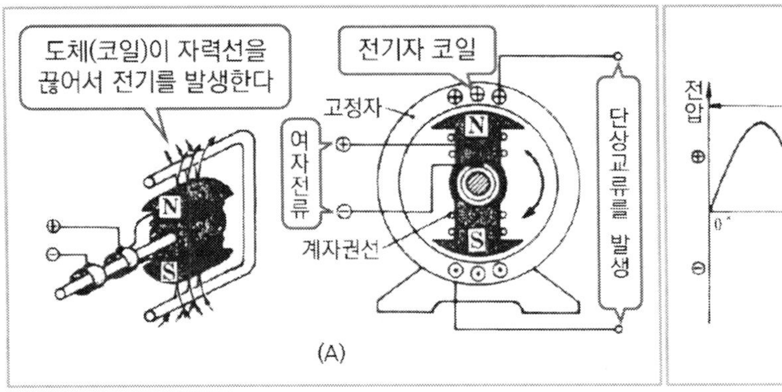

[그림21] 회전 계자형 단상동기 발전기

이 기전력을 세 위상(벗어남)을 가진 교류라는 뜻에서 「3상교류」라고 부른다. 그리고 이러한 교류전기를 발생하는 장치가 3상교류발전기이다. 그림22(A)에는 이 3상 동기 발전기의 원리를 약도로 보였다.

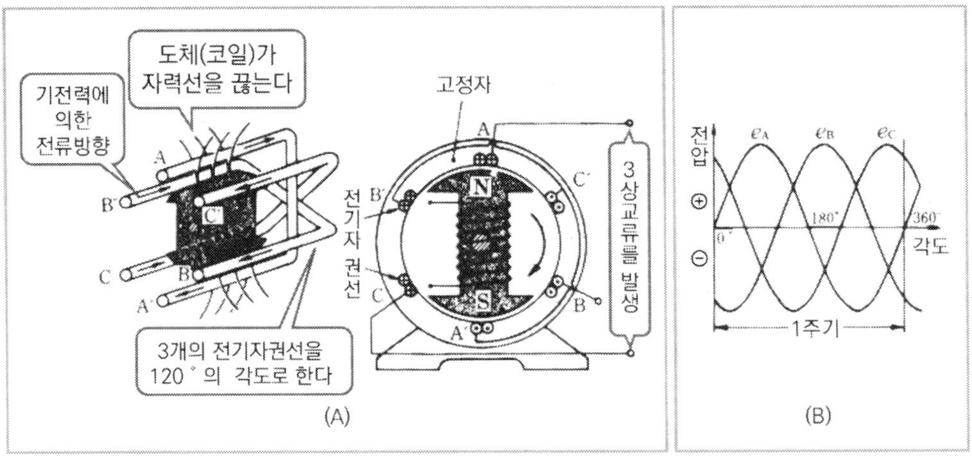

[그림22] 회전 계자형 3상 동기 발전기

(1) 발생한 교류전기(기전력)의 크기와 방향(제1편 4.8 참조)

교류발전기에 의해서 발생하는 기전력의 크기는 패러데이 법칙에 따르고 있다. 즉 전기자 권선이 단위시간[54]에 끊은 자력선의 수에 비례한다. 이 관계는 제작된

발전기의 전압(기전력)의 크기를 E (실효값)로 하면 다음과 같은 식으로 나타내어진다. 또한 f 는 기전력의 주파수, N은 발전기의 매분 회전수, Φ[55]는 단위시간에 전기자 권선이 끊은 자력선수이다.

$E=4.44f \cdot N \cdot \Phi$ **[전압] = 4.44 × [주파수] × [매분회전수] × [자력선수]**

위 식에서 발전기에서 발생하는 전압을 조정하는 방법이 생각된다. 전압 E 는 f (주파수), N(회전수) 및 Φ(자력선수)에 비례한다. 따라서 이 중의 어느 것을 증감하면 좋지만 주파수는 60Hz, 매분 회전수는 동기속도로 회전할 필요가 있으므로 바꿀 수 없다. 그래서 발전하는 전압을 조정하려면 계자권선에 공급하는 여자전류를 가감함으로써 자력선수 Φ를 증감해서 한다. 그리고 여자전류는 배전반에 설치된 계자 저항기(제2편 4.2참조)의 저항을 가감하여 조정한다. 예를 들면 계자 저항기의 저항을 크게 하면 여자전류가 감소하여 자력선의 수는 감소한다. 그에 의해서 발생전압은 저하하게 된다.

교류발전기에 발생하는 기전력의 방향은 플레밍의 오른손 법칙에 따른다. 즉 오른손의 엄지손가락, 둘째손가락, 가운데손가락의 세 손가락을 서로 직각이 되게 구부렸을 때 둘째손가락을 자력선의 방향, 엄지손가락을 도체(코일)가 움직이는 방향을 향하게 하면 가운데손가락이 유도 전류의 방향을 가리킨다.

(2) 주파수와 동기속도

그림23은 자극 N-S의 회전과 전기자 코일에 발생하는 교류전기의 변화를 보인 것이다. 그림(A)와 같이 N과 S의 2극의 회전자를 1초 간에 1회전하면 1사이클의 변화를 한다. 또 그림(B)와 같이 4극의 회전자가 1회전하면 교류전기는 2사이클 변화한다. 따라서 발전기의 자극수 P, 매분 회전수 N 및 기전력의 주파수 f(Hz)사이에는 다음과 같은 일정한 관계가 있다(제1편 6.3 참조).

$$f=\frac{P}{2}\times\frac{N_s}{60} \quad \text{즉} \quad f=\frac{P \cdot N_S}{120} \qquad [\text{주파수}]=\frac{[\text{극수}]\times[\text{매분 회전수}]}{120}$$

54) 1초간 혹은 1분간, 1시간에 라는 뜻.
55) 그리스 문자로 「파이」라고 한다. 자력선의 기호이다.

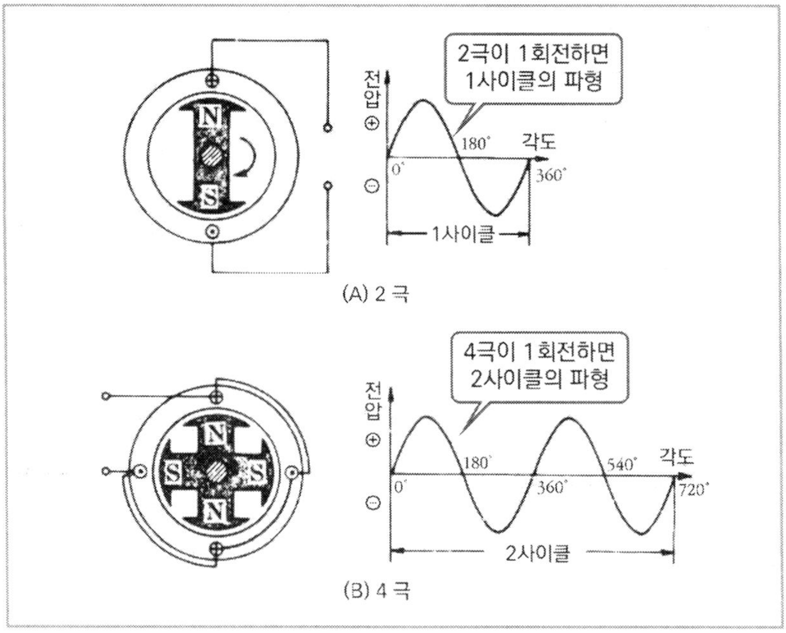

[그림23] 극수와 주파수의 관계

위 식에서 N_s를 유도하면

$$N_s = \frac{120f}{P}(r.p.m)$$

여기서 발전기의 극수(P), 기전력의 주파수(f)로 정해지는 일정한 매분 회전수 N_s를 **동기속도**라고 한다는 것은 이미 설명하였다.

예를 들면 발전기의 극수가 6극으로 60Hz의 교류전기를 발생시키려면 P=6, f=60(Hz)를 위 식에 대입하여 N_s=1,200(r.p.m)으로 운전할 필요가 있다. 즉 이 발전기의 경우 1,200 r.p.m.이 동기속도이며 60Hz의 기전력을 발생하게 된다.

3.2 동기 발전기의 구조 - 〈자여자 회전계자형 동기 발전기의 경우〉

동기 발전기에는 회전하는 부분과 그 둘레에 고정되어 있는 부분이 있는데 앞의 것을 「회전자」, 뒤의 것을 「고정자」라고 한다. 그 두 부분 사이에는 틈을 남겨 두지 않으면 안 된다. 이 틈을 통하는 자력선이 되도록 통하기 쉬운 것이 좋으므로 그 간격을 되도록 좁게 한다. 이와 같이 전체적인 구조를 생각하면서 그림24의 약도를 참고로 하여 자여자 회전계자형 동기 발전기를 예로 들어서 주요부분의 명칭과 그 구조, 역할을 설명하기로 한다.

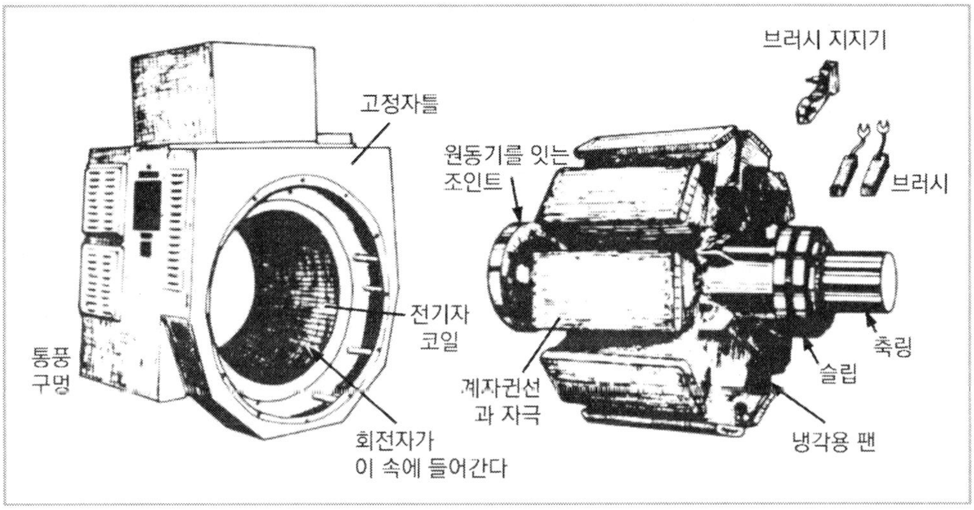

[그림24] 자여자 동기 발전기의 구조

(1) 고정자

고정자는 고정자틀, 전기자 철심, 전기자 권선 등으로 구성되어 있다.

① **고정자틀** : 발전기 전체를 보호하는 동시에 전기자 철심을 지지하고 또 자기 통로의 일부가 된다.

② **전기자 철심** : 두께 0.35mm정도의 규소강판을 여러 장 겹친 성층철심으로 하여 와전류손을 적게 한다. 이 철심 안쪽의 홈에는 전기자 권선을 넣는다.

③ **전기자 권선** : 자극이 발생하는 자력선을 전기자 권선(코일)을 끊어서 기전력을 발생한다.

(2) 회전자

회전자는 자극, 슬립 링, 브러시, 브러시 유지기, 축, 축받이 및 냉각용 팬 등으로 구성되어 있다.

① **자극** : 계자철심에 계자권선이 감겨져 있으며 여기에 여자전류를 공급함으로

써 N극과 S극을 만들어 자력선을 발생한다.

② **계자철심** : 회전자와 고정자 사이의 간격을 작게 하여 그 사이를 자력선이 되도록 통하기 쉽게 할 필요가 있다. 그러기 위하여 철심의 원주상에 홈을 만들어 그 속에 어스베스트지로 절연한 계자전선을 끼워 넣는다. 철심은 전기자 철심과 마찬가지로 성층철심으로 하여 와전류손을 방지한다.

③ **계자권선** : 슬립 링에서 보내진 여자전류에 의해서 계자철심을 전자석으로 하여 자기를 띤다.

④ **슬립 링** : 회전부와 고정부를 접속하는 부분으로, 발전기 본체와는 별도의 정류기56)를 포함하는 여자장치57)에서 회전하고 있는 계자권선에 여자전류를 공급한다. 여자전류는 직류이므로 ⊞측과 ⊟측에 각각 1개씩 합계 2개의 슬립 링이 두어져 있다.

⑤ **브러시 및 브러시 지지기** : 탄소 브러시58)가 쓰이며 슬립 링과 접촉하여 여자전류를 계자권선에 공급한다.

⑥ **축 및 축받이** : 축의 한끝에는 원동기를 연결하기 위한 조인트가 붙여지고 다른 쪽에는 팬을 붙여서 운전 중 통풍을 좋게 하여 발전기를 냉각한다.

축받이는 축을 받치기 위한 것으로 볼 베어링이나 평축받이를 사용한다.

3.3 동기 발전기의 종류 - 〈두 가지 분류법이 있다〉

선박에서 사용하고 있는 발전기를 분류하여 각각의 특징과 성능을 비교함으로써 각각의 용도에 따른 발전기를 선정할 수 있다.

일반적으로 교류발전기를 분류하는 방법으로서 다음의 두 가지가 있다.

(1) 회전자에 의한 분류

동기 발전기는 원동기로 구동되는 회전자가 전기자인지 혹은 자극인지에 따라서 다음 두 가지 종류로 나뉜다.

① 회전 전기자형 동기 발전기[그림20(A)참조]

교류발전기의 자극을 고정하고 전기자를 회전시키도록 한 것인데 회전하고 있

56) 셀렌 혹은 실리콘의 반도체로 만들어진 셀렌 정류기 혹은 실리콘 정류기를 사용한다.
57) 정류기에서 계자권선에 보내는 여자전류를 일정하게 하기 위한 변압기, 변류기, 리액터 등을 말한다.
58) 탄소에는 온도가 상승할수록 전기저항을 감소하는 성질이 있으므로 브러시에 적합하다.

는 전기자에서 전류를 꺼낼 때 집전불량이나 절연불량을 일으키기 쉽다. 그 때문에 소용량의 것의 일부에 밖에는 사용되지 않는다.

② 회전 계자형 동기 발전기[그림20(B)참조]

표제에 보인 바와 같이 교류발전기의 전기자를 고정하고 자극을 회전하도록 한 구조를 말한다. 일반적으로 선박의 교류발전기는 이 방식을 채용한다.

[주] 회전계자형은 회전전기자형에 비교해서 다음과 같은 부분이 뛰어나므로 교류발전기는 보통 회전계자형이 된다.

① 전기자 권선은 계자권선에 비해서 전압, 전류 모두 크고 결선도 복잡해진다. 따라서 전기자를 고정하면 절연도 용이하고 고장이 적어진다.

② 회전계자형으로 하면 전기자에서 발생한 전기를 쉽게 꺼낼 수 있다. 따라서 회전전기자형과 같이 집전불량이나 절연불량을 일으키지 않는다.

③ 자극을 회전하는 회전계자형은 회전자에 여자전류를 공급하기 때문에 슬립 링과 브러시가 필요한데 여자전압은 낮고 전류도 적으므로 회전부분의 절연이 용이해진다.

④ 회전자 측의 구조가 간단하고 제작이 용이하다.

(2) 여자방식에 의한 분류

동기 발전기로 자극 N, S를 만들기 위하여 계자권선에 여자전류(직류)를 공급하여 자석을 만드는 것을 「여자한다」고 한다. 이 여자를 위한 전류, 즉 여자전류를 공급하는 방식에 따라서 동기 발전기를 분류하면 다음의 셋으로 나뉜다.

① 타여자 동기 발전기

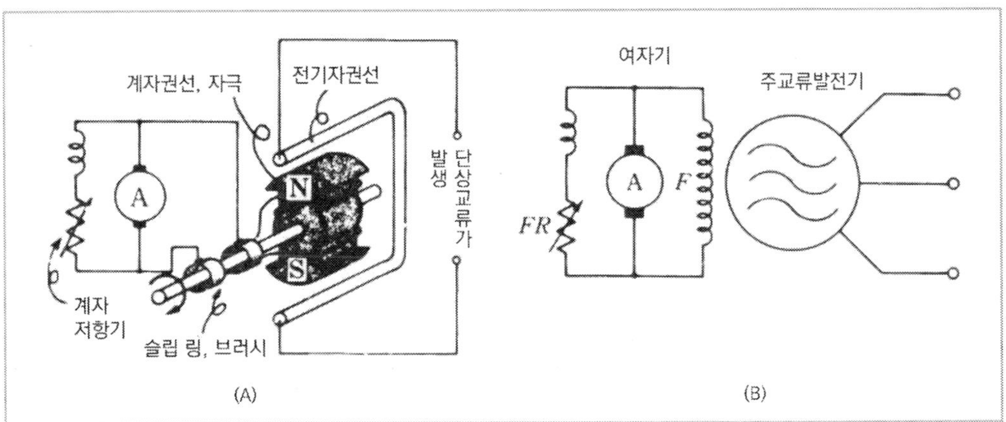

[그림25] 타여자 동기 발전기

자극의 계자권선에 여자전류를 공급하기 위하여 교류발전기 본체와는 별도로 직류발전기(**여자기**라고 한다)를 두고 이것을 교류발전기 본체와 같은 축에 붙이도록 한 방식의 발전기를 타여자 동기 발전기라 부르고 그림25에 그 원리와 결선도를 보였다.

교류발전기의 계자권선에 공급하는 여자전류가 다른 발전기(여자기)에서 보내지는 것을 알 수 있다.

이 방식은 직류발전기에서 교류발전기로 이행하는 초기에 채용되고 있었으나 현재는 거의 사용되고 있지 않다.

② 자여자 동기 발전기

교류발전기 본체에서 발생한 교류전력의 일부를 꺼내어 이것을 발전기 본체와는 별도로 마련된 반도체 정류기[59]에 넣어서 직류로 정류한 다음 여자전류로서 사용하는 발전기가 자여자 동기 발전기이다. 그림26은 그 원리와 회로도를 보였다.

그림(B)의 회로도를 보기 바란다. 이 방식에서는 발전기의 단자 측에 변압기(PT)를 붙이고 단자전압에 비례하는 전류 I_1을 검출한다. 그리고 동시에 발전기의 부하에 직렬로 접속한 변류기(CT)는 발전기의 부하전류에 비례한 전류 I_2를 검출한다. 이들의 전류(I_1과 I_2)가 자동전압 조정기(AVR)를 거쳐서 정류기에 공급되어 직류로 된 다음 여자전류가 된다. 따라서 부하의 변동에 대해서 혹은 역률의 변화에 대응하여 발전기의 전압을 일정하게 할 수 있다. 이 방식의 발전기에는 타여자 동기 발전기와 같은 여자기는 없고 대신 교류를 직류로 바꾸는 여자장치를 두고 있다. 즉 발전기 자신에 발생한 교류를 직류로 바꾸어서 자극을 여자하는 발전기이다.

자여자 교류발전기에는 다음의 네 가지 이점이 있다. 따라서 타여자 교류발전기에서 자여자 교류발전기로 바뀌었다.

59) 실리콘이나 셀렌과 같은 반도체를 재료로 하여 교류전기를 직류전기로 변환하는 것.

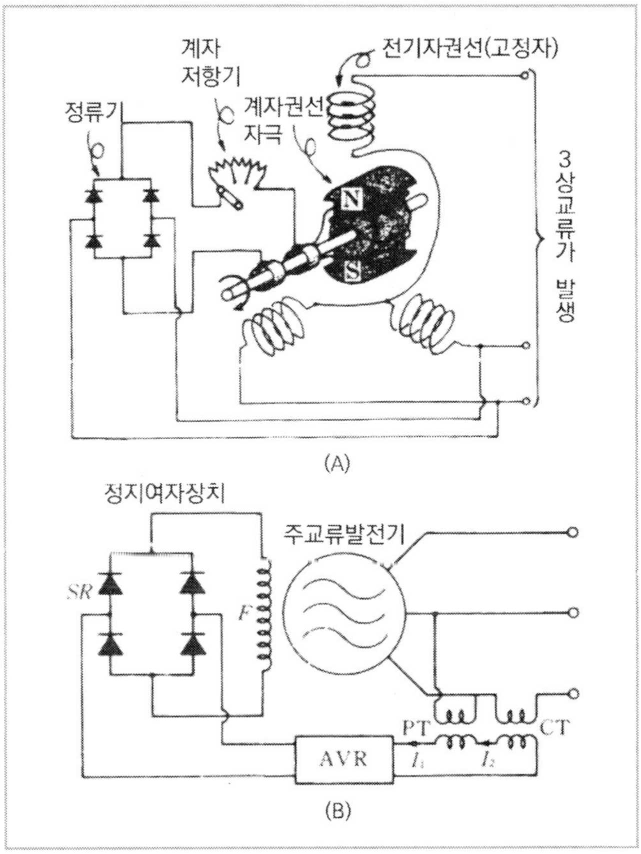

[그림26] 자여자 동기 발전기

① 급격한 부하의 변동에 대하여 부하전류의 증가분을 변류기(CT)(그림 26참조)가 검출하여 전압이 상승하는 만큼의 전류를 정류기에 보내는 작동을 한다. 따라서 여자전류를 자동적으로 조정하여 단자전압을 일정하게 유지하도록 즉응할 수 있다.
② 부하를 걸 때 순간의 전압강하가 작다. 따라서 대형의 농형 유도전동기의 전전압 시동이 가능하게 된다.
③ 직류 여자기가 불필요하게 되므로 보수·취급이 용이해진다.
④ 발전기를 소형·경량화 할 수 있다.

③ 브러시리스 동기 발전기

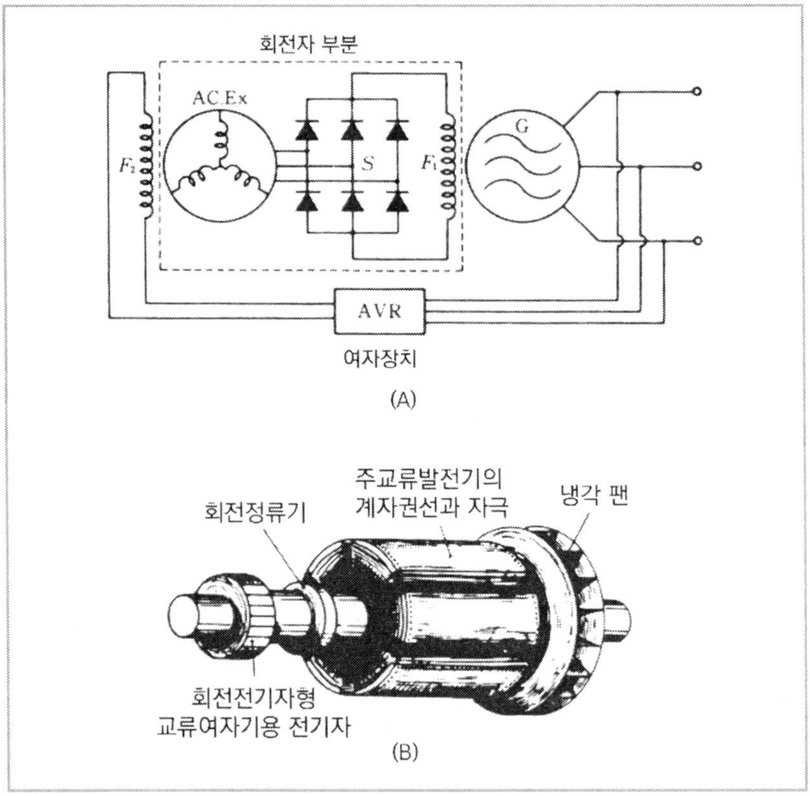

[그림27] 브러시리스 동기 발전기

그림27을 참조하면서 개요를 생각해 보기로 하자. 브러시리스 동기 발전기는 회전 계자형주발전기와 회전전기자형의 교류 여자기 및 회전 정류기를 동일축상에 붙이고 원동기로 이것을 구동하는 발전기이다. 지금 축이 원동기에 의해서 회전하면 교류 여자기는 교류전기를 발생한다. 이것을 회전정류기에 의하여 직류로 정류한 다음 주교류발전기의 계자권선에 여자전류로서 공급한다.

한편 교류여자기의 여자전류는 주교류발전기가 발생한 교류전기의 일부를 자여자 동기 발전기와 마찬가지로 여자장치를 거쳐서 교류여자기의 계자권선에 공급한다. 따라서 교류발전기 본체의 전압변동에 따라서 교류여자기의 전압이 변화한다. 결과로서 주교류발전기 본체의 계자권선을 흐르는 여자전류를 증감하여 발전기 본체의 전압을 자동적으로 일정하게 유지하도록 작용한다.

이 발전기는 타여자나 자여자 교류발전기와 같이 브러시나 슬립 링이 필요하지 않으므로 브러시리스 동기 발전기라고 불린다.

그리고 다음에 설명하는 것과 같은 이점이 있으므로 현재는 선박의 교류발전기로서 널리 채용되고 있다.

① 브러시나 슬립 링이 불필요하므로 보수점검이 필요 없다.
② 전압의 변동이 아주 적다.
③ 소형·경량화가 가능하다.

이상의 세 가지 발전방식을 간단한 과정으로 나타내면 그림28에 보는 것과 같은 공통한 점과 차이점이 명백해진다.

동기 발전기의 비교

종 류	특 성
타여자 동기발전기	교류발전기란 따로 직류 여자기를 두어 여자전류를 공급, 전압변동이 크다.
자여자 동기발전기	교류발전기로 발전한 교류의 일부를 정류하여 여자전류로서 다시 공급한다. 정전압을 발전할 수 있다.
브러시리스 동기발전기	교류발전기와는 별도로 교류 여자기를 두고 회전 정류기로써 직류로 고쳐 여자전류로서 공급한다. 브러시나 슬립 링이 없어 보수점검이 용이하다.

3.4 동기 발전기의 취급 - 〈운전방법과 주의사항〉

발전기의 고장을 미연에 방지하고 오래 쓰기 위해서는 일상의 상태를 잘 알아두지 않으면 안 된다. 그리고 효율이 좋은 운전을 하려면 올바르게 다룰 필요가 있다. 아래에 설명하는 주의사항을 지켜서 올바른 운전법을 익히자.

(1) 시동전의 준비와 점검

장기간 운전을 하지 않던 동기 발전기를 시동하려고 할 때는 다음과 같은 점검이나 준비를 해야 한다.

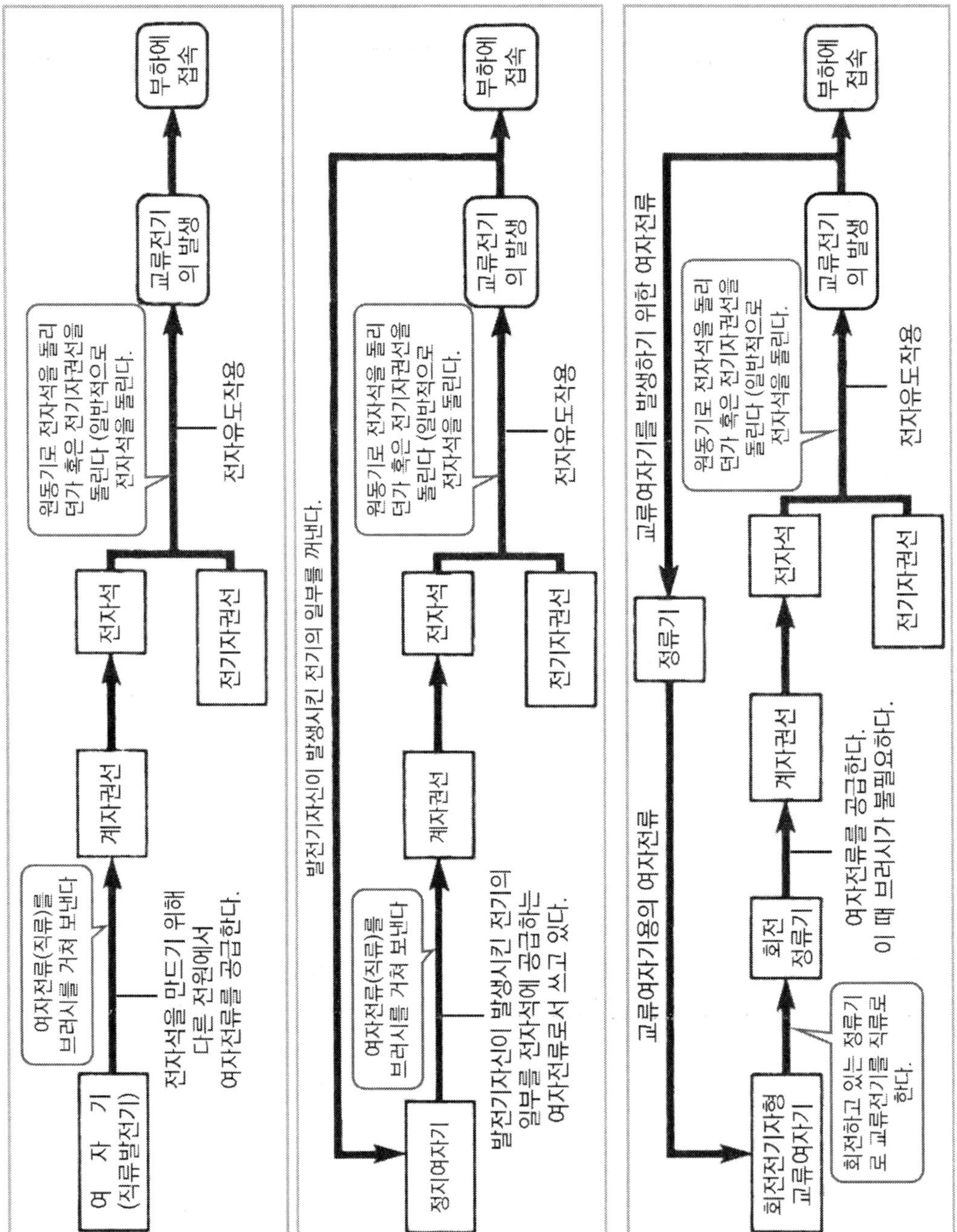

[그림28] 동기 발전기의 발전방식의 비교

① 고정자, 회전자 및 여자기 등의 권선과 대지와의 사이가 절연저항을 측정한다. 절연저항이 1MΩ(1,000,000Ω)이하일 때는 발전기를 건조시켜 1MΩ이상이 되면 사용한다(절연저항이 나쁘면 누전이나 단락 그리고 감전의 원인이 된다).
② 발전기 내외의 청소를 충분히 한다(커버나 통풍창 등에 먼지가 쌓이면 통풍이 나빠져서 발열의 원인이 된다).
③ 발전기의 슬립 링이나 브러시가 잘 정비되어 있는가를 살핀다.
④ 브러시와 슬립 링과의 접촉이 잘 되어 있는가를 살핀다.
⑤ 발전기 전압 조정용의 핸들 및 계자 회로용의 각종 스위치가 취급설명서의 지시대로 되어 있는가를 확인한다.
⑥ 축받이, 각부의 볼트·너트에 이상이 없는지 점검한다.

(2) 시동순서

시동준비가 끝났으면 다음 순서로 동기 발전기의 운전을 시작한다(취급설명서를 잘 읽고 그 지시에 따라서 운전한다).

① 배전반에 있는 계자 저항기의 저항값을 눈금의 거의 중앙 위치에 둔다.
② 원동기를 돌려서 정격회전수(동기속도)까지 회전수를 올리고 각부에 이상이 없는지 살핀다.
③ 전압계를 보면서 계자 저항기의 저항을 가감하여 발전기의 전압을 규정전압에 조정한다. 3상 교류발전기의 경우는 각상 전환 스위치를 전환하여 각 상간 전압에 불균일이 생기고 있지 않는지를 확인한다.
④ 주파수계로 주파수를 살펴 60Hz를 지시하고 있지 않을 때는 원동기의 회전수로 조정한다.
⑤ 무부하 상태인 채 약 5분정도 운전하여 각 부에 이상이 없는지 살핀다.
⑥ 각 계기의 지시값에 주의하면서 주개폐기, 자동 차단기를 닫아서 송전한다.

이상과 같은 시동순서 및 정지는 그림29와 같다.

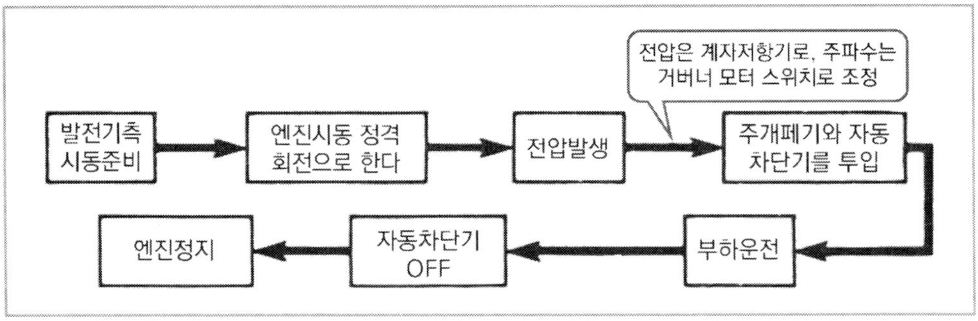

[그림29] 동기 발전기의 시동 · 정지순서

(3) 운전 중의 주의사항

동기 발전기를 운전하고 있을 때는 다음 사항에 주의 할 필요가 있다.

① 부하를 투입한 다음 전압계, 전류계, 주파수계, 전력계 및 역률계 등의 지시값에 주의하고 이상이 없는지 살핀다.
② 발전기의 각부에 이상한 음향이나 진동이 발생하고 있지 않는가를 살핀다(축받이에 대해서는 청진막대로 살피면 진동이나 음향의 아주 적은 변화도 할 수 있다).
③ 3상 교류발전기의 경우는 부하를 투입한 다음 전류계의 전환 스위치를 전환하여 각 상에 흐르는 전류에 불균일을 일으키지 않는가를 살핀다(각 상에 흐르는 전류가 불균일하면 전기자나 계자철심의 과열을 일으킨다).
④ 발전기의 슬립 링이나 여자기의 정류자면의 불꽃 발생에 주의한다(불꽃이 발생하면 슬립 링이나 정류자면의 표면이 거칠어져서 발전하지 않는 원인이 된다).
⑤ 통풍상태나 각부의 온도상승에 이상이 없는지 주의한다.
⑥ 어스 램프에 주의하여 접지의 유무를 살핀다.

3.5 동기 발전기의 병렬운전 - 〈네 가지 조건이 필요〉

선내에서 사용하는 전력은 항해중과 하역중에 그 소비량이 달라진다. 그래서 2대 이상의 교류발전기를 운전하여 거기에서 전류를 모아 사용하지 않으면 안 된다. 즉 각 발전기를 병렬로 접속하는 것은 전지를 병렬로 접속하는 것과 비슷하다. 전지의 경우 전압이 같으면 병렬로 접속할 수 있으나 교류발전기의 경우 다음 사항에 설명하는 네 가지 조건이 필요하다.

교류발전기의 전류는 1초 간에 60회(주파수가 60Hz인 경우)나 그 방향과 크기가 바뀌고 있다. 만일 1대의 교류발전기가 어느 방향으로 전류를 공급하려고 하는데 다른 발전기의 전류가 반대방향이면 교류전기는 양 발전기 사이를 순환하는 전류가 되어서 부하에 송전 할 수 없게 된다. 더욱이 양 발전기의 저항이 적으므로 아주 큰 전류가 흘러서 과열하는 원인이 되기도 한다.

그러나 양 발전기의 주파수(위상)가 다소 달라도 병렬로 접속하면 회전수(주파수)가 늦어지는 발전기는 증가되고 앞서려는 쪽의 발전기는 당겨져서 같은 보조로 회전하는 작용이 있다.

그 이유는 양 발전기 사이에 흐르는 전류가 생겨서 그 전류의 힘으로 양 발전기의 부하가 자동적으로 조정되기 때문이다. 이 성질이 없으면 교류발전기의 병렬운전은 할 수 있다.

발전기의 병렬 운전에 의한 이점에 대해서는 이미 설명하였다. 다시 한번 제2편 2.5를 참조하기 바란다.

발생전기의 조정

[전압의 조정]

동기 발전기의 경우는 계자권선과 직렬로 계자저항을 접속하고 이 저항을 줄이면 여자전류가 증가하여 단자전압이 상승한다.

직류발전기의 경우는 발전기의 회전수를 늘리든가 계자 저항기의 저항값을 적게 하면 전압이 상승한다.

[주파수의 조정]

배전반 상의 거버너 모터 스위치를 조작하여 원동기의 회전수를 늘리면 주파수가 증가한다.

(1) 병렬운전의 필요조건

직류발전기의 병렬운전에는 양 발전기의 단자전압이 같을 필요가 있었다. 교류발전기인 동기 발전기의 경우에는 어떤 조건이 필요할까.

동기 발전기의 병렬운전에 필요한 조건에는 다음의 네 가지가 있다. 이들의 조건을 만족시키지 않으면 병렬운전은 할 수 없다.

① 각 발전기의 기전력의 크기가 같을 것

만일 각 발전기의 기전력(전압)의 크기가 다르면 같은 용량의 발전기를 병렬운전 중에 있어서의 전력계의 지시는 같음에도 불구하고 각 발전기의 부하전류, 역률 그리고 계자권선에 흐르는 여자전류의 크기가 달라진다.

이런 일이 일어나는 것은 다음과 같은 이유에 의한다. 예를 들면 같은 용량의 2대의 교류발전기가 같은 부하분담을 하여 운전하고 있는데 전압의 차가 있을 때는 계자권선을 흐르는 여자전류의 크기에 차가 생기기 때문이다. 그 때문에 양 발전기의 기전력 크기의 차의 전압에 의해서 양 발전기 사이에 **무효전류**[60]가 흐르고 한쪽 발전기(전압이 높은 쪽)에 대해서는 늦는 전류가 되어서 단자전압을 강하시키고 다른 발전기(전압이 낮은 쪽)에 대해서는 앞선 전류가 되어서 단자전압을 상승시켜 양 발전기의 단자전압을 같게 하려는 역할을 한다.

이와 같이 병렬운전하고 있는 발전기 사이에 발생하는 순환전류[61]는 무효전력[62]의 분담을 바꾸어 양 발전기의 역률에 영향을 준다. 따라서 여자전류가 많은 쪽의 발전기에서는 무효전류가 많아져서 역률(제1편 7.5참조)이 저하하고 여자전류가 적은 쪽의 발전기는 무효전류가 감소하여 역률은 좋아 진다.(1에 가까운)

이상으로 양 발전기의 역률을 조정하려면 계자 저항기에 의해서 역률이 나쁜 쪽의 여자전류를 적게 하든가 역률이 좋은 쪽의 여자전류를 많게 하면 된다.

또 양 발전기를 흐르는 순환전류는 부하의 분담에는 관계없이 전기자에 발생하는 줄열을 증대하여 전기자 권선을 과열시키는 원인이 되기도 한다.

② 각 발전기의 기전력의 위상이 일치하고 있을 것

지금 2대의 교류발전기의 전압은 같으나 한 발전기가 발전하는 기전력의 위상이 앞선 경우 양 발전기의 기전력을 벡터적[63]으로 합친 합성기전력이 존재하게 되어 이로써 양 발전기간을 순환하는 전류가 흐른다. 이것을 유효전류[64]혹은 **동기화 전류**라고도 한다.

---

60) 전압에 대해서 벡터적으로 90°늦는 전류를 말하며 전력의 소비는 하지 않는다.

61) 전압이 다른 전지를 병렬로 접속하면 양 전지간에 전류가 흐르는 것과 마찬가지로 양 발전기의 전압차에 의해서 양 발전기 사이에 흐르는 전류를 말한다.

62) 전압의 크기와 전압에 대하여 벡터적으로 90°늦는 전류를 곱한 것을 말한다.

63) 방향과 크기를 나타낸다.

64) 전압과 동상으로 흐르는 전류를 말한다.

양 발전기의 위상차에 의해서 발생한 합성 기전력(전압)에 대해서 동기화 전류는 약 90°늦어서 흐른다. 약90° 늦는 이유는 발전기 간의 회로는 거의 코일뿐이기 때문이다. 이 동기화 전류는 위상이 앞서고 있는 발전기의 부하를 늘려서 원동기의 회전수를 낮추고 반대로 위상이 늦어 있는 발전기의 원동기 회전수를 올려 양 발전기의 위상을 동상으로 유지하도록 작용한다. 이것을 「동기화의 힘」이라고 한다.

이상으로 교류발전기의 부하분담을 조정할 수 있다. 즉 한쪽 발전기의 부하를 증가하려고 할 때는 가버너(조속기)를 조정하여 원동기의 회전수를 올려서 위상을 앞서게 하고 반대로 부하를 가볍게 하려면 원동기의 회전수를 낮추면 된다.

③ 각 발전기의 기전력의 주파수가 같을 것.

주파수에 차가 있으면 ②와 같은 현상이 일어난다.

④ 각 발전기의 기전력의 파형이 같을 것.

파형이 달라지면 ①의 현상과 같게 된다.

(2) 동기검정장치

No.1 동기 발전기가 이미 운전되고 있을 때 No.2 동기 발전기를 병렬로 접속하기 위해 양 발전기의 기전력의 주파수와 위상이 같은지 어떤지를 확인하는 것을 「동기검정」이라고 한다. 그를 위한 장치에 동기 검정등과 동기 검정기의 두 가지가 있다.

① 동기 검정등

그림30에 동기 검정등의 접속을 보였다. 이 그림에서 No.1발전기가 운전중인 것에 No.2발전기를 병렬로 투입하는 경우를 생각한다. 다만 양 발전기가 모두 3상 동기 발전기이다.

No.2발전기의 전압과 회전수를 No.1발전기의 전압과 회전수에 접근시키면 양 발전기의 주파수의 차에 비례해서 램프 L_1, L_2, L_3이 순차 점멸하여 회전하듯이 보인다. 주파수의 차가 큰 동안은 램프의 점멸회전이 빠르게 보인다.

No.2발전기의 회전수를 No.1발전기에 일치시켜 가면 동기 검정 등의 점멸회전은 점차 느려진다. No.1발전기와 No.2발전기의 주파수와 위상이 일치하면 중앙의 램프 L_1은 꺼지고 다른 램프 L_2, L_3은 같은 밝기가 되어 완전한 동기 상태가 되었다는 것을 나타낸다. 이때 No.2발전기의 자동 차단기를 투입하면 양 발전기를 병렬로 접속할 수 있다(자동 차단기에 대해서는 다음 장 4.2참조).

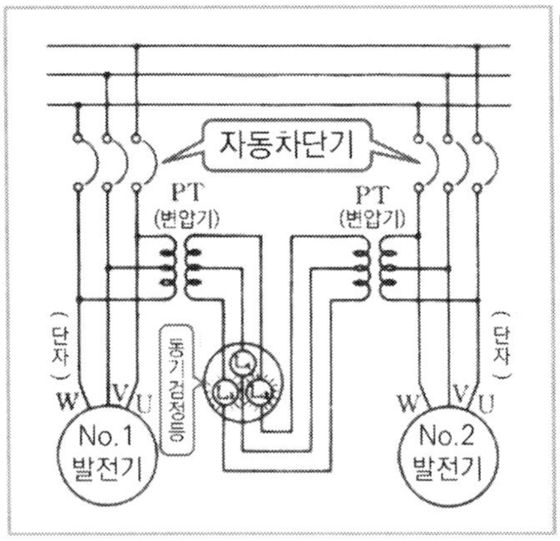

[그림30] 동기 검정등의 접속도

발전기의 병렬운전조건

발전기	병렬운전의 조건
직류 발전기	양기의 단자전압이 같을 것. (균압선을 둘 필요가 있다)
교류 발전기	① 양기의 기전력(전압)의 크기가 같을 것, ② 양기의 기전력의 위상이 일치하고 있을 것. ③ 양기의 기전력의 주파수가 같을 것. ④ 양기의 기전력의 파형이 같을 것.

② 동기 검정기

[그림31] 동기 검정기

그림31과 같은 동기 검정기를 쓰면 정확하게 동기의 순간이 판단된다.

운전중인 No.1발전기의 주파수에 비해 병렬로 투입하려는 No.2발전기의 주파수가 높은가 낮은가에 따라서 동기 검정기의 지침이 시계방향이나 반시계방향으로 회전한다. 또 양 발전기의 주파수의 차가 클수록 지침의 회전속도가 증가한다. 즉 No.2발전기의 주파수가 No.1발전기의 주파수보다 클 때 지침은 시계방향으로 회전하고, 반대로 No.2발전기의 주파수가 No.1발전기의 주파수보다 작을 때는 반시계 방향으로 회전한다.

양 발전기의 주파수와 위상이 일치했을 때 지침은 그림 중앙의 직립한 위치(시계의 12시의 위치)에 정지한다. 실제에는 양 발전기를 병렬로 투입하려고 할 때에는 지침이 천천히 시계방향으로 회전하면서 중앙의 직립한 위치(시계의 12시의 위치)에 접근했을 때 자동 차단기를 투입하면 된다.

(3) 병렬운전방법

No.1발전기가 운전되고 있을 때 No.2발전기를 병렬로 넣을 경우는 다음에 설명하는 방법에 의해서 순서대로 그리고 신중하게 조작하도록 한다. 발전기 고장의 원인의 대부분은 병렬 투입시의 오조작이라고 한다.

① No.2발전기용 원동기 거버너를 조작하여 양 발전기의 주파수를 맞춘다.[65]
② 계자 저항기에 의해서 양 발전기의 전압을 맞춘다.
③ 동기검정장치를 보면서 거버너를 세밀조정하여 동기(위상이 일치)했을 때 No.2발전기용의 자동 차단기를 투입한다.
④ 부하분담 조정방법
동기투입이 끝나면 주파수에 주의하면서 No.1발전기의 거버너를 내리는 방향으로 조작하여 부하를 감소한다. 동시에 No.2발전기의 거버너를 올리는 방향으로 조작하여 서서히 부하를 No.2발전기에 옮긴다.
⑤ 무효전류 조정방법
부하분담이 끝났으면 전류계 및 역률계를 보면서 계자 저항기를 조정하여 양 발전기의 전류가 같게 되게 조정한다. 계자 저항기의 저항을 가감하면 여자전류가 조정되어서 무효전류가 바뀐다. 즉 역률이 늦어지고 있는 쪽의 발전기의 계자저항을 낮추는(약화시키는)방향, 앞선 역률이 되어 있는 쪽의 계자 저항기를 올리는(강하게 하는)방향으로 조작하면 양 발전기의 역률이 같아져서 무효전류가 같게 분담된다.

단독운전에서 병렬운전 및 단독운전에의 순서를 나타내면 그림32의 ❶~❼ 및

65) 동기 검정기의 지침이 5초에 1회전하는 정도로 한다.

①~②의 과정으로 나타낼 수 있다.

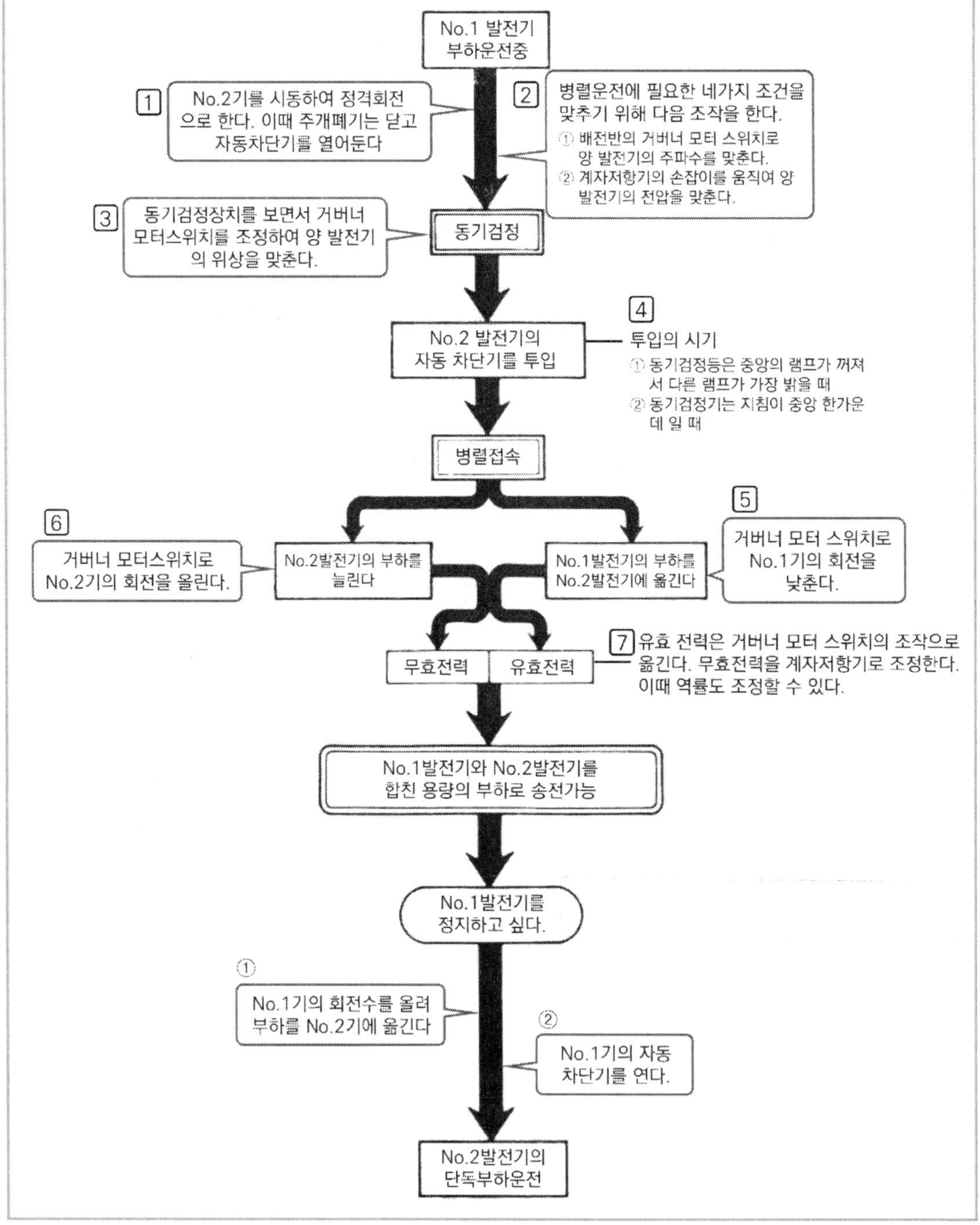

[그림32] 동기 발전기의 병행운전의 순서

(4) 병렬운전의 중지방법

No.1, No.2의 발전기가 병행 운전 중 No.1발전기를 끊고 No.2발전기의 단독운전으로 할 때의 조작은 다음과 같다.

① No.1 발전기의 거버너를 낮추는 방향을 조작하고 No.2 발전기의 거버너를 올리는 방향으로 조작하여 No.1 발전기의 부하를 옮긴다.
② No.1 발전기의 부하가 제로[66]가 되었을 때 No.1의 자동 차단기를 연다. 그리고 원동기를 정지한다.

3.6 동기 발전기의 보수 - 〈어느 곳을 점검해야 하나〉

동기 발전기의 구조와 그 기능을 잘 알고 있으면 이상이 발생했을 때 재빨리 발견하여 대책을 강구할 수 있으므로 고장을 적게 할 수 있다. 또한 뜻하지 않은 고장 때문에 발전기를 정지시키는 일도 적어질 것이다.

따라서 고장을 방지하려면 발전기의 구조나 기능을 잘 알고 있어야 함은 물론 그 취급에도 익숙해지는 것이 중요하다. 그러나 그것만으로는 만전을 기한다고는 할 수 없다. 일상 정기적으로 점검을 하고 보수해 둘 필요가 있다.

동기 발전기에 발생하는 주요한 고장으로는 고정자 권선 및 회전자 권선의 절연불량, 브러시 및 슬립 링의 고장 그리고 축받이의 손상 등을 들 수 있다. 여기서는 이들의 사항에 대해서 어떻게 보수하면 좋은지를 설명한다.

(1) 권선의 보수

고정자 권선 혹은 회전자 권선은 다음 사항에 주의하여 보수, 점검한다.

66) 전력계의 지시가 「0」으로 된 상태를 말한다.

① No.2발전기용 원동기 거버너를 조작하여 양 발전기의 주파수를 맞춘다.
② 절연저항[67]을 정기적으로 측정한다(이로써 전기기기의 절연상태와 그 기기가 사용하는데 적합한지 어떤지 판단 할 수 있다).
③ 계자권선, 전기자권선이 습기를 빨아들이고 있어 절연저항이 저하하고 있을 때는 건조할 필요가 있다. 그 경우 발전기 바깥 틀 안쪽에 스페이스 히터가 붙어 있는 것은 이것을 사용한다. 그밖에 발전기 전체에 시트를 씌우고 열풍을 송풍하여 건조한다.
④ 권선의 이상변형과 부풀어 오르지 않았는지 주의해 본다.

(2) 슬립 링과 브러시의 보수

슬립 링과 브러시에는 먼지나 탄소가루 또는 기름 등이 부착하지 않도록 주의한다. 그리고 브러시는 정기적으로 빼어내 브러시와 지지기 내부를 청소한다.

(3) 축받이와 윤활유의 보수

축받이 및 윤활유에 대해서는 다음 사항에 주의하여 보수, 점검한다.

① 유면계에 의해서 기름의 양 및 윤활유의 오염을 정기적으로 점검한다.
② 축받이 온도계에 의해서 온도상승에 주의한다(축받이 온도는 80~85°C가 최고 온도의 가늠이다). 또한 윤활유의 교환은 1년에 1회로 한다.
③ 볼 베어링의 경우 축받이의 음향에 주의한다. 진동음이나 불연속음일 때는 그 원인을 살핀다.
④ 소형 발전기에는 축전압이 발생하지 않지만 중형(500kVA)이상이 되면 축 자신에 축전압을 발생하여 축전류가 흐른다.[68] 이에 의해서 샤프트와 저널부는 흐려지고 유막이 파괴되어 손상사고를 일으키는 일이 있다. 이것을 방지하기 위하여 축받이 받침과 받침판과의 사이를 절연하고 있으므로 절연부분의 균열유무에 충분히 주의하고 깨끗이 청소해 둔다.

---

67) 절연저항이란 절연물로 절연된 두 도체 간의 전기저항을 말한다. 절연저항의 측정은 직류 500V의 메거를 준비하여 전원 스위치, 자동 차단기, 접촉기류를 연 상태에서 한다.
68) 회전자의 회전에 따라 축의 양단에 전위차(축전압)를 발생하여 축, 축받이, 대좌를 통해서 전류가 흐른다. 이것을 축전류라고 한다.

(4) 에어 갭의 계측

고정자와 회전자의 틈(에어 갭이라고 한다)의 불균일은 발전기의 진동이나 발전한 전기가 좋지 않게 되어 발전기의 수명을 단축시킨다. 따라서 갭 게이지로 상하 좌우의 네 곳에서 에어 갭을 측정한다.

3.7 동기 발전기의 고장과 그 원인 - 〈기능과 관련지어서 이해하자〉

동기 발전기에 일어나기 쉬운 고장은 슬립 링과의 접촉부에 있어서의 불꽃 발생, 불발전, 전압의 변동, 계자권선이나 전기자 권선의 과열 혹은 손상 등이다. 이들의 고장원인, 대책을 표5에 정리해 두었다. 고장이 발생한 경우는 이들의 어느 것이 원인인가를 가려낸 다음 대책을 강구하지 않으면 안 된다.

표5 동기 발전기의 고장과 그 원인 · 대책

고장	주 요 원 인	대 책
브러시와 슬립링의 접촉부에 불꽃이 발생한다。	① 슬립링과 브러시 간에 탄소가루 또는 먼지가 부착해 있다. 혹은 브러시가 브러시 지지기 내를 이동할 수 없다. ② 브러시의 압력부족. ③ 슬립 링이 둥글지 않거나 표면이 거칠게 되어 있다. ④ 브러시와 슬립 링이 잘 맞지 않는다.	① 브러시의 마모량은 운전 1,000시간에 대해서 3~5mm가 가능이다. 슬립링을 가끔 청소한다. ② 0.18~0.25㎏/㎠의 압력으로 한다. ③ 원동기를 회전시켜서 연마한다. ④ 브러시와 슬립 링 사이에 샌드페이퍼를 삽입하고 샌드 페이퍼를 링의 바깥 둘레를 따라서 움직인다.
발전기는 회전하고 있는데 전기가 발생하지 않는다。	① 계자권선 혹은 전기자 권선의 단선. ② 여가지(타여자의 경우), 정류기 및 여자장치의 결선부가 헐겁다. ③ 자동전압 조정기 혹은 슬립 링과 브러시의 접촉불량. ④ 계자권선, 전기자 권선의 오접속. ⑤ 자동전압 조정기의 불량.	① 권선을 손질한다. ② 회로의 점검, 손질을 한다. ③ 재조정한다. ④ 정확하게 다시 접속. ⑤ 자동전압 조정기의 취급설명서에 의해서 점검한다.

운전중에 발전기의 전압이 변동한다.	① 거버너의 불량. ② 여자기 혹은 여자장치의 작동이 불안정 ③ 계자 저항기의 접촉불량 ④ 자동전압 조정기의 불량 ⑤ 계자권선 혹은 전기자 권선의 오접속.	① 주파수계, 전력계의 불안정. 거버너를 조정한다. ② 취급설명서에 의해 점검한다. ③ 계자 저항기를 교환한다. ④ 자동전압 조정기의 취급설명서에 의해서 점검한다. ⑤ 정규로 다시 접속한다
계자권선 혹은 전기자 권선의 과열 또는 손상	① 과부하 ② 주위의 온도가 높다. ③ 통풍 닥트가 막혀있다. ④ 먼지 또는 기름류의 부착 ⑤ 진동이 과대하여 코일이 손상. ⑥ 습기 혹은 누수가 방울져 떨어진다. ⑦ 오랜 사용으로 절연이 열화.	① 부하를 낮춘다. ② 환기를 좋게 하여 온도를 낮춘다. ③ 통풍닥트를 분해 소제한다. ④ 내부를 청소한다. ⑤ 진동원인을 제거한다. ⑥ 흡습제를 쓰든가 누수를 막는다. ⑦ 20~25년의 수명이므로 새로 바꾼다.

3.8 직류발전기와 동기 발전기의 비교 - 〈기능비교와 교류발전기의 이점〉

종래 선박의 전력계통은 갑판기계의 속도제어를 위해서 직류발전기가 사용되고 있었다. 그런데 선내의 보기류를 구동하는데 유도전동기가 채용되기 시작하고부터 보수나 가격의 점에서 직류방식보다도 교류방식이 유리하다는 것이 인정되어 현재에는 일반적으로 440V·3상·60Hz의 교류발전기가 사용되고 있다.

여기서는 지금까지 배워온 직류발전기와 동기 발전기를 비교해 보기로 하자. 이들 두 발전기의 기능을 비교하기 위하여 표6과 같이 일람표로 만들었다.

표6 직류발전기와 동기 발전기의 비교

	직류발전기	교류발전기
발 전 원 리	전자유도작용에 의해서 발생한 교류를 정류자를 통해서 직류로 한다.	전자유도작용에 의해서 전기자에 발생한 교류를 그대로 꺼낸다.
발전기를 구동하는 회전수	회전수는 임의로 선택할 수 있다.	발전기의 극수 및 기전력의 주파수에 따라서 정해지는 동기속도이다.
병 행 운 전	전압이 같으면 된다.	전압의 주파수, 위상 등이 일치할 필요가 있다. 동기검정장치가 필요.

이 절의 첫머리에서 언급한 바와 같이 선박의 경우 일반적으로 직류발전기보다 교류발전기 쪽이 유리하다. 그러면 어떤 점에서 유리한 것일까, 교류기가 직류기보다 뛰어난 점을 정리하였다.

① 변압기를 사용하여 부하에 적합한 전압으로 변환할 수 있다.
② 정박중 육상전원을 접속하는 경우 교류의 전원은 얻기가 쉽다.
③ 육상의 교류기기를 그대로 사용할 수 있다.
④ 교류기기의 가격이 싸고 직류발전기는 비싸진다.

제 4 장 : 배전설비

전선을 배선하면 선내의 발전기에 발생한 전기는 어디라도 쉽게 배전할 수 있다. 이 때문에 선박의 동력용, 조명용 그리고 통신의 에너지원으로서 전력이 널리 쓰이게 된다.

그러나 그 설비의 정비나 사용방법을 잘못하면 감전사고나 누전화재 등의 재해를 일으키는 일이 있으므로 주의해야 한다.

이 장에서는 발전기를 조작하는 발전기반을 중심으로 하여 발전한 전력이 모터나 전등에 송전되는 경로와 송전에 필요한 기구의 역할에 대해서 배우기로 하자.

4.1 배전과 배선 - 〈「○상 ○선식」이란〉

선내의 여러 가지 전기설비에 송전하기 위하여 규정에 의해서 공급전압 및 배전방식이 정해져 있다. 예를 들면 교류방식의 조명설비 및 동력설비의 공급전압은 각각 150V 및 450V(3상)이고 배전방식에는 교류인 경우 단상2선식, 단상3선식, 3상3선식, 3상4선식이 있으며 일반적으로 단상2선식과 3상3선식이 채용되고 있다. 주로 앞의 것은 조명회로용에, 뒤의 것은 동력용 회로에 사용한다.

배선용의 전선에 대해서도 규정으로 정하여 배선에는 케이블을, 소형 전기기구 이외에 이동식 전기기구는 캡타이어 케이블을 사용하게 되어 있다. 그리고 사용전선의 굵기는 다음의 두 가지 조건에 맞도록 선정하고 있다.

① 전선의 온도상승을 일정한도 내에 억제할 것[즉 안전하게 전류를 통할 수 있는 최대의 전류(허용전류)가 전선에 정해져 있다].
② 전선 내의 전압강하는 일정한도 내에 유지할 것(선박에서는 배전선의 전압강하를 5%이내가 되는 전선의 굵기로 한다).

발전기에서 발생한 전력은 주배전반에서 구분전반, 그리고 분전반에 접속하고 그 회로의 부하 및 배선의 고장에 의한 사고를 전원에 미치지 않게, 또 보수점검을 용이하게 하기 위하여 각 회로의 분전반은 전등, 모터 등의 부하에 공급되는 전류용량을 15~20A로 나누고 각각의 회로에는 개폐기 및 퓨즈를 설치하고 있다.

4.2 배전반 - 〈전기의 컨트롤 센터〉

발전기에서 발생한 전력을 선내의 전기설비에 안전하게 송전할 목적으로 설치된 것이 배전반이다. 그 주요한 구성요소는 전기의 형편을 알기 위한 감시용 장치, 발전기를 제어하는 발전기반, 그리고 각각의 부하에 공급하는 구분전반이다. 따라서 직류발전기와 교류발전기에서는 배전반에 붙이는 계기가 다르다.

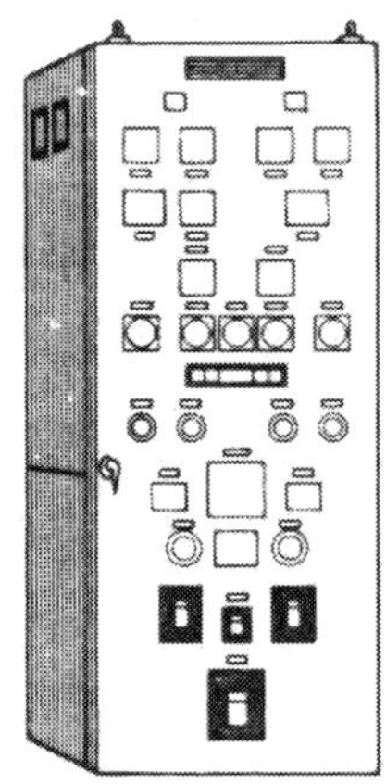

[그림33] 배전반

그림33에 교류발전기의 경우에 쓰이는 배전반의 일례를 보여 두었다. 그러면 배전반의 기구를 감시용, 보호용, 제어용의 셋으로 나누어서 각각의 역할을 배우기로 하자.

(1) 감시용 장치

배전반의 감시용 장치로서는 다음에 보이는 표7과 같은 계기가 장치되어 있다.

표7 배전반의 감시용 장치 (*표시는 교류 배전반에만 쓰이는 장치이다)

전 압 계	전기회로에 병렬로 접속하여 발전기의 발생전압69)을 측정하여 표시한다.
전 류 계	회로에 직렬로 접속하여 부하전류를 측정하여 표시한다.
전 력 계*	교류방식에서의 전기회로가 보시하는 전력을 측정하여 표시한다.
주 파 수 계*	기전력의 주파수70)를 표시한다.
동기검정기*	교류발전기를 병렬운전 할 때 양 발전기의 주파수와 위상이 일치한 상태인지 어떤지를 지시한다.
역 률 계*	전기회로에 공급한 전압에 대하여 흐르는 부하전류가 늦어 있는지 앞서 있는지, 즉 늦은 역률인지 앞선 역률인지를 지시한다.
표 시 등	발전기가 발전하면 바로 점등하고 광도에 따라서 전압의 정도를 알 수 있다. 또 배전반 상을 비치는 역할도 한다.

(2) 개폐장치와 보호장치

개폐장치로서 개폐기가 있고 보호장치로서는 자동 차단기, 퓨즈, 어스램프(검루기)가 있다.

① 개폐기

전로를 연결하거나 끊는 스위치이다. 개폐기를 열 때에는 자기유도 작용에 의해서 송전압의 여러 배의 기전력을 발생하므로 불꽃을 발생하는 접촉부를 손상시킬 염려가 있다. 따라서 개폐기를 조작할 때는 다음 사항에 주의해야 한다.

> ① 개폐기를 닫을 때는 주개폐기를 닫은 다음 분전로 개폐기를 닫는다.
> ② 개폐기를 열 때는 분전로 개폐기를 연 다음 주개폐기를 연다.
> ③ 닫을 때는 천천히 닫고 열 때는 단숨에 연다.

69) 교류발전기의 경우 계기로 지시하는 것은 실효값이다.
70) 선박에 사용하는 교류발전기의 주파수는 60Hz이다.

② 자동 차단기

표8 자동 차단기의 종류와 역할

과부하 자동차단기	기중차단기	전로가 단락사고를 일으켰을 때 신속히 전로를 차단하여 발전기를 보호한다.
	배선용차단기 (노퓨즈 브레이커)	부하에 공급하는 급전 회로용의 보호장치로 분배반, 구분전반 등에 쓴다. 분전회로의 단락사고를 일으켰을 때 열어서 부하의 급전회로를 보호한다.
역전류 자동차단기		축전지의 충전중에 전류의 역류를 방지하여 전지나 발전기를 보호한다.
최소전류 자동차단기		축전지의 충전회로에 쓰이며 전류가 어떤 값 이하가 되면 회로를 연다.

표8에 보인 것과 같이 과부하용, 역전류용 및 최소 전류용의 세 종류가 있으며 각각 자동적으로 회로를 열어 그 회로에 있는 전기기계나 기구를 보호한다.

③ 퓨즈

일종의 과부하 차단기로, 급전회로에 규정전류 이상의 전류가 일정시간 이상 흐르면 줄열 때문에 녹아서 전류를 차단하여 전기기기를 보호한다.

④ 어스 램프(검루기)

전로의 전연이 나빠져서 누전하고 있지 않은지 어떤지를 살핀다.

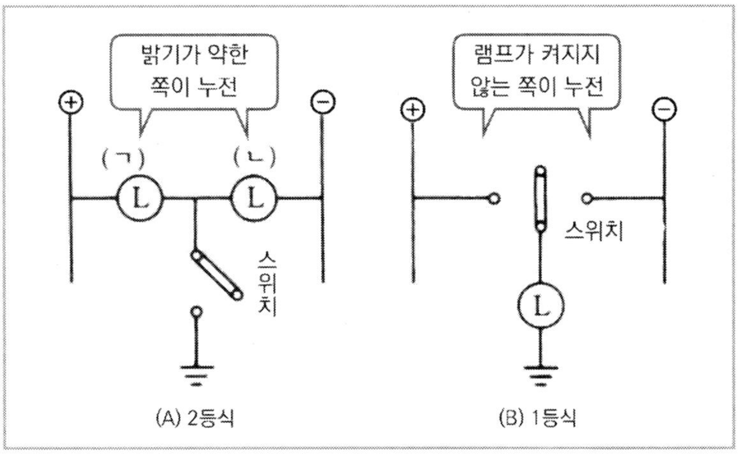

[그림34] 어스 램프의 구성

그림34는 직류방식의 어스 램프 결선도를 보인 것으로, 그림(A)는 (+), (-) 양선 모두 절연이 좋은 상태이고 두 램프는 같은 정도로 밝아서 누전은 없다. 그런데 스위치를 닫아서 (ㄱ)의 램프가 강하게 빛나면 (-)선에 누전이 있고 (ㄴ)쪽이 강하게 밝으면 (+)쪽에 누전이 있다는 것을 나타낸다.

그림 (B)는 1등식의 경우이다. 스위치를 (-)측에 넣었을 때 램프가 켜지면 (+)선에 누전이 있고 (+)측에 스위치를 넣었을 때 램프가 켜지면(-)선에 누전이 있다.

(3) 제어장치

발전기의 발생전압을 일정하게 유지하는 장치, 기전력의 주파수를 조정하는 장치, 자동발정장치 및 자동병렬운전 투입장치 등이 있는데 다음의 두 가지에 대해서 역할을 설명한다.

① 계자 저항기(전압 조정기)

주발전기의 계자권선과 직렬로 접속하여 계자권선에 흐르는 여자전류를 가감해서 발전전압을 조정한다. 예를 들면 지금 계자 저항기의 저항을 크게 하면 여자전류는 감소하고 발전하는 전압은 저하한다.

② 거버너 모터 스위치

교류용 배전반에 붙여서 교류발전기를 구동하는 원동기의 조속기를 거버너 모터로 조정하여 원동기의 회전수를 조절하는 역할을 한다. 이 스위치는 교류발전기를 병렬운전하는 경우에 각 발전기의 주파수와 위상을 각각 일치시킬 때 혹은 양 발전기의 부하를 분담할 때 조작한다.

(4) 배전반의 고장

배전반에 생기기 쉬운 고장의 주요한 것은 다음과 같은 고장이다.

① 접속부의 헐거움에 의한 과열
② 접촉편의 마모에 의한 접촉불량
③ 스프링의 동작이 나빠져서 동작불량을 일으킨다.
④ 계기의 불량

제 5 장 : 변압기와 정류기

전기기기에는 직류기, 동기기 및 유도기 등과 같이 회전하는 기계나 전압을 바꾸는 변압기, 교류를 직류로 변화하는 정류기 등의 정지하고 있는 기기가 있다.

변압기란 제1편의 제4장에서 배운 상호유도작용을 응용하여 교류의 높은 전압을 낮게 하거나 반대로 낮은 전압을 높게 하는 장치로, 필요에 따른 전압을 부하에 공급한다든지 혹은 배전반의 미터, 릴레이 등을 움직이기 위한 계기로서 널리 이용되고 있다.

한편 정류기는 교류를 직류로 변환하는 것으로, 예를 들면 자여자 교류발전기가 발생한 교류의 일부를 정류기로 정류하고 이것을 안정한 직류로 한 다음 여자 전류로 쓴다. 그밖에 자동제어장치의 일부에 설비하여 교류전원에서 직류를 필요로 하는 경우에 사용한다.

그러면 변압 혹은 정류라는 전기의 변화가 어떻게 해서 일어나는가를 생각해 보기로 하자.

5.1 변압기의 원리 - 〈상호유도작용의 응용〉

이미 제1편 4.11에서 설명한 바와 같이 교류라는 방향과 크기가 끊임없이 바뀌는 전류를 1차 코일에 흘리면 자력선 쪽도 끊임없이 방향과 크기가 달라지므로 2차 코일에도 끊임없이 전기를 유도하는 상호유도작용의 현상이 일어난다. 이것이 변압기의 원리이다.

그림35를 참조하면 철심에 2개의 코일 A,B를 감고 한쪽의 A코일에 교류전압을 걸면 전류가 흐른다. 즉 철심 내에는 전류의 변화에 다른 자력선이 발생하고 그 자력선은 다른쪽의 B코일을 관통해서 지나고 그리고 변화한다. 그 결과 자력선의 변화에 다른 기전력이 상호유도작용에 의해서 B코일에 발생한다. 이 때 전원을 접속하는 A코일을「1차 코일」, 부하를 접속하는 B코일을「2차 코일」이라고 한다.여기서 1차 코일과 2차 코일의 권수를 각자 N_1, N_2로 하고 1차 코일에 가하는 전압을 V_1볼트, 2차 코일에 발생하는 전압을 V_2, 볼트라고 하면 코일의 권수와 전압의 관계는 다음과 같이 된다.

$$\frac{V_1}{V_2} = \frac{N_1}{N_2} \Rightarrow V_2 = \frac{N_2}{N_1} \cdot V_1$$

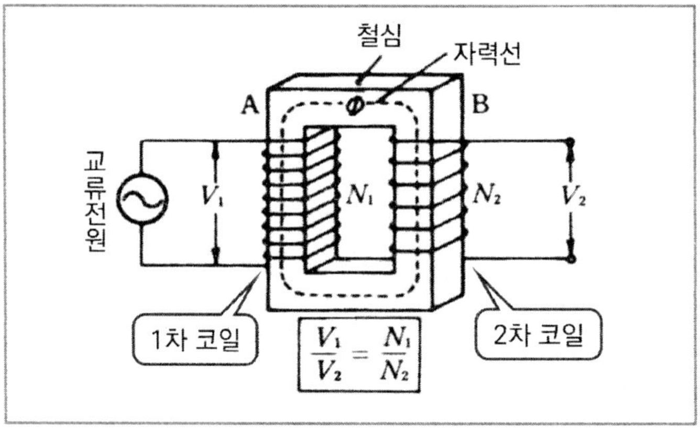

[그림35] 변압기의 원리

그러므로 **1차 코일의 전압 V_1과 2차 코일의 전압 V_2는 각각의 권수 N_1과 N_2에 비례한다.** 그리고 1차 측 코일의 전압 V_1과 2차 측 코일의 전압 V_2의 비를 **전압비**라 하고 또 1차 코일의 권수와 2차 코일의 권수의 비를 **권수비**라고 한다. 바꾸어 말하면 전압비는 권수비와 같게 된다.

예를 들면 1차 코일과 2차 코일의 권수비가 2:1일 때 1차 코일에 200V의 전압을 가하면 2차 코일에는 100V의 전압이 나타난다.

단, 이 경우 2차 코일에 흐르는 전류는 1차 코일에 흐르는 전류의 2배가 된다. 그 이유는 1차 측의 전력과 2차 측의 전력은 같기 때문이다.71)

즉 **1차 코일의 전류 I_1과 2차 코일의 전류 I_2와의 비는 권수비에 반비례한다.**

5.2 변압기의 구조 - 〈내철형과 외철형이 있다〉

변압기는 자력선을 통하는 철심과 유도 기전력을 발생하는 코일 및 이들을 수용하는 겉 케이스로 구성되어 있다.

---

71) 1차 코일 측 및 2차 코일 측에서 소비하는 피상전력은 각각 $V_1 \times I_1$, $V_2 \times I_2$ 이다. 따라서 $V_1 \times I_1 = V_2 \times I_2$ 에 있어서 V_1=200(V), V_2=100(V)로 하면 $I_2 = \frac{V_1}{V_2} \times I_1 = 2I_1$ 이 된다.

그리고 철심과 코일의 배치방법에 따라서 내철형과 외철형의 두 종류가 있으며 앞의 것은 철심이 안쪽에 있고 1차 코일과 2차 코일이 철심에 감겨져 있다. 위의 것은 코일이 안쪽에 있고 철심이 코일을 둘러싼 형식의 것이다.

(1) 단권 변압기

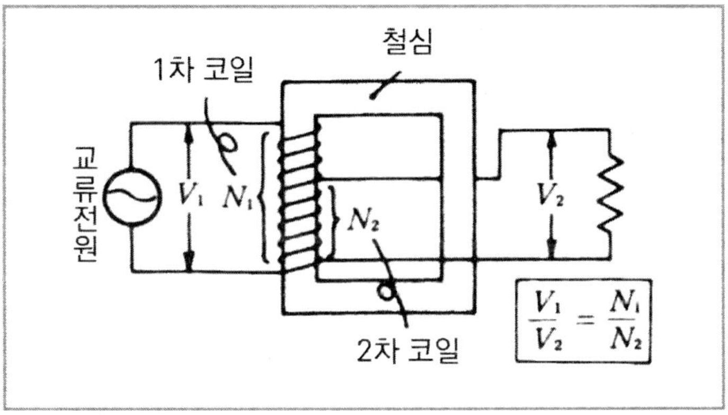

[그림36] 단권변압기의 원리

그림36에 보인 것과 같이 철심에 하나의 코일을 감고 1차 측 코일과 2차 측 코일을 공용하는 내철형 구조의 변압기를 단권변압기라고 한다.

주로 3상 유도전동기의 시동 보상기나 형광등에 내장되는 작은 변압기로서 쓰인다.

(2) 계기용 변압기

높은 전압이나 대전류를 계측하는 경우 직접 전압계, 전류계, 정류기 등을 전로에 접속하는 것은 아주 위험하다. 따라서 100V 정도의 전압, 15A정도의 전류로 바꾸어서 다루는 사람의 안전을 꾀하는 변압기를 계기용변압기(변성기라고도 한다)라고 한다. 이것에는 전압을 검출하기 위하여 쓰이는 전압 변압기(PT)와 전류를 검출하는 변류기(CT)가 있다. 그림 37에 전로와 변압기, 변류기의 결선도를 보였다.

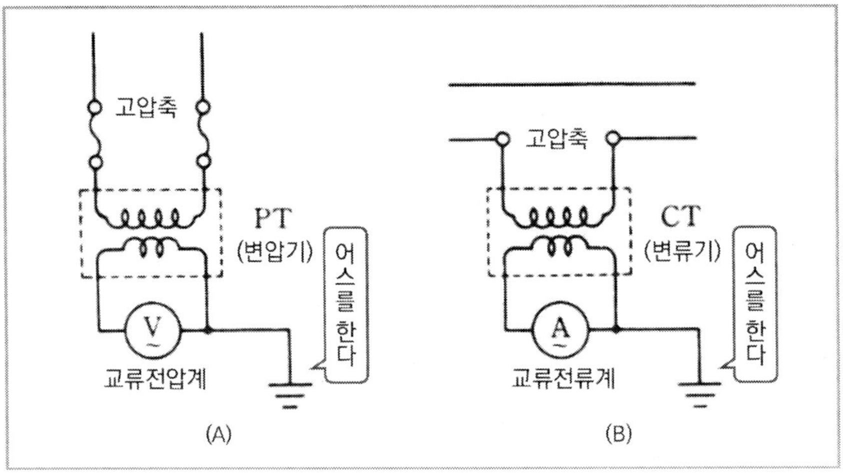

[그림37] 전압 변압기와 변류기의 결선

5.3 정류기의 정류작용 - 〈교류를 직류로 바꾼다〉

교류전압에서 ⊞의 전압부분 혹은 ⊟의 전압부분만을 꺼내서 직류전압(맥류전압)으로 하는 것을 **정류**라고 한다. 즉 정류하여 전류의 극성을 일정하게 하는 것이 정류작용이다.

교류를 정류하여 직류로 하는 장치에는 작은 것으로는 반도체를 사용한 정류기가, 큰 것으로는 직류발전기의 정류자가 있다. 여기서는 셀렌이나 실리콘 등의 반도체를 쓴 정류기로 교류전압을 정류하여 직류전압을 만드는 회로에 대해서 생각해 보기로 하자.

파이프 속의 물의 흐름을 한쪽 방향만으로 흐르게 하려면 리버스 밸브를 사용한다. 이것과 마찬가지로 교류회로에 어느 방향으로는 낮은 저항을 가지고, 반대방향으로는 높은 저항을 나타내는 정류기(대표적인 것은 다이오드이다)를 접속해 주면 그림38(A)와 같이 교류는 한쪽 방향으로만 흐르고 반대방향으로는 흐르지 않는 맥류가 된다. 이것은 완전한 직류는 아니므로 전지의 직류와 같은 평탄하고 매끄러운 직류로 할 필요가 있다. 그 때문에 그림38(B)와 같이 콘덴서와 코일로 이루어진 평활회로를 통해서 완전한 직류로 한다.

자여자 교류발전기의 정류기에는 일반적으로 셀렌이나 실리콘 등의 반도체를 사용한 셀렌 정류기나 실리콘 정류기가 널리 사용되고 있다. 선내의 기기에서는 자여자 교류발전기의 정류기에 응용되고 있다.

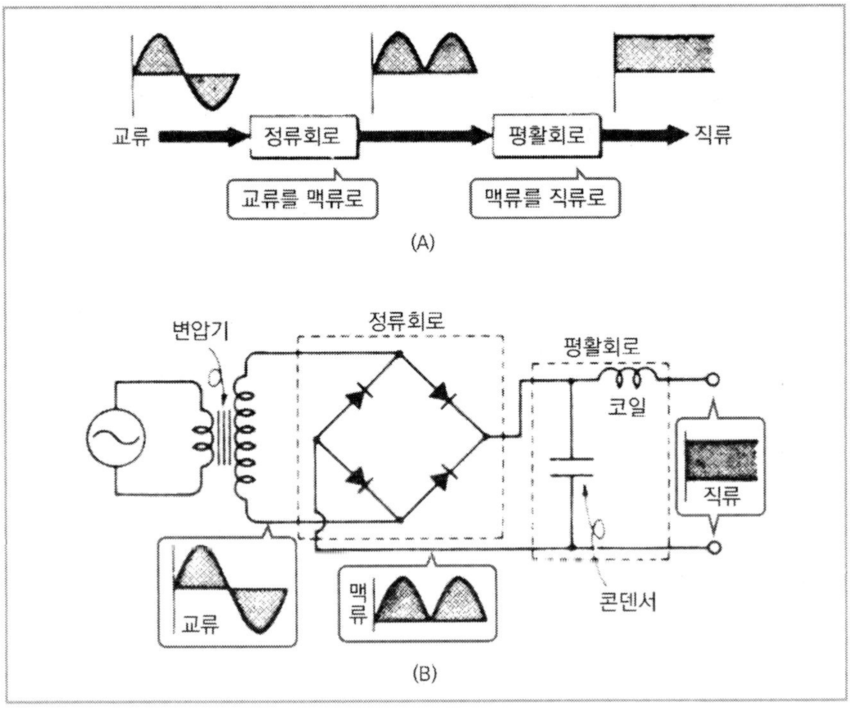

[그림38] 전파정류회로

그림39에 셀렌 정류기 및 실리콘 정류소자의 일례를 보였다. 참고하기 바란다.

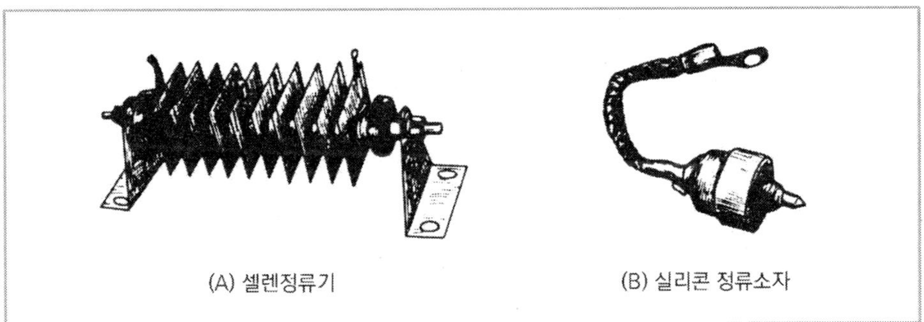

[그림39] 정류기

제 6 장 : 직류전동기

선내의 전원은 축전지를 사용한 초기의 시대부터 직류발전기의 시대로 옮겨서도 직류 전원이었다. 따라서 선내의 동력장치의 주역은 직류전동기였다. 직류전동기에는 ①속도 제어를 쉽게 할 수 있다. ②시동 토크가 크다. ③저속도이고 저토크로 운전 할 수 있다는 등의 이점이 있다. 그러나 직류전원이 필요하게 되므로 교류전원의 선내에서는 동력 장치로서는 사용 할 수 없다. 더욱이 직류전동기는 보수를 필요로 하는데다 값이 비싸기 때문에 선내의 전원이 교류화 된 현재에는 구조가 간단하고 보수가 용이한 교류 전동기가 쓰이고 있다.

이 장에서는 직류전동기와 교류 전동기의 차이점을 명백히 하는 뜻도 포함해서 전동기의 종류 및 직류전동기의 원리, 구조, 특성 등에 대해서 살펴보기로 하자.

6.1 전동기의 종류 - 〈계통적으로 이해해 두자〉

선내의 모든 보기를 구동하기 위해 널리 전동기가 쓰이고 있다. 보통 전동기는 「모터」라고도 불리며 동력에서 전기를 발생하는 기계가 발전기라면 「전력을 받아서 기계동력을 발생하는 회전기계」가 모터라고 할 수 있다.

전동기에는 많은 종류가 있다. 이것을 대별하면 직류전동기와 교류 전동기로 나뉜다. 이것을 원리, 구조 등의 차이에 따라 표9와 같이 분류 할 수 있다.

선박에서 가장 널리 쓰이는 것이 유도전동기이며 그 회전자의 구조에 따라서 농형 유도전동기와 권선형 유도전동기가 있다. 그러나 대부분은 농형 유도전동기가 사용되고 있다.

표9 전동기의 분류

<table>
<tr><th colspan="4">종 류</th><th>성 질</th><th>용 도</th></tr>
<tr><td rowspan="3">직류전동기</td><td colspan="3">직권전동기</td><td>회전이 느릴 때 힘이 세고 공전하면 회전이 자꾸 빨라진다.</td><td>전차구동용</td></tr>
<tr><td colspan="3">분권전동기</td><td>공전해도 어느 회전수 이상으로 되지 않고 회전이 일정하다.</td><td>송풍기구동용</td></tr>
<tr><td colspan="3">복권전동기</td><td>직권 전동기와 분권전동기의 성질을 조금씩 가지고 있다.</td><td>윈치, 윈드러스용</td></tr>
<tr><td rowspan="6">교류전동기</td><td rowspan="4">유도전동기</td><td rowspan="3">농형유도전동기</td><td>보통농형</td><td>구조가 간단하고 운전중의 성능이 좋다. 그러나 시동토크는 작고 시동전류가 크다</td><td>펌프, 송풍기용</td></tr>
<tr><td>2중농형</td><td rowspan="2">보통 농형의 결점을 개선한 모터이다. 즉 시동토크가 크고 시동전류가 적다.</td><td rowspan="2">냉동기 구동용</td></tr>
<tr><td>심구농형</td></tr>
<tr><td colspan="2">권선형 유도전동기</td><td>회전자의 저항을 가감하여 시동토크를 크게, 시동전류를 작게 할 수 있다.</td><td>윈치, 엘리베이터용</td></tr>
<tr><td colspan="3" rowspan="2">동기전동기</td><td>회전수가 발전기의 사이클과 일치하고 있다.</td><td>전기시계</td></tr>
<tr><td>직류전동기와 비슷한 성질</td><td>드릴, 전기톱</td></tr>
</table>

6.2 직류전동기의 원리 - 〈플레밍의 왼손법칙에 따른다〉

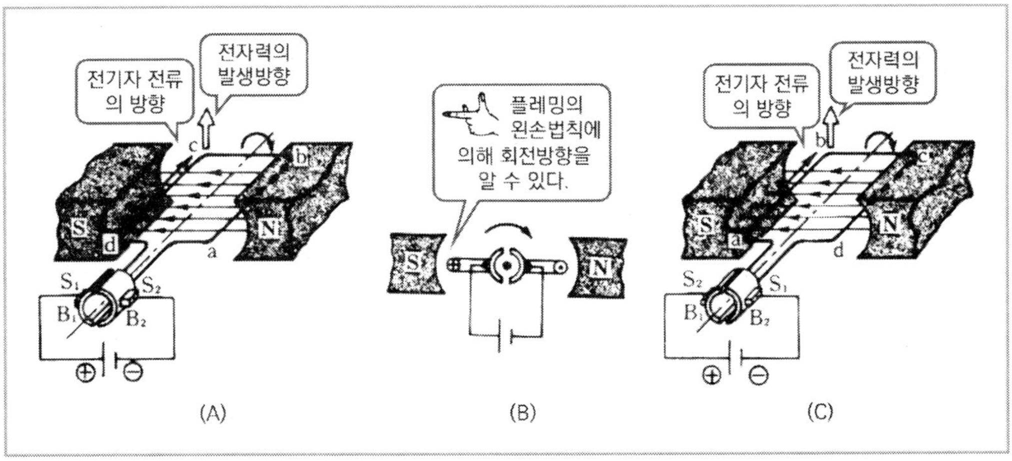

[그림40] 직류전동기의 원리

그림40과 같이 자극 N, S를 고정하고 그 사이에 전기자 코일 a-b-c-d를 두어 여기에 정류자 S_1, S_2를 붙인 다음 브러시 B_1과 B_2를 접속한다. 이 브러시간(S_1과 S_2)에 직류전원을 접속하여 직류전압을 가하면 전기자 코일에는 그림(A)와 같이 전류가 흐른다. 이 전류와 자극(N, S)에서 나오는 자력선 사이에는 플레밍의 왼손법칙에 따르는 전자력이 발생하여 전기자는 그림(B)의 화살표 방향으로 회전하기 시작한다.

전기자 코일이 회전하여 그림40(C)의 위치에 오면 정류자와 브러시의 접속이 반대가 되어서 정류자 S_1이 B_2의 브러시에, S_2가 B_1에 접촉한다. 따라서 전기자 코일에 흐르는 전류는 그림(A)와 반대가 된다. 그러나 전기자 코일에 작용하는 전자력은 그림(B), (C)와도 같은 방향으로 토크(전동기를 돌리는 힘)를 발생한다. 이렇게 해서 전동기는 같은 방향으로 계속 회전하게 되는 것이다.

6.3 직류전동기의 매분 회전수와 토크 - 〈일정한 회전수를 유지하는 이유〉

인간의 몸은 대체로 똑같게 이루어져 있지만 성격은 사람에 따라서 다르다. 마찬가지로 전자석과 코일로 이루어져 있는 전동기라도 각각의 성질이 다르다. 전동기의 성질에서 중요한 것은 ①소비하는 전력, ②효율, ③안전하게 사용 할 수 있는 온도한계, 그리고 ④회전수와 회전력(토크)의 관계가 있다. 여기서는 ⑤의 회전수와 토크의 관계를 이해하기로 하자.

직류전동기의 원리에서 알 수 있듯이 전기자코일에 전류가 흐르면 토크를 발생한다. 그리고 전동기는 회전을 시작하여 서서히 회전을 빨라져 일정한 회전수에 이른다. 이 경우 발생하는 토크 T는 전기자 전류 I_A와 자력선의 수 Φ와의 곱에 비례하고 일반적으로 다음 식으로 나타내어진다.

$$T = k_1 \Phi \cdot I_A$$

[토크]=[비례상수₁]×[자력선수]×[전기자전류]

또 전동기의 회전수 n은 공급전압 V에 거의 비례하고 자력선의 수 Φ에 거의 반비례한다. 이 관계를 식으로 나타내면 다음과 같이 된다.

$$n = k_2 \cdot V/\Phi$$

$$[\text{매분회전수}] = [\text{비례상수}_2] \times \frac{[\text{공급전압}]}{[\text{자력선수}]}$$

보통 디젤 기관의 매분 회전수를 일정하게 하기 위하여 조속기(거버너)가 필요하지만 전동기에는 거버너 대신하는 것이 없어도 자동적으로 일정한 값으로 유지할 수 있다. 왜 그럴까. 이 문제에 대해서 생각해 보기로 하자.

직류발전기와 직류전동기는 비슷한 구조로서 발전기의 축을 회전하면 발전하고, 전동기는 직류전압을 공급하면 회전하기 시작한다. 직류발전기가 전류에 의해서 돌기 시작하면 모터 속에서 발전을 하게 된다. 그 전압은 꼭 공급한 전압과 반대방향이 되므로 이것을 「역기전력[72]」이라고 한다. 전동기의 회전이 빨라짐에 따라서 공급전압과 역기전력의 차가 작아진다.

이 차의 전압([공급전압]-[역기전력])으로 전기자 전류 I_A가 흘러 회전력을 발생하여 전동기의 회전을 상승시키려고 한다. 어느 정도의 회전수가 되면 역기전력이 점차 커진다. 그에 수반해서 전기자 전류 I_A는 증가하지 않게 되고 토크도 증가하지 않게 되어 회전수도 일정하게 되고 이 이상 회전수는 빨라지지 않게 된다.

다음에 전동기의 회전수가 일정한 값으로 회전하고 있을 때 전동기의 부하가 증가하면 회전수가 내려가서 역기전력이 저하한다. 따라서 공급전압과 역기전력의 차가 커져서 전기자 전류 I_A가 증가하여 회전력(토크)이 증가해서 자동적으로 회전수를 증가하는 역할이 발생하여 일정한 회전수를 유지한다.

6.4 직류전동기의 구조 - 〈각 부분의 역할〉

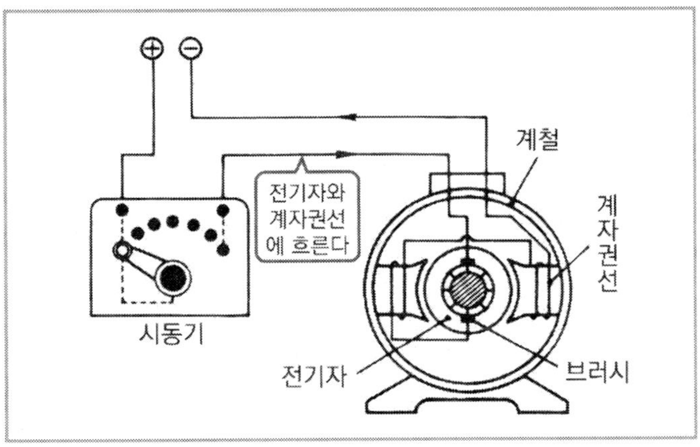

[그림41] 직류직권 전동기의 구조

72) 역기전력 E_a는 계자권선의 자력선수와 매분 회전수의 곱에 비례한다. $E_a = k_3 \Phi \cdot n$(k_3은 정수)

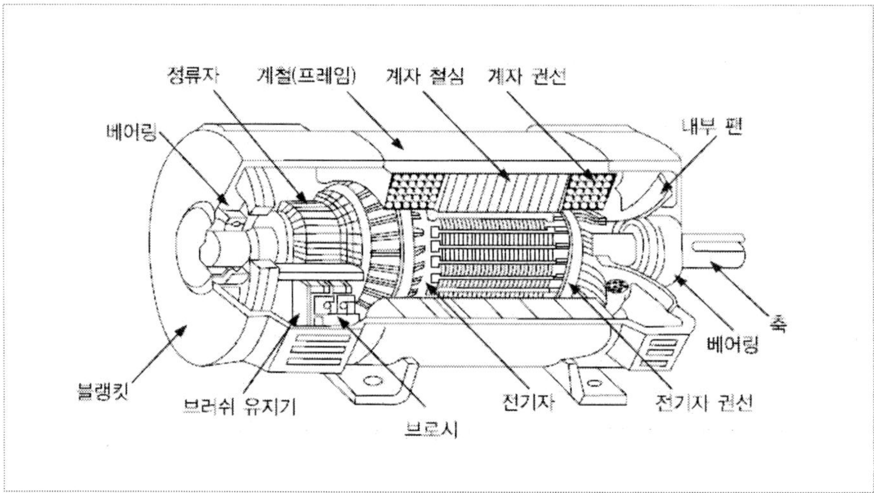

직류 전동기의 구조

그림41과 같이 직류전동기의 주요부분은 바깥틀 및 계자권선으로 이루어지는 고정자와 전기자·정류자·축·등으로 이루어지는 회전자로 구성되어 있다. 그리고 각각은 표10과 같은 역할을 가지고 있다.

표10 직류전동기의 각부의 역할

고정자	**계 자**	전자석이 쓰이며 자력선을 발생하기 위한 계자권선과 그 속에 넣어서 자력선이 잘 통하게 하는 계자철심으로 이루어진다.
	계 철	전동기 겉틀로, 계자가 붙여져 자력선의 통로가 된다.
회전자	**전기자**	규소강판을 따내서 만든 성층철심에 전기자 권선이 감겨 있다. 여기에 직류가 흐르면 자극의 자력선 사이에 전자력이 발생하여 토크가 발생한다.
	정류자	전기자가 회전해도 전기자 권선이 발생하는 토크의 방향이 같게 되도록 계자의 자극에 대해서는 언제나 같은 방향의 전류가 흐르게 하는 전환 스위치의 역할을 한다.
	브러시	브러시 지지기로 받쳐지고 스프링으로 전류자면에 적당한 압력으로 접촉하여 외부전원에서 전기자 권선에 직류를 보내는 통로가 된다.
	축 및 축받이	축의 한 끝에는 부하를 접속하기 위한 커플링이 있다. 그리고 축받이는 그 축을 지탱하고 있다.

6.5 직류전동기의 종류와 특성 - 〈3종류로 분류 할 수 있다〉

직류전동기는 전기자 코일과 그 바깥쪽을 둘러싸는 계자의 계자권선 접속방법에 따라서 직류 직권전동기, 직류 분권전동기, 직류 복권전동기의 셋으로 분류된다.

(1) 직류 직권전동기

그림42(A)의 결선도와 같이 계자권선 F_a와 전기자 권선 A를 직렬로 연결한 것을 말한다.

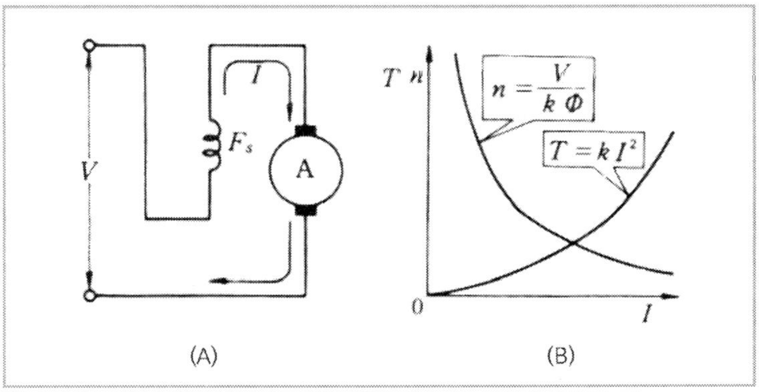

[그림42] 직류직권 전동기의 결선과 특성

계자권선과 전기자가 직렬로 이어져 있으므로 부하전류의 변화에 따라서 계자의 세기와 전기자 코일을 흐르는 여자전류가 바뀐다. 따라서 직권전동기의 회전수 n 및 토크(회전력) T에는 다음과 같은 관계가 있다.

① **[토크]** 토크는 전기자 전류와 자력선의 수에 비례한다. 직권 전동기의 경우 전기자 전류도 자력선의 수를 바꾸는 여자전류도 같으므로 토크 T는 부하전류 I의 제곱에 비례해서 변화한다[그림42(B)]

② **[회전수]** 6.3에서 배운 관계식($n = k_2 \bullet V/\Phi$)에서 부하전류의 변화가 여자전류의 변화와 같으므로 부하전류에 비례해서 자력선의 수 Φ가 변화한다. 그러므로 직권 전동기의 회전수 n은 부하전류 I에 반비례한다는 것을 알 수 있다[그림42(B)].

즉 이 직류 직권전동기의 특징은 강력한 시동 토크를 낼 수 있다는 것이다.

(2) 직류 분권전동기

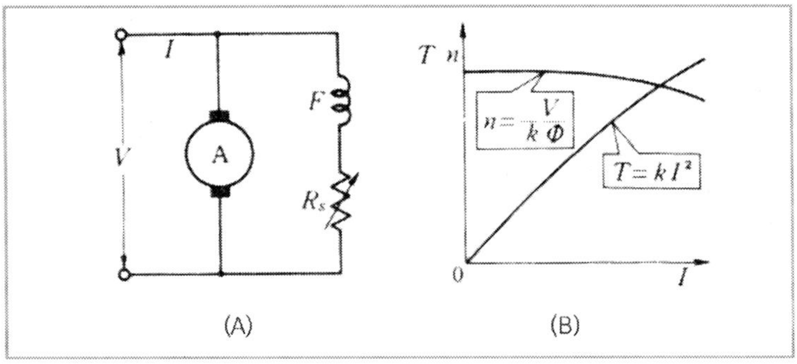

[그림43] 직류분권 전동기의 결선과 특성

그림43(A)와 같이 계자권선 F 와 전기자 권선 A를 병렬로 접속한 것을 말한다. 따라서 공급전압 V가 일정하면 바깥쪽에 있는 계자의 여자전류 I_f가 일정하고 자력선의 수 Φ도 변화하지 않는다. 그 결과 토크 T는 부하전류 I에 비례하게 된다[그림43(B)]

또 직류전동기의 회전수의 관계식($n = k_2 \cdot V/\Phi$)에서 공급전압 V에 비례하고 계자의 자력선의 수 Φ에 반비례하므로 공급전압과 자력선이 일정하면 회전수 n도 일정하게 된다[그림43(B)]. 즉 직류 분권전동기는 회전수가 거의 변화하지 않는 정속도의 전동기이다.

직류전동기의 비교

종류	특성	용도
직류직권 전동기	시동시와 운전중의 회전력이 크다. 부하의 변동에 대하여 회전이 변동	윈치, 윈드러스
직류분권 전동기	회전력은 작지만 부하변동애 대해서 회전이 일정하다.	펌프, 송풍기
직류복권 전동기	직권권선과 분권권선의 감는 방법에 따라서 특성이 변화한다. 직권 전동기와 분권 전동기의 성질을 갖는다.	윈치, 윈드러스, 송풍기, 펌프.

(3) 직류 복권전동기

그림44(A)와 같이 직권계자권선 F_a와 분권계자권수 F 의 둘을 갖춘 것을 말한다.

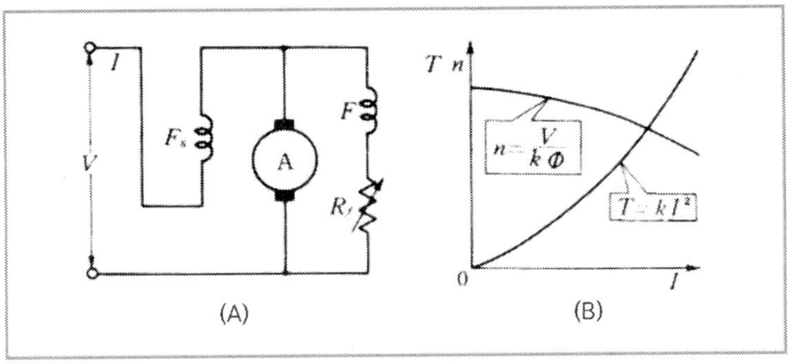

[그림44] 직류복권 전동기의 결선과 특성

직권계자권선이 자력선은 전기자 전류 I_A의 변화에 따라서 증감하지만 분권계자권선의 자력선은 공급전압이 일정하면 같다. 따라서 경부하일 때는 거의 분권전동기의 특성을 나타내고 부하가 증대함에 따라서 직권 전동기의 특성을 나타내며 매분 회전수는 저하하고 토크는 증가한다.[그림44(B)]

6.6 직류전동기의 취급 - 〈시동법과 운전조작〉

(1) 시동법

전동기가 회전하고 있을 때 전기자는 자극의 자력선을 끊어 기전력을 유도하고 있다. 이른바 역기전력이다. 그런데 전동기가 정지하고 있을 때는 역기전력이 제로이므로 시동일 때 전원전압을 그대로 가하면 과대전류가 전기자 권선이나 계자 코일에 흘러서 권선을 손상할(태울)염려가 있다. 이 때문에 시동시에는 적당한 저항을 전기자 회로에 직렬로 접속하고 그 저항을 조정하여 시동시의 전류를 제한하도록 한다. 이 목적에 쓰는 저항기를 **시동기(기동기)**라고 한다.

그림45에 있어서 시동할 때는 시동기의 저항을 최대로 해 두고 전동기의 회전수가 빨라짐에 따라서 이 저항을 적게 하도록 시동기의 핸들을 오른쪽으로 돌리고 끝으로 저항을 제로로 한다. 이 때 핸들은 전자석에 의해서 유지되고 전원을 끊었을

때 또는 정전했을 때 스프링의 힘으로 자동적으로 핸들은 시동위치로 되돌아간다.

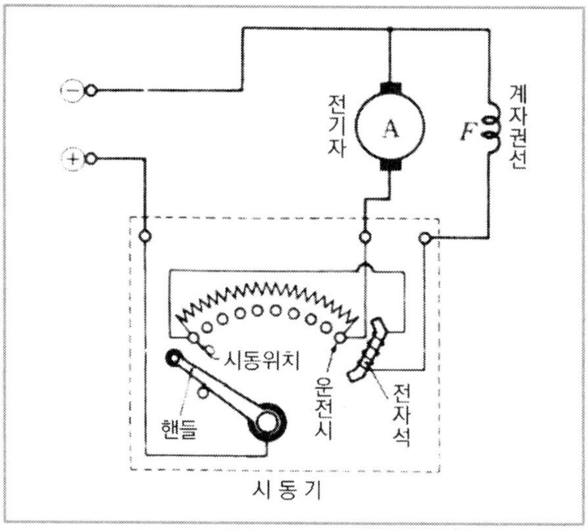

[그림45] 시동기의 구성 (직류복권 전동기의 경우)

(2) 회전방향의 변경

직류전동기의 회전방향을 바꾸려면 전기자의 전류방향이나 계자권선에 흐르는 전류의 방향을 반대로 하면 된다. 일반적으로는 전기자 회로의 단자를 반대로 접속한다. 또한 전원의 ⊞와 ⊟를 바꾸어 넣어도 계자와 전기자의 전류방향이 동시에 바뀌므로 회전방향은 바뀌지 않는다.

(3) 속도제어

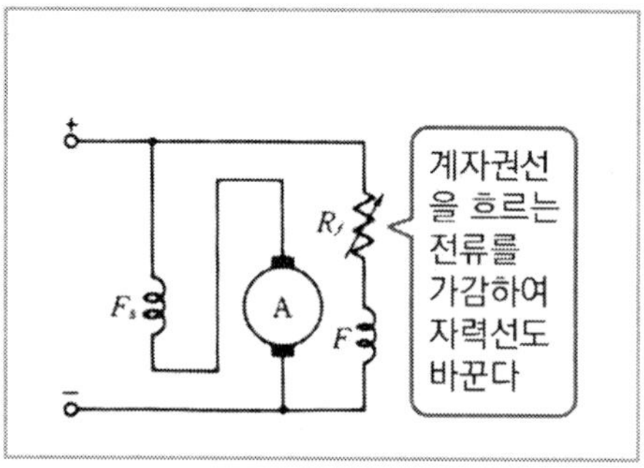

[그림46] 계자제어에 의한 속도 제어법

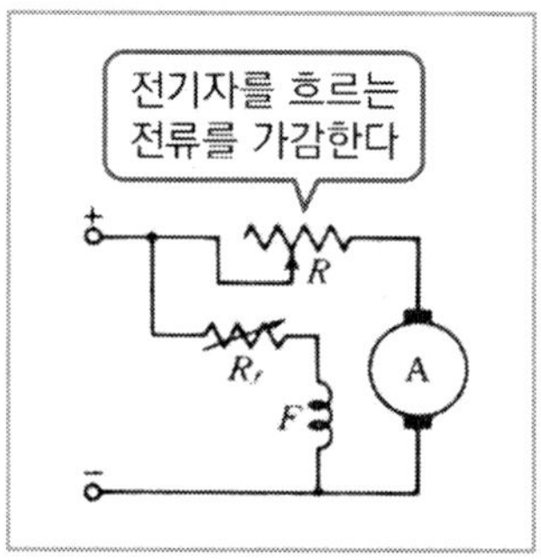

[그림47] 저항제어에 의한 속도 제어법

6.3에서 배운 것과 같이 직류전동기의 매분 회전수는 전기자에 가해지는 전압에 비례하고 자극의 자력선수에 반비례한다. 따라서 회전수를 바꾸려면 계자의 자력선수 혹은 전기자의 전압을 조정하면 된다. 그러기 위해서는 다음 세 가지 방법이 있다.

① **[계자제어에 의한 방법]** 그림46과 같이 계자 저항기 R_f에 의해서 여자전류의 크기를 가감하여 자력선의 수를 바꾸어서 회전수를 제어한다.

② **[저항제어에 의한 방법]** 그림47과 같이 속도제어저항 R을 전기자 회로에 직렬로 접속하고 그 전압강하를 이용하여 전기자에 가해지는 전압을 바꾸어서 속도제어를 한다.

③ **[전압제어에 의한 방법]** 전기자 회로의 전압을 가감하여 속도를 제어한다. 예를 들면 레오나드 방식이 있다. 그 작동개요는 그림48의 Ⓐ, Ⓑ, Ⓒ와 같다.

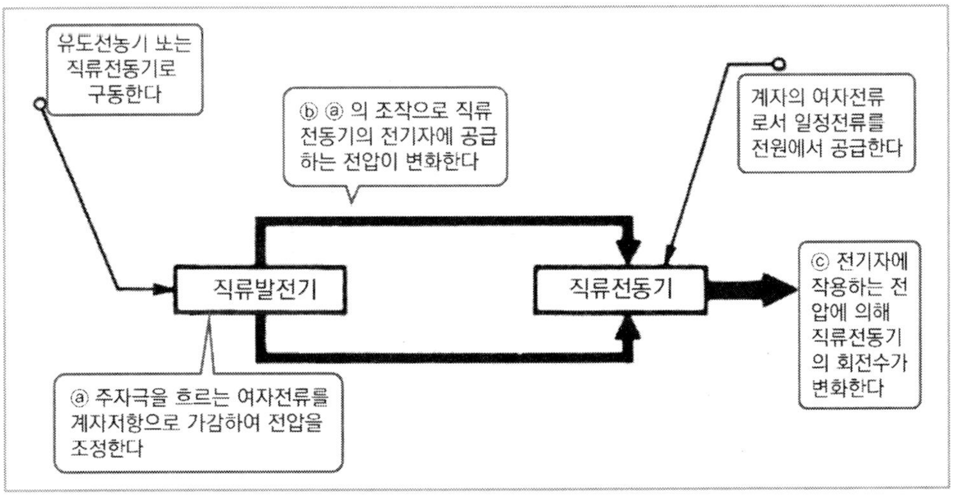

[그림48] 레오나드 방식의 작동개요

제 7 장 : 유도전동기

제2편 6.1의 표에 보인 것과 같이 교류 전동기는 동기전동기와 유도전동기로 크게 나눌 수 있다. 동기전동기는 동기 발전기와 똑같은 구조이며 고정자에 3상 교류를 공급한다. 그러면 자계의 극이 고정자의 주위를 도는 회전자계를 발생하므로 회전자의 자극 N-S도 회전자계의 움직임에 끌려서 회전을 시작한다. 그러므로 동기전동기는 3상 교류가 만드는 회전자계로 돌게 되므로 발전기의 주파수와 꼭 맞는 주기로 회전한다. 따라서 이 동기전동기는 전기시계의 모터에 쓰이는데 그밖에는 선박에서는 사용되고 있지 않다.

유도전동기는 ①구조가 간단하고 든든한데다 고장이 적다. ②취급이 간단하고 보수가 용이하다. ③가격이 싸다는 등의 이점이 있다. 이 때문에 선내의 전원은 교류방식으로 바뀌고 선내의 모든 용도의 동력용 전동기로서 널리 이용되고 있다. 이 장에서는 유도전동기(주로 3상 유도전동기)의 원리, 구조, 취급 등에 대해서 설명하기로 한다.

7.1 유도전동기의 원리 - 〈아라고의 원판의 응용이다〉

제1편 4.9에서 이야기한 아라고의 원판을 상기하기 바란다.

구리의 원판을 자석 N,S로 끼워 두고 자석을 움직이면 원판이 뒤를 쫓는다. 그 이유는 패러데이가 생각한 것과 같이 전자유도작용에 의해서 원판에 와전류가 흘러서 이 전류와 자석의 자력선 사이에 전자력이 발생하고 원판은 자석의 회전방향과 같은 방향으로 움직이기 시작한다[그림49(A)].

이 현상은 이탈리아인의 아라고에 의해서 실험되어 유도전동기의 기본원리가 되었다. 따라서 유도전동기는 원판의 역할을 하는 도체와 회전하는 자석에 상당하는 회전자계가 필요하게 된다.

회전자계의 발생에 대해서 제1편 6.5에서 이미 설명하였지만 유도전동기로서 가장 중요한 것이므로 다른 방향으로 설명하기로 한다.

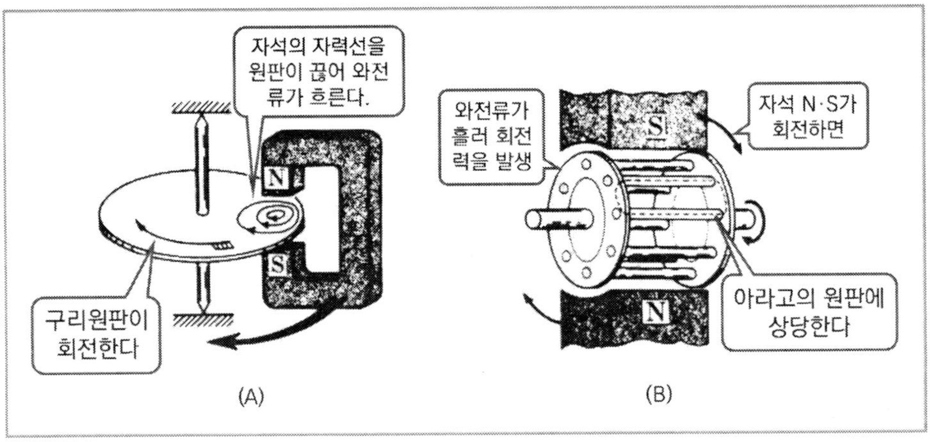

[그림49] 아라고의 원판과 유도전동기의 유사

그림50(B)와 같이 얇은 강판을 성층한 고정자 철심의 안쪽에 ①,②,③,… ⑥의 홈을 판다. 여기에 도체를 코일 모양으로 그림50(C)를 절연하여 ①과 ④, ③과 ⑥,⑤와 ②에 도합 3개 끼우고 ①과 ④의 권선을 A코일, ③과 ⑥의 권선을 B코일, 그리고 ⑤와 ②의 권선을 C코일이라고 부르기로 한다.

각각의 코일에는 감기시작과 감기끝이 있으며 세 코일의 감기끝은 한 곳에 있고 감기시작을 그림50(A)에 보인 A, B, C의 단자에 끌어 전원에 접속하고 있다.

보는 각도를 바꾸어서 A, B, C의 세 코일을 고정자 철심에서 꺼내 스프링과 같이 잡아 늘였을 경우 그림50(D)에 보인 약도가 된다. 이것은 성형 결선을 한 3개의 코일이 120°의 위상을 가지고 결선된 3상권선이라는 것을 나타낸다. 이것이 유도전동기의 고정자 권선인 것이다.

그런데 이 고정자 권선의 감기시작의 단자 A, B, C에 그림50(E)의 위 그림과 같은 3상 교류를 흘리면 이 전류에 비례한 자속이 각각의 코일에 발생하여 이들이 합성되어서 자계가 된다.

지금 ㉠의 순간에 전류가 어떻게 흘러서 어떤 자계를 발생하는가를 생각하면 그림50(E)의 위 그림의 0선상에서 위의 전류는 코일의 감기시작에서 감기끝으로 흐르고 반대로 0선보다 밑의 전류는 코일의 감기끝에서 감기시작으로 흐른다. A의 코일에는 최대의 전류가 감기시작부터 감기끝으로 흐르고 B, C 코일에는 반대로 감기끝에서 감기시작에 걸쳐서 흐르며 크기는 A코일의 1/2의 크기이다. 이때의 합성자계의 방향을 화살표로 아래쪽에 보였다.

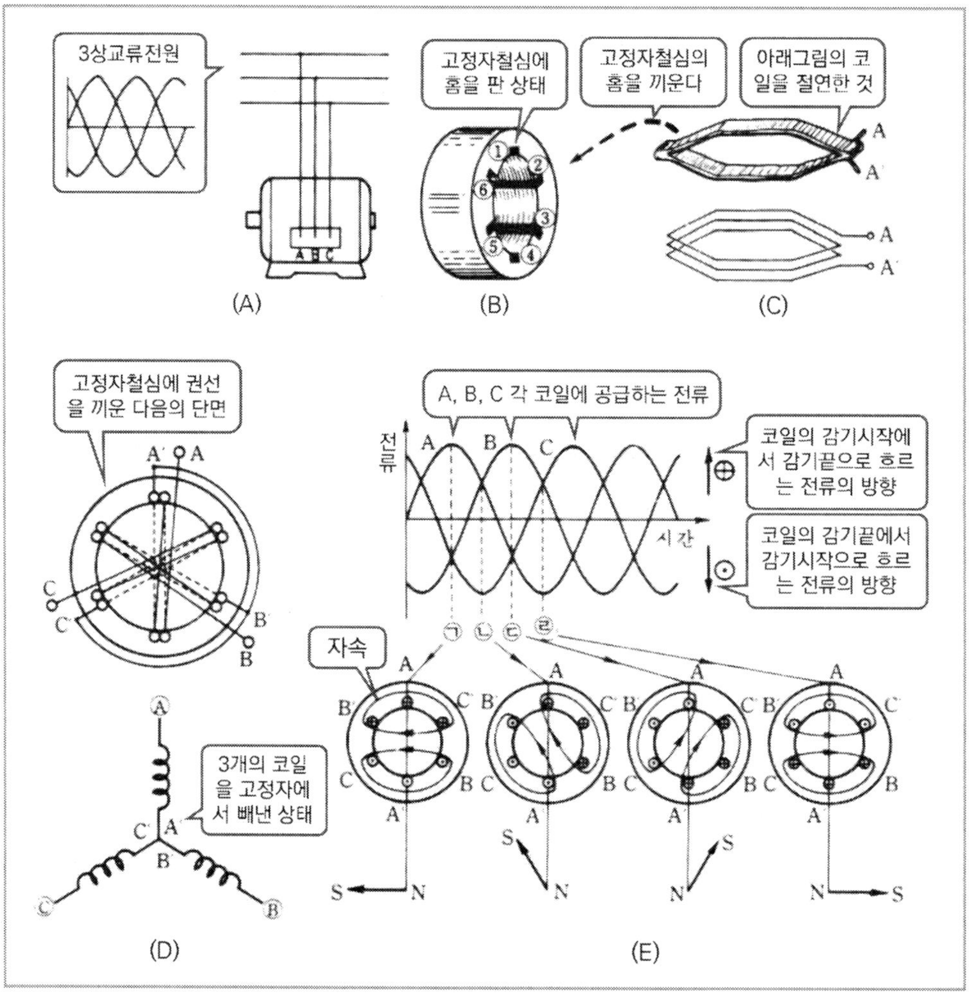

[그림50] 3상유도전동기의 회전자계가 생기는 원리

㉠의 순간에서 ㉡의 순간으로 전류가 옮기면 ㉡의 순간은 C코일의 감기끝으로부터의 전류가 최대이고 A, B 양 코일의 전류는 C코일의 반이며 방향이 감기시작에서 감기끝으로 흐르는데 그 때의 합성자계는 화살표의 상태이다.

마찬가지로 ㉢, ㉣… 로 시간의 경과와 더불어 코일의 자계는 변화하면서 이동하여 3상 교류가 1사이클하면 코일에 발생하는 합성자계도 1회전하여 **회전자계**가 발생하고 있다는 것을 알 수 있다.

그렇게 되면 고정자 속에 있는 도체가 회전자계를 따라가려고 하여 회전한다. 이것은 아라고의 원판과 같은 이치이며 유도전동기의 원리이기도 한다.

따라서 유도전동기는 회전자계의 회전속도보다도 빨리 회전하는 일은 없다. 회전자계의 속도가 되면 도체에 유도전류도 발생하지 않게 되어 전자력이 없어지므로 회전자계의 속도보다도 조금 늦게 돌고 있다.

그림49(B)는 아라고의 원판 대신 구리막대를 넣어 이것을 회전하게 한 것으로, 농형 유도전동기의 회전자에 상당한다.

7.2 유도전동기의 구조 - 〈각 부의 역할〉

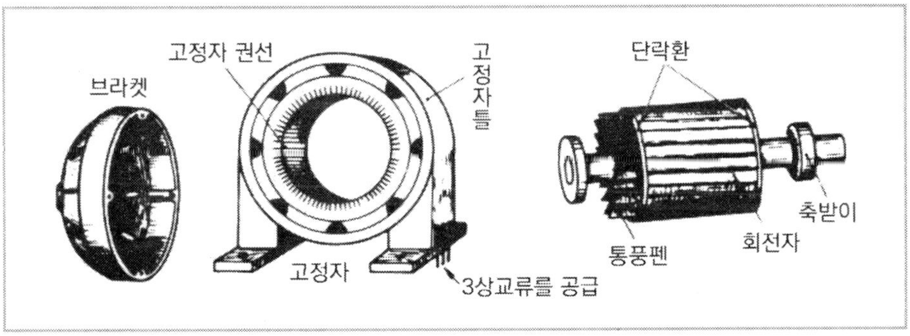

[그림51] 유도전동기의 구조

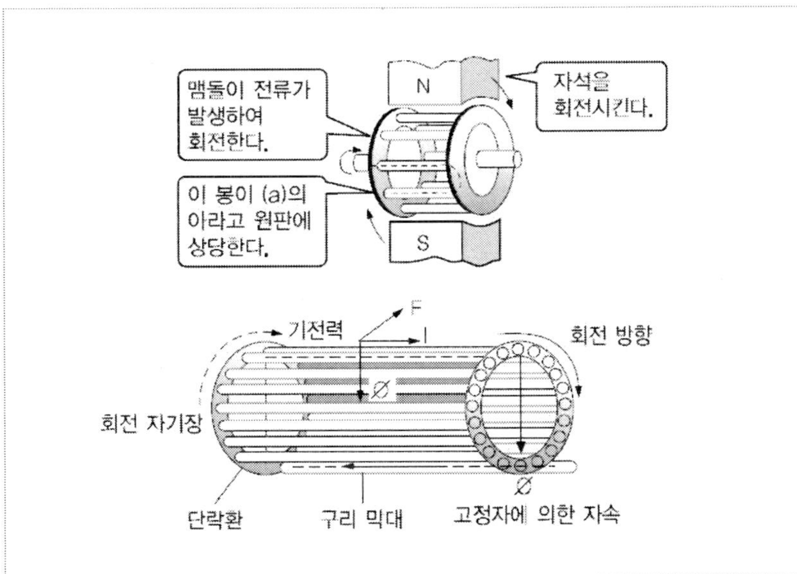

유도 전동기

그림51과 같이 유도전동기는 자석의 역할을 하는 고정자와 아라고의 원판의 동판과 같은 역할을 하는 회전자 및 회전자를 지지하는 축받이의 세 가지 주요부분으로 이루어져 있다.

(1) 고정자

얇은 규소강판을 여러 장 겹쳐 쌓아서 만든 철심에 권선(코일)을 감아 고정자를 만든다. 이 고정자의 3개의 권선에 3상 교류를 공급하면 회전자계가 발생한다.

고정자 철심의 바깥 둘레는 주물의 고정자틀로 받쳐져 있고 철심 안쪽에는 홈을 파서 고정자 권선을 고정한다. 물론 고정자 권선과 철심의 홈은 완전히 절연하여 3상 교류의 전원을 고정자 권선에 접속한다.

(2) 회전자

회전자는 유도전동기의 토크(회전하는 힘)를 발생하는 부분으로, 이 회전자의 구성은 그림52에 보는 것과 같은 얇은 규소강판을 겹쳐 쌓아서 만든 원통형 철심의 홈 속에 막대모양의 도체 혹은 고정자와 같은 3개의 권선을 감아 넣고 원통형 철심의 중심에 축을 통해서 여기에 팬을 붙이게 되어있다.

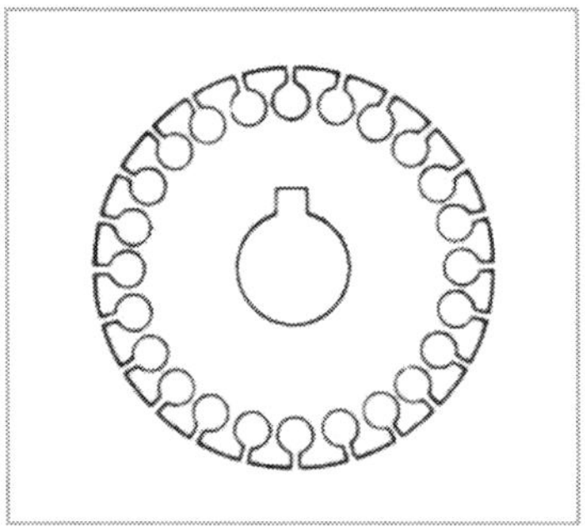

[그림52] 보통농형 회전자의 철심용 규소강판

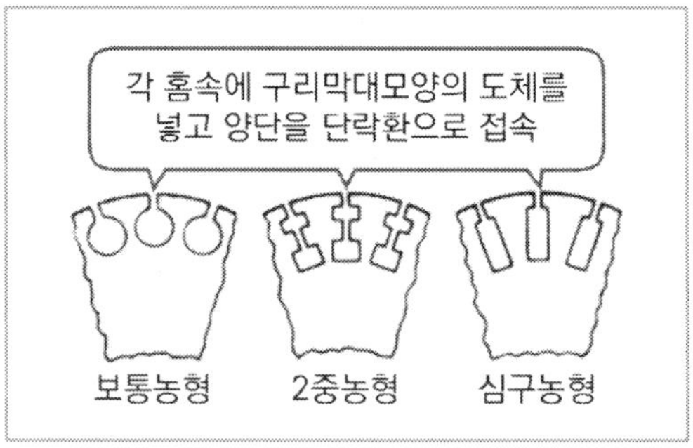

[그림53] 농형 회전자 철심의 홈의 단면모양

회전자 철심의 바깥 둘레에는 그림52와 같은 반폐형의 홈이 내어져 있으며 여기에 도체를 둔다. 그리고 회전자는 홈에 넣는 도체의 구조의 차이에 따라서 농형 회전자와 권선형 회전자로 나뉜다.

농형 회전자는 새장과 같이 홈 속에 구리로 만든 막대모양의 도체를 넣고 그 양쪽을 단락환[73]으로 누르고 있다. 또 농형 회전자 철심의 홈 모양에는 전동기의 특성에 따라서 그림53과 같이 보통농형, 2중농형, 심구농형의 세 종류가 있다.

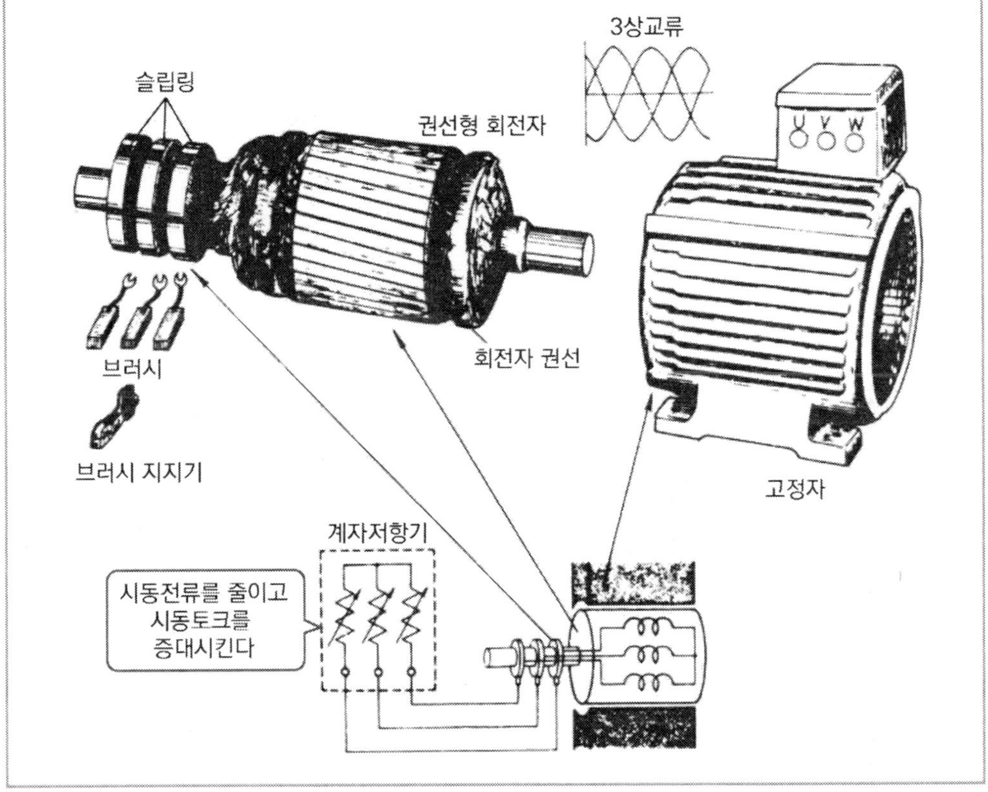

[그림54] 권선형 유도전동기의 구조

권선형 회전자에서는 회전자 철심의 홈 속에 고정자의 권선과 마찬가지로 절연한 3상 권선을 넣고 그 한 끝은 Y(성형)결선으로 하고 다른 끝은 외부에 끌어내서 슬립 링에 전하고 브러시를 통하여 외부의 계자 저항기에 접속하게 되어 있다(그림54). 그리고 이 외부저항은 시동시 혹은 속도제어할 때 사용한다. 이 저항을 크게 하여 시동하면 시동전류를 적게 하고 시동 토크를 크게 할 수 있는 동시에 운전중 저항을 가감하여 회전수를 변경 할 수 있다.

73) 다수의 도체막대 양단을 용접하여 단락하기 위한 둥근 고리를 말한다.

(3) 축받이

회전자의 축을 받치는 축받이이다. 일반적으로 볼 베어링을 쓰고 회전자와 고정자 사이에는 0.3~0.25mm정도의 갭(공극: 에어 갭)을 두고 있다.

7.3 유도전동기의 종류 - 〈회전자의 구조에 따라 분류된다〉

제2편 6.1 및 7.2에서 설명한 바와 같이 유도전동기는 회전자의 구조에 따라서 농형 유도전동기와 권선형 유도전동기로 나뉜다. 그리고 농형 유도전동기는 다시 보통농형 유도전동기, 2중농형 유도전동기 및 심구농형 유도전동기로 분류된다.

여기서는 이들 유도전동기의 특징이나 용도에 대해서 설명한다.

(1) 보통농형 유도전동기

회전자의 구조가 간단한데다 튼튼하고 고장이 적으며 더욱이 취급이 간단하고 가격도 싸다는 특징을 가지고 있다. 따라서 3.7kW이하의 전동기는 거의 이 형식이다. 권선형 유도전동기와 비교하면 운전중의 성능은 좋으나 시동 토크가 작고 시동전류가 큰 것이 결점이다. 따라서 이 전동기의 용도는 경부하 혹은 무부하로 시동하는 동력 혹은 속도제어를 필요로 하지 않는 부하에 적합하다. 예를 들면 펌프, 송풍기, 공작기 등이다.

(2) 2중농형 유도전동기, 심구농형 유도전동기

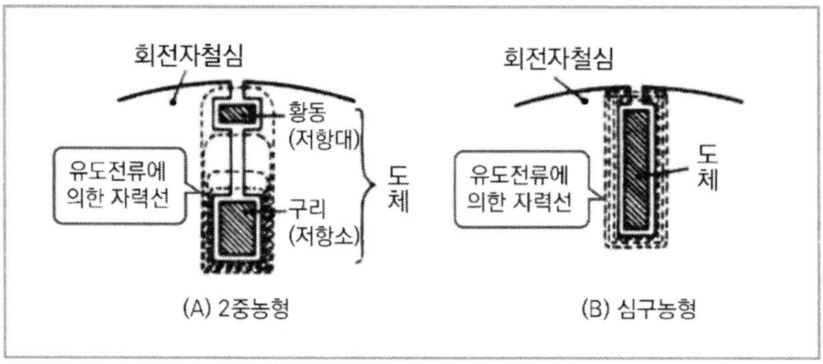

[그림55] 2중농형, 심구농형의 회전자 홈의 구조

회전자 구조가 그림55에 보는 것과 같이 2중의 도체로 된 것을 2중 농형 유도전동기, 홈이 깊은 것을 심구농형 유도전동기라고 한다.

2중농형 유도전동기의 동체는 바깥쪽에 있는 것이 저항이 크고 안쪽(회전축에 가까운 쪽)의 것은 작게 되어 있다. 이 전동기의 전원을 넣고 시동했을 때 회전자계의 자력선을 회전자 도체가 끊어서 유도전류가 흐르는데 2중농형 유도전동기의 경우 시동시에는 바깥쪽에 있는 큰 도체에 전류가 흘러 시동하고, 운전속도에 가까워지면 전류는 안쪽 저저항의 도체에 자동적으로 흐른다. 그 결과 토크 곡선은 그림56과 같이 보통농형 유도전동기의 시동 토크보다 높아지고 또한 시동전류도 낮아진다.

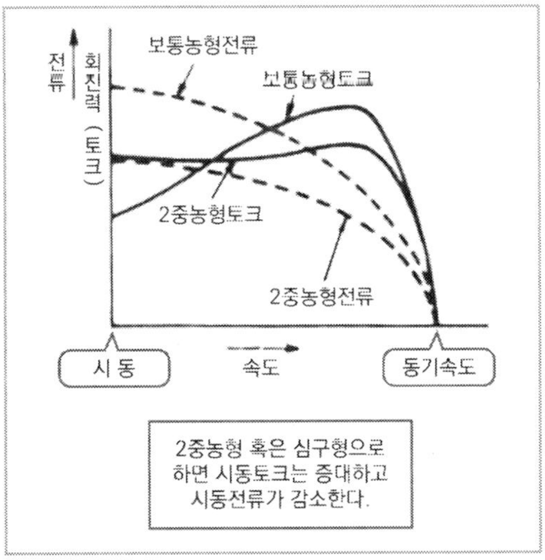

[그림56] 보통농형·2중농형 유도전동기의 특성비교

유도전동기의 비교

<table>
<tr><th colspan="3">종류</th><th>특성</th><th>용도</th></tr>
<tr><td colspan="3">단상유도전동기</td><td>시동장치가 필요</td><td>소형펌프</td></tr>
<tr><td rowspan="4">3상유도전동기</td><td rowspan="3">농형</td><td>보통농형</td><td>어느 회전 이상으로 되지 않고 구조 간단, 시동토크</td><td rowspan="3">펌프류
송풍기류
공작기계</td></tr>
<tr><td>2중농형</td><td rowspan="2">보통농형보다도 시동토크가 강하다</td></tr>
<tr><td>심구농형</td></tr>
<tr><td colspan="2">권선형</td><td>시동토크가 강하고 시동전류가 적으나 구조가 복잡</td><td>양화기
엘리베이터</td></tr>
</table>

한편 심구농형 유도전동기의 회전자 구조는 그림55(B)와 같이 홈의 폭을 좁게 깊이를 늘린 것으로, 가늘고 긴 도체를 사용하고 있다. 이러한 회전자의 경우도 2중농형 유도전동기와 같은 역할을 한다.

이상의 두 전동기는 5.5kW를 넘는 부하를 구동하는 경우에 사용되고 있으며 대용량의 것이라도 시동기가 불필요하며 전전압 시동을 할 수 있는 특성을 가지고 있다.

(3) 권선형 유도전동기

권선형 유도전동기의 고정자 구조는 농형 유도전동기와 똑같으나 그림57(A)와 같이 회전자 권선의 한 끝을 끌어내어 슬립 링을 거쳐서 가변 저항기에 접속한다. 이 저항의 값을 2배, 3배, 4배··· 로 증가시키면 그림(B)와 같이 속도특성의 저항의 변화에 거의 비례하여 ①, ②, ③, ④와 같이 최대 토크의 값이 왼쪽으로 이동하여 시동 토크가 점차 증대하게 된다. 그리고 시동전류가 감소한다.

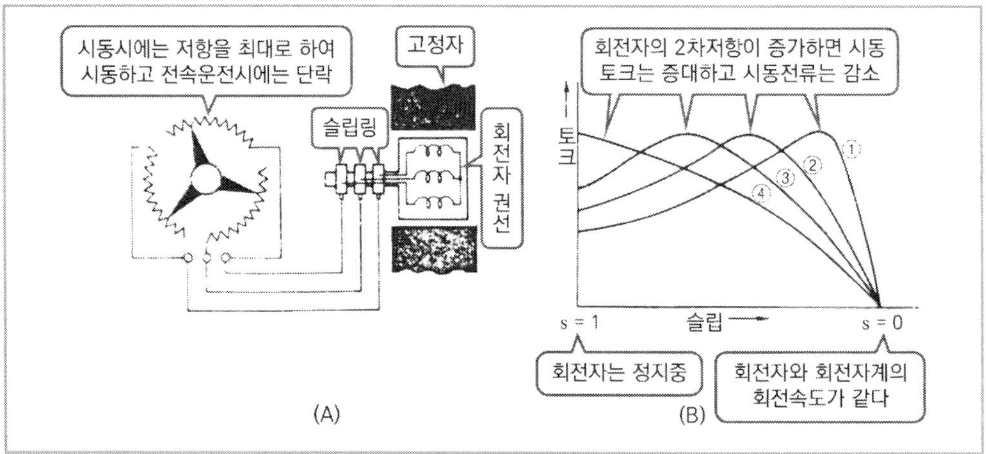

[그림57] 권선형 유도전동기의 시동

따라서 권선형 유도전동기의 경우 회전자 회로의 저항기(2차 저항기)를 적당히 조정하면 시동전류도 적게 하여 시동 토크를 크게 할 수 있다. 또 운전중의 속도로 조정할 수 있다. 그러나 구조가 복잡하고 동일 출력의 것인 경우 찻수가 커지는 결점을 가지고 있다.

주요용도로서 시동정지를 되풀이하는 부하나 속도제어를 필요로 하는 부하, 예를 들면 윈치, 윈드라스, 크레인 등에 적합하다.

7.4 유도전동기의 특성 - 〈동기속도와 슬립의 관계〉

우리들이 유도전동기를 쓰려고 할 때는 사람의 경우와 마찬가지로 제대로 그 목적에 맞는 것을 쓰지 않으면 안 된다. 그러기 위해서는 앞 절에서 설명한 바와 같이 각 형식

마다의 특징을 알아두는 동시에 여기서 배우는 유도전동기의 특성에 대해서도 알아 둘 필요가 있다.

(1) 유도전동기의 극수와 동기속도

유도전동기의 고정자에 3상권선을 조합하여 교류를 공급하면 고정자에 회전자계가 발생한다는 것은 이미 설명하였다. 이 회전자계에 있어서도 그림58과 같이 자석 N-S를 조합한 상태와 마찬가지로 극수를 셀 수 있다. 자극의 수는 N-S가 한 쌍으로 존재하므로 반드시 2의 배수의 극이 된다. 유도전동기의 경우는 2, 4, 6극이 널리 채용되고 있다.

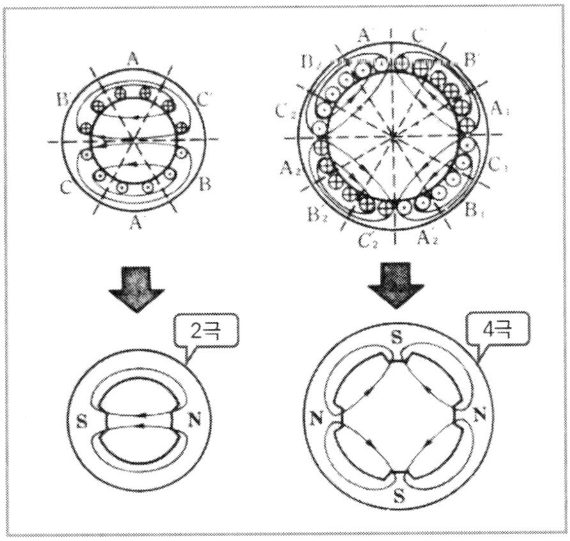

[그림58] 3상 유도전동기의 극수

고정자 주위를 회전자계가 동기속도로 회전하고 이 회전자계의 동기속도는 동기 발전기와 마찬가지로 다음 식으로 나타낸다.

$$[\text{동기속도}] = \frac{2 \times 60 \times [\text{주파수}]}{[\text{극수}]} \qquad N_s = \frac{120f}{P}$$

위 식에서 동기속도 N_s와 회전자계의 자극수 P와는 반비례한다는 것을 알 수 있다.

(2) 슬립과 유도전동기의 회전수(회전속도)의 관계

유도전동기의 회전수(회전속도)가 회전자계의 속도와 같아졌다고 가정하면 회전자 도체가 회전자계의 자력선을 끊지 않으므로 그 도체에 유도 기전력이 발생하지 않게 되고 유도전류도 흐르지 않는다. 그것은 즉 유도전동기는 회전하지 않는다는 것이다.

그러나 실제로는 회전에 필요한 회전력을 발생하기 때문에 동기속도($N_s = \frac{120f}{P}$) 보다도 늦게 회전자계가 회전하므로 그 늦음을 **슬립**(slip)이라 하고 다음 식으로 나타낸다.

$$\text{[슬립]} = \frac{\text{[동기속도]} - \text{[회전속도]}}{\text{[동기속도]}} \times 100(\%) \qquad s = \frac{N_s - n}{N_s} \times 100(\%)$$

이 슬립의 값은 전부하 운전중일 때 3~8%정도에 이른다. 식에서 알 수 있듯이 슬립 100%는 전동기가 정지중이고 슬립 0%는 전동기의 회전수가 동기속도와 같다는 것을 뜻한다.

또 위 식에서 전동기의 매분 회전수 n을 유도하면 $n = N_s(1-s)$로 나타낼 수가 있다. 바꾸어 말하면 전동기의 매분 회전수 N은 동기속도 N_s가 일정하면 슬립 s에 따라서 달라진다.

(3) 속도특성곡선

유도전동기를 시동했을 때 슬립, 즉 회전속도에 대해서 토크, 고정자 전류(부하전류)가 어떻게 변화하는 가를 나타낸 곡선을 「속도특성곡선」이라고 한다. 그림59는 유도전동기의 속도특성곡선이다.

이 곡선에서 알 수 있듯이 유도전동기는 시동전류가 아주 커서 농형 유도전동기인 경우 정격전류의 5~6배가 되고 시동 토크는 정격 토크의 1~1.5배로 아주 작다는 것을 알 수 있다.

전부하 운전 중 슬립 s로 운전하고 있을 때 부하가 증대하면 토크가 부족하여 슬립 s가 증대하고 그 결과 회전자 도체에 발생하는 기전력이 증가하여 회전자 도체에 흐르는 전류도 증대하고 토크도 증가하여 부하의 증가에 대응한다. 반대로 부하가 감소하면 슬립이 감소하고 토크가 작아져서 부하와 균형이 잡힌다. 이렇게 해서 부하의 변화에 따라서 슬립이 변화하여 자동적으로 토크가 조정된다.

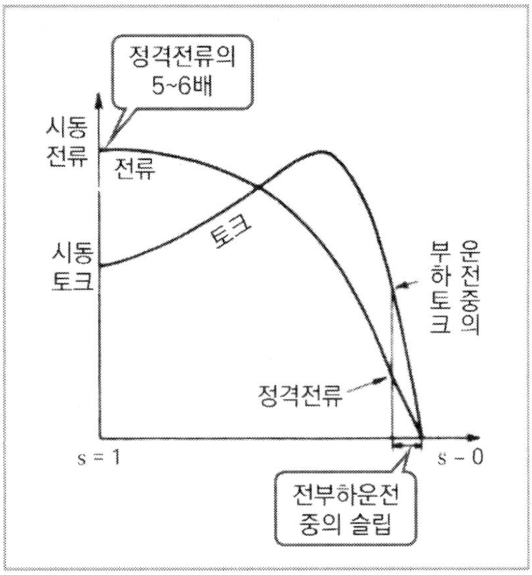

[그림59] 유도전동기의 속도특성곡선

7.5 유도전동기의 취급 - 〈다섯 가지 시동법과 세 가지 속도 제어법〉

유도전동기를 시동하려면 다섯 가지 방법이 있고 속도를 제어하는 방법으로서는 세 가지 방법이 있다.

(1) 시동법

유도전동기가 정지하고 있을 때 정격전압을 가하면 전부하 전류의 5~6배의 시동전류가 흐른다. 이와 같이 대전류가 한꺼번에 흐르면 전원의 전압 강하를 일으켜 다른 기기에 해를 준다. 따라서 유도전동기의 시동전류를 감소시키기 위하여 여러 가지 시동법이 쓰이고 있다. 다음에 설명하는 ①~④는 농형 유도전동기, ⑤는 권선형 유도전동기의 시동법이다.

① 전전압 시동법(직입 시동법)

정격출력이 3.7kW이하인 소형 전동기에 채용되는 방법으로, 전동기 단자에 직접 정격전압을 가하여 시동하는 방법이다. 시동했을 때 전부하 전류의 5~6배의 시동전류가 흐르는데 전동기의 용량이 작으므로 시동전류 그 자체도 작아 전원에는 영향이 없다.

7.3에서 설명한 바와 같이 2중농형, 심구농형 유도전동기는 시동전류를 작게, 시동 토크를 크게 할 수 있다. 따라서 이들 형식이라면 대용량의 전동기라도 즉시 시동 할 수 있다.

② 스타 델타 시동법(Y - △시동법)

출력에 5.5~15kW정도의 전동기에 채용되는 시동방법으로, 그림60과 같이 고정자 각상의 권선을 끌어내어 전원과의 사이에 Y - △전환 스위치를 접속한다.

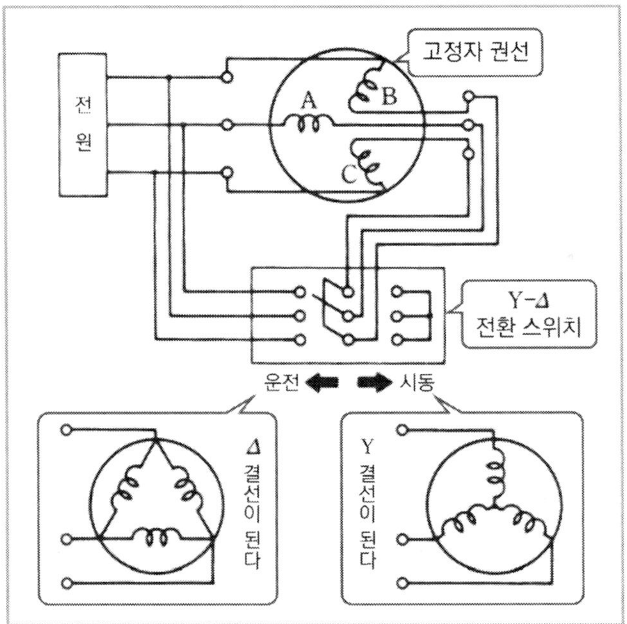

[그림60] 성형 - Y형 시동법

Y - △전환 스위치를 시동 측에 넣으면 고정자 권선은 Y자형(성형)으로 결선되고 각 권선에 가해지는 전압은 전원전압의 $1/\sqrt{3}$으로 시동한다.

그러므로 시동전류, 시동 토크 모두 전전압 시동인 경우의 1/3로 감소하게 된다.

시동 후 전동기 속도의 80%정도에 이르렀을 때 Y - △전환 스위치를 운전 측으로 전환하면 고정자 권선은 △결선으로 되어서 정격전압이 고정자에 공급된다.

③ 시동 보상기법

출력이 15kW이상인 전동기에 공급하는 전압을 변압기로 감압하여 시동전류를 제한하는 방법을 말한다.

④ 리액터 시동법(권선형 유도전동기의 시동법)

전동기와 전원 사이에 철심을 권선한 리액터를 접속하여 리액터 전압 강하분만큼 전압을 낮춰서 시동하는 방법이다.

⑤ 2차저항 시동법(권선형 유도전동기의 시동법)

권선형 유도전동기를 시동할 때 채용하는 방법으로 그림54와 같이 회전자의 회로 외부에 저항(2차 저항이라고 한다)을 접속한다. 이 저항을 증대시키면 시동 토크는 증대하여 시동전류가 감소하는 성질이 있다는 것은 이미 7.3에서 설명하였으므로 상기하기 바란다.

권선형 전동기를 시동할 때는 회전자 회로의 2차저항을 최대의 상태로 해 두고 고정자에 정격전압을 공급한다. 시동 후 회전수가 상승함에 따라서 저항을 감소하고 마지막에는 슬립 링을 들어 올려서 시동을 완료하여 운전상태가 된다.

유도전동기의 시동법

시동법명	방 법	적용기종
전전압(직입)시동법	전동기의 단자에 직접정격전압을 가해서 시동	농형
스타 델타 시동법	Y-△전환스위치를 Y 측에 넣어 시동하고 운전중은 △ 측에	농형
시동보상기법	변압기로 공급전압을 낮추어서 시동한다	농형
리액터시동법	리액터를 접속하여 공급전압을 낮추어 시동	농형
2차저항 시동법	회전자의 권선에 흐르는 와전류를 시동저항기로 제한하여 시동	권선형

(2) 속도 제어법

유도전동기는 직류분권 전동기와 마찬가지로 전부하에서 무부하에 이르는 사이의 속도변화가 아주 작은 정속도 전동기이다. 앞 절에서 설명한 바와 같이 유도전동기 회전수 n(r.p.m.)은 다음 식으로 주어진다.

$$n = N_s(1-s) = \frac{120f}{P}(1-s)$$

따라서 이와 같은 전동기의 속도를 제어하는 경우에는 ①극수(P), ②슬립(s), ③주파수(f)의 어느 것을 바꾸면 된다.

① 극수 변환법

전원의 주파수를 일정하게 하고 고정자 권선의 접속을 바꾸어 극수를 2극, 4극으로 바꾸면 동기속도 N_s가 극수에 반비례하여 변화하므로 회전자의 속도를 증감 할 수 있다. 이 방법은 농형 유도전동기의 속도제어에 채용되고 있다.

② 저항 제어법(2차 측의 저항을 바꾸어 슬립을 변경하는 방법)

권선형 유도전동기에 채용되는 방법으로, 권선형 전동기의 시동법에서 설명한 바와 같이 회전자 회로에 저항을 넣고 이것을 가감하면 유도전동기의 슬립이 변화하는 성질을 응용한 것이다. 이로써 권선형 유도전동기의 회전속도를 원활하게 제어 할 수 있다.

③ 주파수 변환법

공급전원의 주파수 f를 바꾸면 동기속도가 이에 비례해서 바뀌므로 회전자의 속도를 제어 할 수 있다.

이 방법에서는 주파수 변환기 혹은 발전기의 회전수를 변경하여 전원의 주파수를 변경할 필요가 있다. 하지만 이 방식은 그다지 사용되지 않는다.

7.6 유도전동기의 운전 및 보수 - 〈점검 상 주의사항과 비정격 운전의 영향〉

다음에 설명하는 사항을 착실하게 주의하면 전동기의 수명을 한층 연장 할 수 있다. 그리고 보다 안전하게 운전 할 수 있다.

(1) 유도전동기를 운전하기 전의 점검사항

다음 사항에 대해서 점검할 필요가 있다.

① 고정부분 및 회전부분의 고정 너트·볼트가 헐거워지지 않았는지 살핀다.
② 회전부분이 부하와 접합했을 때 혹은 떼어 놓았을 때 자유롭게 회전하는지 살핀다.
③ 축받이부의 윤활유는 적당히 들어 있는지 살핀다.
④ 절연저항을 측정하여 절연불량부분이 없는지 살핀다.
⑤ 명판의 전압, 주파수가 전원과 일치하고 있는지, 또 퓨즈가 적당한지를 살핀다.
⑥ 전동기의 부속이 지정된 회전방향에 대해서 맞는지 살핀다.
⑦ 모든 보호장치가 완전히 작동하는지 살핀다.

(2) 유도전동기 운전중의 주의사항

운전 중에는 다음과 같은 점에 주의해야 한다.

① 전류계의 지시를 보고 정격전류(명판에 기재)와 비교하여 부하상태가 적당한지 살핀다.
② 각부의 온도상승[74]에 주의하고 고정자틀에 손을 대서 온도를 측정한다(온도의 가늠은 60°C정도이며 3~4초간 댈 수 있으나 70°C가 되면 아주 뜨겁게 느껴지며 손가락 하나로 약 3초가량 댈 수 있을 정도이다).
③ 진동[75], 이상한 소리, 이상한 냄새에 주의하고 운전상태의 가늠으로 한다.
④ 전동기 슬립의 증대(회전수의 저항)에 주의한다.

(3) 유도전동기의 보수·취급상의 주의

유도전동기를 보수한다든지 취급하는 경우에는 다음 사항에 주의한다.

74) 전동기 내부의 절연저항의 온도가 상승하므로 바람직하지 못하다.
75) 진동에 의한 가속도가 증가하여 치명적인 영향을 받는다.

① 선박용 전동기의 대부분은 굴림축받이를 사용하고 있으므로 윤활유의 충전에 주의하고 윤활유는 전동기 시방서에 기재한 것을 쓴다.
② 전동기의 권선절연저항의 저하에 주의한다(1.5MΩ이상 필요하다).
③ 운전시 시동전류에 주의하고 시동상태를 점검한다(시동전류는 농형 전동기의 경우 전부하 전류의 4~6배 정도이다).
④ 운전 중 슬립의 증대(회전수의 저하)에 주의한다.
⑤ 부하전류의 변동에 주의하고 부하의 변동에 의한 전류의 변화 이외의 원인으로 전류가 변동하고 있지 않은지 점검한다.
⑥ 이상한 온도상승에 대해서 주의해 둔다.
⑦ 공극(에어 갭)의 불평균은 평균공극의 10% 이내로 한다.

(4) 전원전압의 변동 및 주파수의 변동

일반적으로 전기기기는 각각의 정격조건으로 운전하는 것이 가장 좋다. 그러나 경우에 따라서는 그 정격조건으로 운전할 수 없는 경우도 생긴다. 유도전동기에 있어서 정격전압 이하로 사용한 경우 및 정격 주파수(60Hz)이하로 사용한 경우에는 어떻게 될 것인가, 각각의 경우의 영향, 변화를 표11에 표기했다.

표11 유도전동기에 있어서의 전압, 주파수의 변동에 의한 영향

	변동의 범위	영향되는 사항	영향변화
전압	정격전압의 10% 감소까지의 변동	토크	공급전압의 제곱에 비례해서 감소한다.
		슬립	동일 토크에 대해서 증대한다.
		전동기의 출력	공급전압의 제곱에 비례해서 감소한다.
주파수	정격주파수 (60Hz)의 5% 감소까지의 변동	회전수	주파수에 비례하여 감소한다. $\left(n = \frac{120f}{P}(1-s)\right)$
		슬립	거의 변화하지 않는다.
		전류	시동전류, 전부하 전류는 약간 증대한다.
		온도	약간 상승한다.

7.7 유도전동기의 고장과 그 원인 - 〈원인과 고장을 결부시켜서 이해한다〉

유도전동기의 사고를 크게 나누면 축받이, 권선, 브러시, 슬립 링, 엔드 링, 진동, 온도상승 등에 관해서 일어난다. 여기서는 유도전동기에 생기기 쉬운 고장과 그 주요한 원인과 대책에 대해서 설명하기로 한다.

표12 유도전동기의 고장과 그 원인·대책

고장	주 요 원 인	대 책
전동기가 시동하지 않는다	① 전원전압이 부족하다.	① 배전반의 전압계를 확인하고 정규의 전압으로 한다.
	② 전원과 전동기 사이의 배선이 불량이다.	② 퓨즈, 전선접속을 손질하고 조작 스위치의 개폐부 점검을 한다.
	③ 고정자 권선이 단선되었다.	③ 도통시험을 한 다음 단선부분을 수리한다.
	④ 회전자 권선이 단선되었다.	④ 도통시험을 한 다음 단선부분을 수리한다.
	⑤ 슬립 링이나 저항기의 접촉이 불량이다.	⑤ 재점검한다.
	⑥ 시동장치가 고장이다.	⑥ 접속에 잘못이 없는가, 접촉불량부분이 없는가 살펴서 수리한다.
	⑦ 부하가 너무 무겁다.	⑦ 기계 측과 끊고 운전해 본다.
규정 회전수에 이르지 않는다 (슬립이 증대한다)	① 고정자 혹은 회전자 회로의 저항이 너무 크다.	① 권선형에서는 슬립 링과 브러시의 접촉 및 시동기의 접촉을 조정한다. 농형에서는 회전자 도체와 단락환의 접속이 나쁘므로 손질한다.
	② 공급전압이 낮다.	② 배전반의 전압계를 확인하여 정규의 전압으로 한다.
	③ 부하가 너무 무겁다.	③ 기계 측과 끊고 운전해 본다.
전류계의 지침이 심하게 흔들린다	① 부하가 크게 변화한다.	① 부하의 변동을 적게 한다.
	② 회전자 측의 회로의 저항이 증대한다.	② 권선형에서는 슬립 링과 브러시의 접촉을 조정한다. 농형에서는 회전자 도체와 단락환과의 접속이 나쁘므로 손질한다.
	③ 전류계가 불량이다.	③ 전류계를 교환한다.
전동기가	① 축의 중심이 잡혀 있지 않다.	① 축의 중심을 조정한다.
	② 고정부와 회전부분이 접촉하고 있다.	② 터닝하여 축받이의 부착상태를 살핀다.
	③ 부하 측의 진동이 전해지고 있다.	③ 부하 측과 전동기를 분리하여 터닝해 본다.

진동한다	④ 전동기에 전류를 공급하는 전선이 어스(접지)되어 있다.	④ 테스터로 누전의 유무를 살펴서 수리한다.
	⑤ 냉각풍 취입구 혹은 배출구가 막혀 있다.	⑤ 점검하여 청소한다.
	⑥ 고정자와 회전자의 에어 갭이 평균 되어 있지 않다.	⑥ 갭 게이지로 상하좌우의 4개소를 측정하여 수정한다.
축받이가 과열한다	① 축심이 잡혀 있지 않다.	① 중심을 다시 조정한다.
	② 축받이갭이 부적당하다.	② 축받이의 조립을 다시 조정한다.
	③ 베어링 갭이 부적당하다.	③ 베어링을 교환한다.
	④ 윤활유가 너무 많다.	④ 정해진 윤활유량으로 한다.
	⑤ 벨트 장력이 너무 강하다.	⑤ 정격부하의 슬립을 없애고 장력을 최소로 한다.

7.8 교류 전동기와 직류전동기의 비교 - 〈차이점과 특징〉

지금까지 배운 교류 전동기(주로 유도전동기)와 직류전동기의 특징적인 점에 대해서 비교한 것이 다음의 표13이다. 양 전동기의 차이점, 특색 등을 잘 알아 두도록 하자.

표13 교류 전동기와 직류전동기의 비교

	교류전동기		직류전동기
	농형 유도전동기	권선형 농형 전동기	
구 조	구조가 간단하고 신뢰성이 크다.	회전자에도 권선이 있고 슬립링을 필요로 하여 좀 복잡하다.	회전기 권선, 정류기가 있어 복잡하다.
보수손실	그다지 필요하지 않다.	슬립 링과 브러시의 손질이 필요하다.	정류자의 손질이 필요하다.
온도변화에 의한 회전의 변동	거의 변화 없다.	거의 변화 없다.	회전수가 온도에 따라 바뀐다.
시동장치	간단하다.	직류전동기와 같은 정도로 복잡하다.	시동장치를 전기자와 직렬로 접속한다.
시동전류	시동전류가 큰데 비해 토크는 작다.	회전자 회로의 저항에 의해서 시동전류를 제한할 수 있다.	시동전류를 시동기로 제한한다.
속도제어	곤란하다.	어느 정도는 조정이 가능하다.	조정을 하기 쉽다.
예 비 품	종류가 적어서 좋다.		종류가 많다.

제 8 장 : 전기조명설비와 전열설비

제2편의 첫머리에서 언급한 바와 같이 전기는 각 방면에 널리 이용되고 있으며 제6장 및 제7장에서 배운 전동기는 전기의 자기작용을 이용하여 전기 에너지를 기계적 에너지로 바꾸는 기기였다. 이 장에서 배우는 조명설비와 전열설비는 전류의 발열작용을 이용하여 전기 에너지를 빛 및 열로 바꾸는 설비라고 할 수 있겠다.

8.1 조명설비 - 〈백열전구, 형광등의 구조〉

선내의 조명설비에의 전압과 배선방식은 규칙에 의해서 정해지며 이에 따른 설비를 하지 않으면 안 된다. 여기서는 조명등에 대해서 설명하기로 한다.

선내에서 사용되고 있는 조명등에는 줄열을 이용한 백열전구와 저전압아크의 방전을 응용한 형광등이 있다.

백열전구는 열을 낸 다음 빛을 내는데 열이 빛이 되는 효율은 아주 낮다. 그러나 여러 가지 개량을 가해서 선박에는 내진전구를 채용하여 조명등, 항해등, 신호등 등에 이용하고 있다.

한편 형광등은 방전에 의한 발광을 이용하는 것이므로 열손실이 적어서 효율이 좋다. 선내에서는 표시등, 옥내 조명등 등에 이용되고 있다.

(1) 백열전구의 구조

고온에 견디는 텅스텐선을 코일 모양으로 감는다. 이것을 진공의 유리구내에 봉해 넣고 전류를 흘리면 줄열로 코일은 백열상태로 변화한다. 이 때 열의 약 10% 정도가 빛을 방사하여 이것을 조명등으로서 사용하게 된다.

(2) 형광등의 구조

앞에서 언급한 바와 같이 아크 방전을 이용한 조명등이 형광등이다. 그림61을 참고로 하여 형광등의 방전현상에 대해서 생각해 보기로 하자.

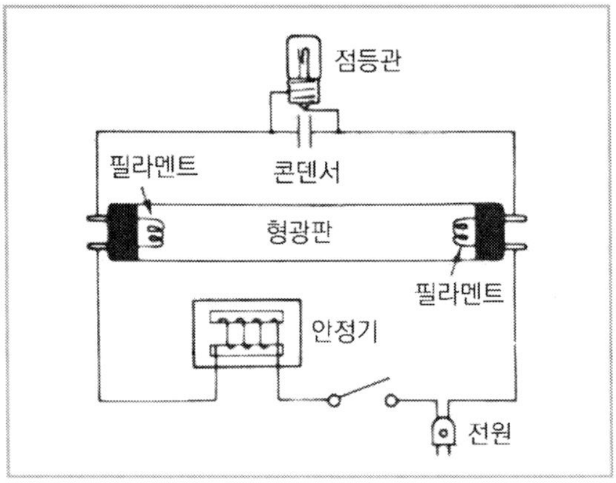

[그림61] 형광등의 구성

먼저 전원 스위치를 넣으면 전압은 안정기 및 형광관(형광 램프)의 필라멘트를 거쳐 점등관(글로우 램프 또는 글로우 스위치)의 양극에 작용한다. 점등관은 한쪽 극은 바이메탈로 되어 있어 점등관에서 먼저 방전이 일어나면 그 열로 점등관의 한쪽 극이 다른 극 쪽으로 휘어져 양극은 접촉한다. 그러면 형광등의 필라멘트에 전류가 흘러서 가열되어 열전자가 튀어 나오는데 점등관은 양극이 접촉한 상태이므로 방전은 멈추어서 온도가 저하하여 다시 양극은 떨어져서 원래의 상태가 된다. 이 점등관의 양극이 떨어질 때 안정기의 코일에 높은 유도 기전력이 발생하기 때문에 형광등의 필라멘트를 양극으로 해서 아크 방전이 일어난다. 그리고 아크 방전에 의해서 발생한 자외선이 형광등의 유리관 안쪽 벽에 칠한 형광물질을 자극하여 가시광선을 방출하게 된다.

형광등의 안정기는 필라멘트 간에 가해진 교류의 순시값이 제로가 되면 방전은 정지하여 전류가 흐르지 않게 된다. 이 때 안정기의 코일이 자기 인덕턴스의 작용으로 높은 유도 기전력을 발생하고 다시 필라멘트로 방전을 일으킨다. 이렇게 하여 방전을 안정하게 유지하는 역할을 가지고 있는 것이 안정기이다. 그리고 점등관과 병렬로 연결된 콘덴서에는 바이메탈의 접점에서 일어나는 불꽃 발생을 방지하는 동시에 잡음전파의 발생을 방지하는 역할을 한다.

8.2 전열설비 - 〈저항발열과 아크 발열〉

선내의 전열설비를 크게 나누면 연료 혹은 윤활유의 가열에 사용하는 저항 발열과 전기용접에 사용하는 아크 발열이 있다.

(1) 저항발열

니크롬선 등의 저항체에 전류를 흘려서 그 때 발생하는 줄열을 이용한 것이다.

(2) 아크 발열

도체가 없는 곳에 전류가 흐르는 현상을 「방전」이라 하며 다음과 같은 것이 있다. 전기점화기관의 점화 플러그와 같은 불꽃방전, 불꽃이 연속하여 일어나는 현상인 글로우 방전과 아크 방전이 있다.

방전하는 전류가 적을 때는 글로우 방전이라 하며 형광등의 점등관이나 네온 사인 등에 이용된다. 한편 아크 방전은 방전전류가 클 때 일어나며 그 때 생기는 열(아크 발열)을 이용하여 전기용접에 쓰이고 있다. 교류 아크 용접은 용접막대와 철재 사이에 아크를 일으켜 금속을 접합하는 것이다.

제 9 장 : 전기계기

전압, 전류, 전력 등을 직접 실용단위로 측정할 수 있는 계측기를 「전기계기」라고 한다. 전기기기를 취급하는 경우 전기계측은 기초적인 기술이 되고 있다. 따라서 정확한 전기량을 측정하려면 전기계기의 작동원리, 구조, 취급법에 대한 지식이 필요하게 된다.

9.1 전류 및 전압의 측정 - 〈전류계는 직렬접속, 전압계는 병렬접속〉

직류의 전류, 전압을 측정하는 데는 가동 코일형 계기가 쓰인다. 또 직류 및 교류의 전류, 전압을 측정할 때 쓰이는 것이 가동 철편형 계기이다.

(1) 가동 코일형 계기

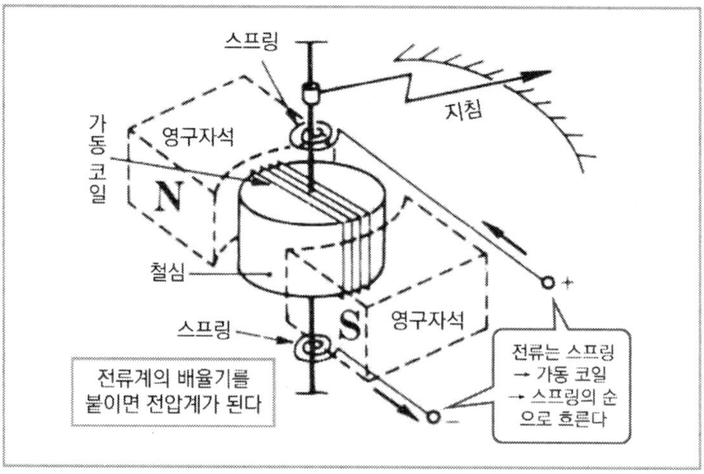

[그림62] 가동 코일형 계기의 구조

그림62와 같이 영구자석 N, S 사이에 원통형의 철심을 두고 그 철심에 구형(장방형)의 가동 코일을 붙이고 소용돌이 모양의 스프링, 지침(바늘)을 붙인다.

지금 가동 코일에 측정하려는 전류를 흘리면 이 전류와 자석 N, S 사이에 전자력을 발생한다. 이 전자력은 전류에 비례하므로 지침은 전류에 비례한 힘으로 회전한다.

가동 코일이 회전함에 따라서 스프링은 감겨지고 원상으로 되돌아가려는 힘이 생긴다. 그리고 전자력과 스프링의 힘이 균형이 잡힌 위치에서 지침은 정지하여 전류 혹은 전압의 크기를 지시한다.

① 전류계의 접속법과 분류기

전류계는 측정하고자 하는 전류를 가동 코일에 흘릴 필요가 있으므로 그림63과 같이 회로에 직렬로 접속하지 않으면 안 된다.

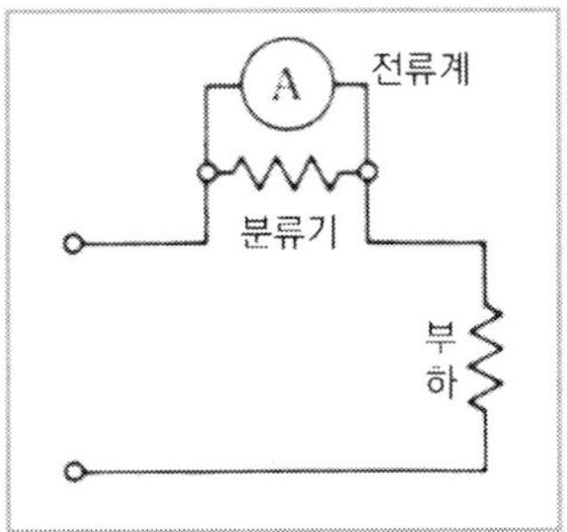

[그림63] 전류계의 접속법

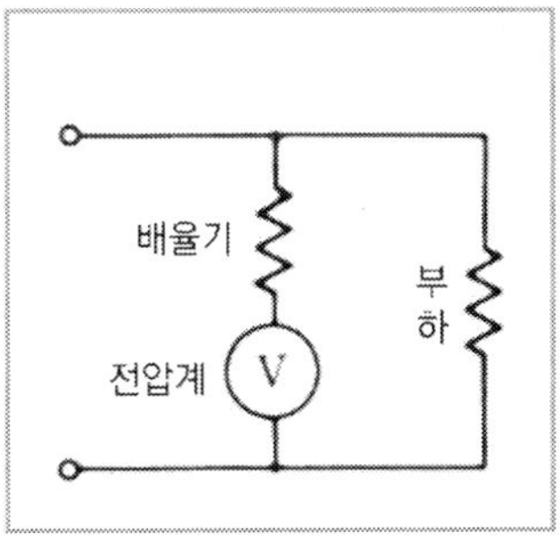

[그림64] 전압계의 접속법

전류계의 가동 코일의 저항은 적을수록 좋으므로 굵은 코일을 사용한다. 또 대전류를 측정하는 것은 분류기라고 하는 일정한 저항을 전류계와 병렬로 접속하여 전류를 분류시켜서 전류계 코일에 큰 전류가 흐르지 않게 한다. 그림63을 참고하기 바란다.

② 전압계의 접속과 배율기

전압을 잴 때 전압계에 측정하고자 하는 전압을 가할 필요가 있으므로 그림64와 같이 전압계는 측정하려는 부하와 병렬로 접속한다.

가동 코일형 계기에 전압을 가하면 그 전압에 비례한 전류가 가동 코일에 흐른다. 따라서 가동 코일의 저항 $R(\Omega)$과 가동 코일에 흐르는 전류 I(A)의 곱과 같은 값을 눈금판에 매겨 두면 전압계로서 사용 할 수 있다. 그러나 가동 코일의 저항은 수 옴이고 코일에 흐를 수 있는 전류는 작으므로 그대로는 전압의 측정범위가 너무 작다. 그래서 배율기라고 하는 저항을 가동 코일과 직렬로 접속하여 전압의 측정범위를 확대하고 있다(그림64).

(2) 가동 철편형 계기

그림65와 같이 원형의 고정 코일 내에 2개의 금속조각 즉 가동철편과 고정철편을 둔다. 가동철편은 회전축과 한 몸이 되고 회전축에는 지침과 스프링을 붙여 둔다.

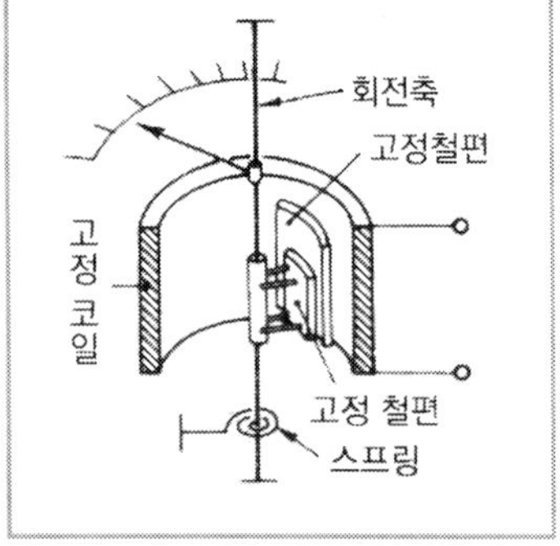

[그림65] 가동 철편형 계기의 구조

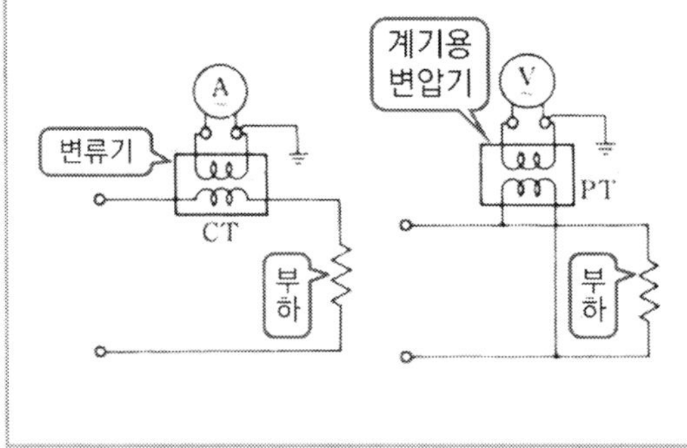

[그림66] 교류전류의 측정 [그림67] 교류전압의 측정

지금 원형 고정 코일에 측정하려는 전류를 흘리면 고정철편과 가동철편은 같은 방향으로 자화되므로 반발하여 가동철편이 회전을 시작한다. 그 결과 가동철편의 반발력과 스프링의 힘이 평형한 위치에서 가동철편은 정지하고 여기에 붙인 지침이 전류의 크기를 가리킨다.

이 가동 철편형 계기는 직류, 교류의 전류, 전압의 측정에 쓰인다. 그러나 일반적으로 교류용에 쓰이고 있다.

① 교류전류의 측정법

그림66과 같이 부하와 직렬로 가동 철편형 전류계를 접속하고 여기에 전류의 측정범위를 확대하기 위하여 변류기(CT)를 조합해서 쓴다.

② 교류전압의 측정법

가동 철편형 전압계는 가동 철편형 전류계의 내부에 직렬로 저항을 접속한 것이다. 이것을 그림 67과 같이 부하와 병렬로 접속한다. 또 높은 전압을 잴 때는 계기용 변압기(PT)를 접속하여 전압계에 걸리는 전압을 낮게 한 다음 측정한다.

9.2 저항의 측정 - 〈작은 저항에는 전압 강하법·테스터, 절연저항에는 메거〉

측정하고자 하는 저항의 종류, 저항의 대소에 따라서 다음과 같은 측정법 및 측정계기가 쓰인다.

(1) 전압 강하법에 의한 측정

그림68과 같이 미지의 저항 $R(\Omega)$에 흐르는 전류 I(A)를 전류계로 측정한다. 그리고 동시에 미지의 저항과 병렬로 전압계를 접속하여 전압 V(V)를 측정한다. 이렇게 해서 구한 전압과 전류를 옴의 법칙 $R=\frac{V}{I}$ 에 적용하여 저항을 구하면 된다. 이러한 저항 측정법을 「전압 강하법」이라고 한다.

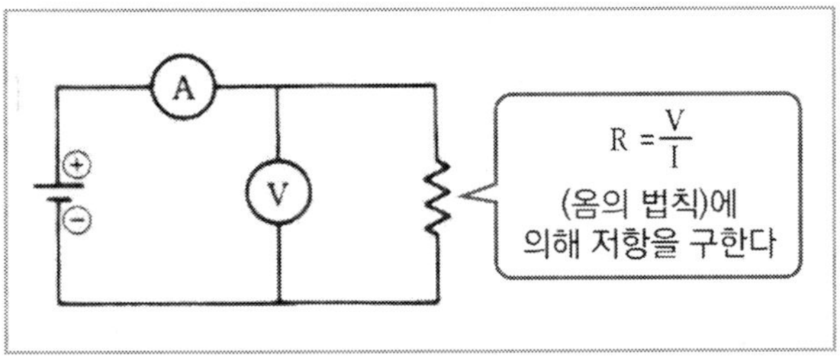

[그림68] 전압 강하법에 의한 저항의 측정

(2) 테스터에 의한 조정

테스터에는 가동 코일형 전류계와 그 내부에 분류기, 배율기, 정류기 및 전지가 케이스에 넣어져 있다. 그리고 전환 스위치는 직류전류, 직류전압, 교류전압 및 저항 등의 측정의 전환과 측정범위의 전환에 쓰인다. 그림69에 간단한 테스터의 일례를 보여 두었다.

테스터로 저항을 측정하는 원리는 미지의 저항에 전지의 전압을 가하고 그 저항에 흐르는 전류의 크기로 저항을 직접 지시한다. 따라서 먼저 테스터 측정 단자 간을 단락(접촉)한 다음 제로 옴 조정[76]을 한다. 그 다음 측정하려는 미지저항에 측정단자를 접속하여 저항눈금을 읽는다.

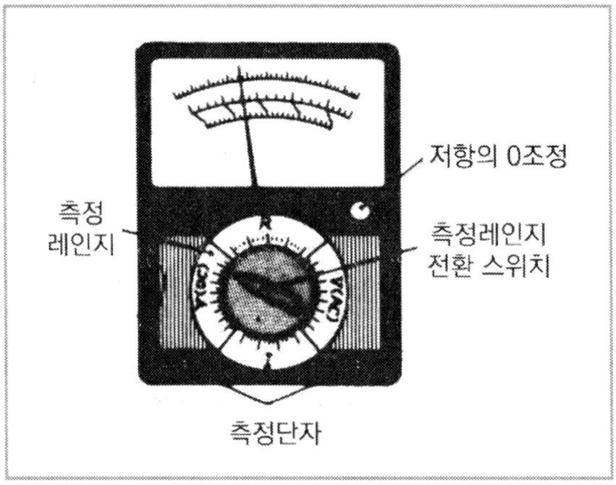

[그림69] 테스터의 일례

(3) 메거에 의한 측정

배선의 절연저항이나 전기기기의 절연저항과 같이 1MΩ(메그옴) 이상의 높은 저항을 측정하는 데는 메거가 쓰인다.

메거에는 손으로 돌리는 발전기에 의해서 전원전압을 얻는 발전식의 것과 전지에 의해서 전원전압을 얻는 전지식이 있다. 선박에는 500V의 발전기식의 메거가 사용되고 있다. 그림70에 그 겉모양과 회로도를 보였다.

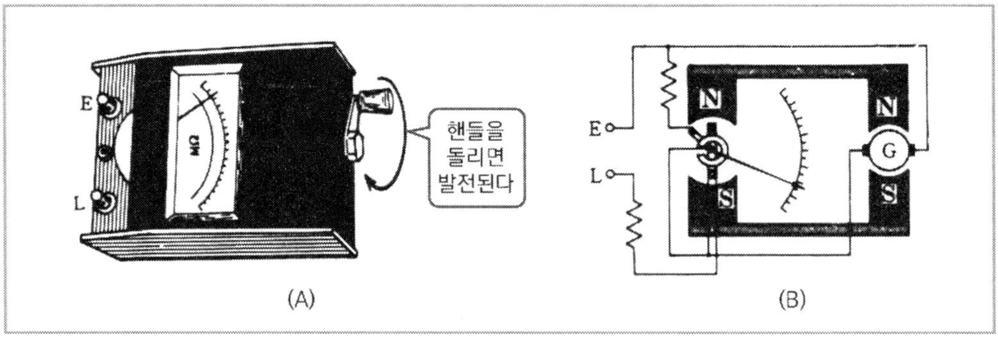

[그림70] 발전기식 메거

76) 저항을 0Ω의 위치에 맞추는 것.

절연저항을 측정하려면 측정하려는 곳에 측정단자를 접속한 다음 발전기의 핸들을 규정 이상의 회전수로 돌리면서 지시값을 읽는다. 또 대지에 대한 전기기기의 절연을 측정하는 경우에 선로를 L단자에, 대지를 E단자에 접속해서 측정한다.

9.3 전력계 - 〈전류력계형은 직류·교류 양용이다〉

직류전력은 [전압]×[전류]로 나타내지만 교류전력은 [전압]×[전류]×[역률]로 나타낸다. 따라서 회로에 흐르는 전류와 전압의 곱에 비례한 회전력을 발생하는 계기가 필요하게 된다. 이것에는 전류력계형 전력계가 쓰이며 직류 전력 및 교류전력을 측정할 수 있다.

단상교류전력을 측정하려면 전력계의 단자를 그림71과 같이 접속해서 측정한다.

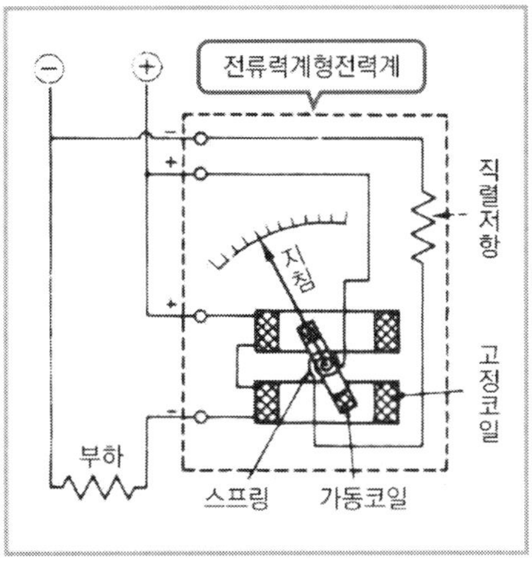

[그림71] 전류력계형 전력계에 의한 단상교류전력의 측정

전압, 전류, 저항의 측정

측정대상		계기	측 정
전압	직류	가동 코일형	회로에 병렬로 접속해서 측정한다.
	교류	가동 철편형	
전류	직류	가동 코일형	회로에 병렬로 접속해서 측정한다.
	교류	가동 철편형	
저항		테스터	소저항의 것을 측정
		휘트스톤 브리지	저항을 정밀하게 측정할 때 사용.
		메거	1MΩ 이상의 고저항 (절연저항등)을 측정.

9.4 역률계 - 〈전압에 대한 전류의 벗어남을 측정〉

역률계는 교류발전기의 배전반에 붙어 있다. 그리고 전기회로의 부하전류가 전압에 대해서 앞서 있는지 늦어 있는지를 지시하고 있다. 선박의 경우 늦은 역률이 일반적이다. 예를 들면 역률계가 0.85를 지시하고 있을 때는 전기회로를 흐르고 있는 전류는

전압에 대해서 약 30° 늦어서 흐르고 있다는 것을 뜻한다.

교류의 전력을 전력계 이외의 것으로 측정하려면 배전반 상의 전압계, 전류계 및 역률계의 지시를 읽고 각각의 값을 곱하면 전력을 구할 수 있다.

9.5 주파수계 - 〈기전력의 주파수 측정〉

교류발전기의 기전력의 주파수를 지시하는 계기로, 배전반에 붙어 있다. 선박에서는 일반적으로 진동형의 주파수계가 사용되고 있다. 그 주요한 구조는 자유롭게 진동하는 쇳조각과 그 배후에 붙어 있는 전자석으로 이루어진다. 교류의 1사이클 마다 쇳조각은 끌어당겨져서 진동하고, 진동이 최대가 되는 상태의 눈금이 그 때의 주파수를 나타낸다.

제 3 편

전자공학의 기초

전기기술을 크게 나누면 다음의 둘로 나눌 수 있다. 먼저 첫째로는 전기를 에너지로서 이용하는 기술이며 발전기, 전동기, 전열기, 조명설비 등 앞에서 배운 것과 같은 기기에 응용되고 있다. 둘째는 전기가 순간에 먼 거리까지 전해지는 성질이나 진공중에 있어서의 전자의 구성, 반도체 속에 있어서의 전자나 정공의 역할 등을 응용한 기술이다. 예를 들면 선박에서는 전화, 라디오, TV, 무선통신, 레이더 등 많은 것에 응용되고 있다.

뒤의 것의 분야는 1888년에 독일의 과학자 헤르츠에 의한 전파의 발명으로 시작되고 이어서 마르코니에 의해서 무선전신에 응용되는 한편 1897년에 J.J.톰슨에 의한 전자의 발견으로부터 진공관의 개발로 발전해가서 이 시기에 전자공학의 기초가 확립되었다.

전자공학(일렉트로닉스)이란 진공, 기체 혹은 반도체 내에서의 전자의 이동을 이용한 장치 - 예를 들면 진공관, 다이오드, 트랜지스터, 사이리스터(Thyristor) 등 - 와 그 응용을 연구하는 과학 및 기술을 말한다. 이 분야는 지금까지 배워온 전기 공학적인 지식만으로는 이해할 수 없다.

19세기 말엽에 탄생한 전자공학은 그 후 눈부신 발전을 하여 오늘날 우리들의 생활에도, 여러 가지 방면에서 큰 영향을 미치게 되었다.

다이오드, 트랜지스터 등의 전자기기는 발전기, 전동기 등의 전력의 자동제어나 정류장치 외에 통신기나 라디오 등의 증폭기, 발전기, 변조·복조기로서 쓰인다든지 여러 가지 자동제어장치나 계측장치 그리고 컴퓨터 등 폭넓게 이용되고 있다.

선박의 경우 기관의 원격조정으로 시작된 자동화는 기관실 내의 기기를 비롯하여 항해용, 하역용, 나아가서는 계선용의 여러 설비의 분야에까지 미쳐 각각에 각종 전자기기가 많이 채용되고 있다. 그리고 그에 의해서 선박의 시스템 제어와 감시는 현재 눈부신 진보를 거듭하고 있다.

이번 편에서는 주로 반도체에 대해서 생각하면서 전자공학의 초보적인 지식을 배우기로 한다.

전기용 그림기호 (II)

명　　칭	그림 기호	비　　고
발전기		 직류 발전기  교류 발전기
동기 발전기		
퓨즈		 포장형 퓨즈
차단기	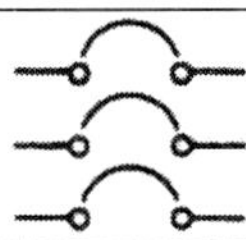	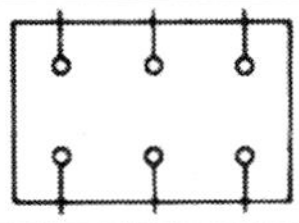 교류차단기
변압기	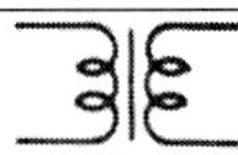	철심이 든 변압기
정류기	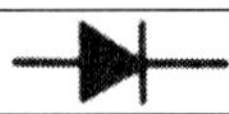 또는 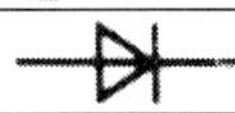	화살표는 전류방향을 표시
전동기		
유도전동기		
램프		특히 색이나 용도를 구별하는 경우는 다음과 같이 한다. RL … 적　　OL … 황적 GL … 녹　　WL … 백 BL … 청　　PL … 파일롯
전력계		
역률계		
주파수계		
다이오드		혼란의 염려가 없을 때는 원을 생략해도 무방하다.
트랜지스터	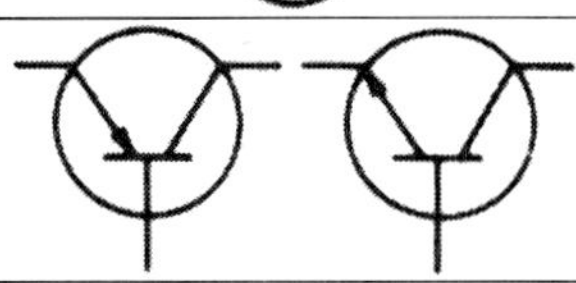	왼쪽 그림 : P게이트 오른쪽 그림 : N게이트
사이리스터	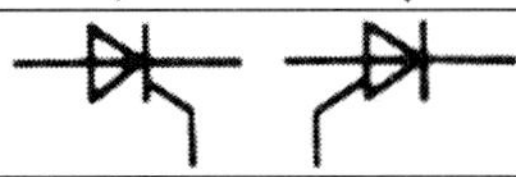	왼쪽 그림 : PNP형 오른쪽 그림 : NPN형

제 1 장 : 전자와 반도체

우리들 주위에 있는 물질을 작게 쪼개 가면 어느 정도까지 쪼갤 수 있을까. 이러한 의문은 예부터 인류가 가지고 있었다. 오늘날에는 예를 들면 구리라는 물질은 구리의 원자라는 아주 작은 입자의 모임이라는 것을 알고 있다. 그리고 원자는 다시 원자핵과 전자로 나뉜다는 것을 이미 배웠다. 이 장에서는 물질의 미시적 세계에 대해서 생각하고 반도체 내에 있는 "전자"와 "정공"의 역할을 이용하는 반도체 소자(다이오드, 트랜지스터, 사이리스터)의 구조, 동작원리를 살펴보기로 하자.

1.1 전자 - 〈⊟의 전기를 띤 미립자〉

원자는 물질을 만들고 있는 최소의 입자이며 이 이상 쪼갤 수 없는 것이라는 뜻이 있다[77]. 그러나 연구가 진행함에 따라서 원자 속에도 몇 가지의 구성 부분이 있어 원자보다도 작고 그리고 물질을 구성하는 기초가 되는 입자가 있다는 것을 알게 되었다.

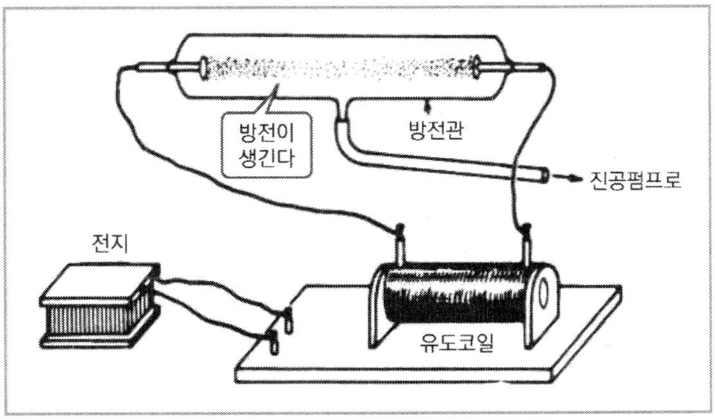

[그림1] 진공방전

77) 「아톰(원자)」이란 고대 그리스어로 「이 이상 쪼갤 수 없다」는 뜻이다.

그림1을 보기 바란다. 방전관의 공기를 빼가면서 ⊞와 ⊟의 전극에 10,000V정도의 전압을 걸면 방전78)이 일어난다. 이 방전을 「진공방전」이라고 한다.

이제까지의 전기회로에서 회로의 일부가 끊겨 있으면 전류는 흐르지 않았다. 그러나 이 장치에서는 전선이 없어도 전류가 흐르고 있다는 것을 나타내고 있다. 여기서 전류의 정체를 살피기 위하여 다음과 같은 실험을 해본다.

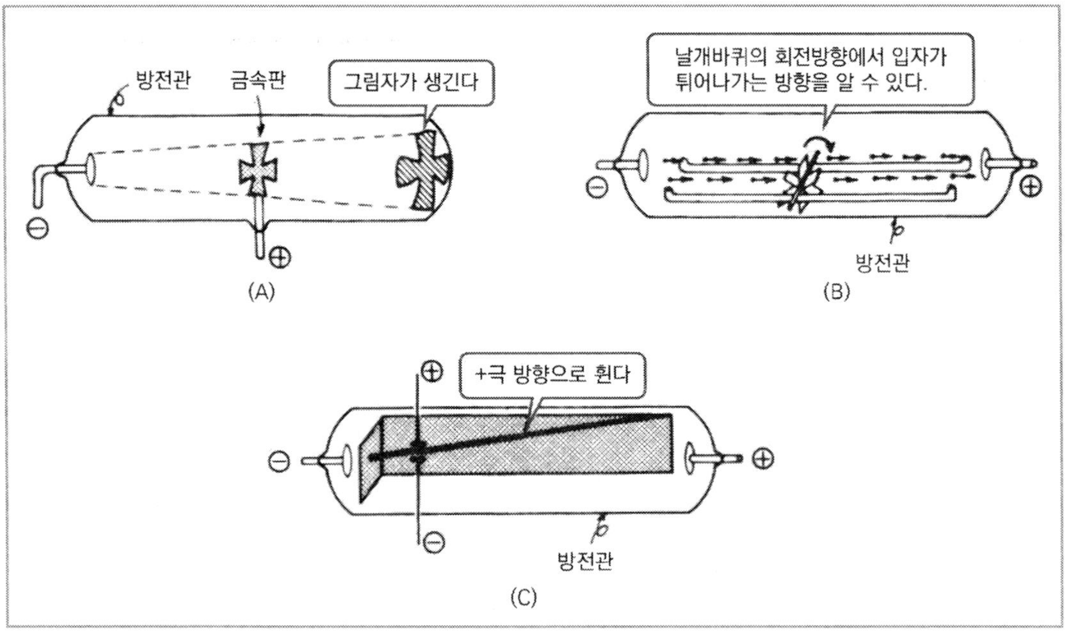

[그림2] 음극선의 성질

① 방전관 내의 음극에 금속판을 마주보게 두면 양극판 측의 유리관벽에 금속판의 그림자가 비친다.[그림2(A)]
② 운모로 된 날개바퀴를 레일 상에 얹고 양 전극에 전압을 걸면 날개바퀴는 화살표 방향으로 회전한다.[그림2(B)]
③ 방전관의 상하에 전압을 걸면 음극에서 방사하는 선(음극선)은 ⊞극쪽으로 굽혀진다.[그림2(C)]

이상으로 진공방전할 때는 ⊟(음극)에서 질량을 가진 입자가 방사되어 그 입자는 ⊟의 전기를 띠고 있다는 것을 알 수 있다. 이 미립자의 흐름이 전류의 정체였던 것이다.

---

78) 「방전」에는 크게 나누어서 두 가지 뜻이 있다. 하나는 콘덴서나 전지 등에 충전한 전기를 꺼내는 것을 말한다. 다음에 또 하나의 방전이란 기체나 진공 중에 전류가 흐르는 현상이다. 예를 들면 형광등이나 수은 등이 있다.

그리고 이 미립자는 **전자**라고 명명되었다.

1913년에 덴마크의 보어가 "보어의 원자모형"이라고 하는 원자구조를 생각해냈다. 그에 의하면 원자는 중심에 ⊞의 전기를 가진 원자핵이라는 부분이 있고 그 둘레를 많은 ⊟의 전기를 띤 전자가 돌고 있어 원자 전체로서는 전기적으로 중성상태로 되어 있다.

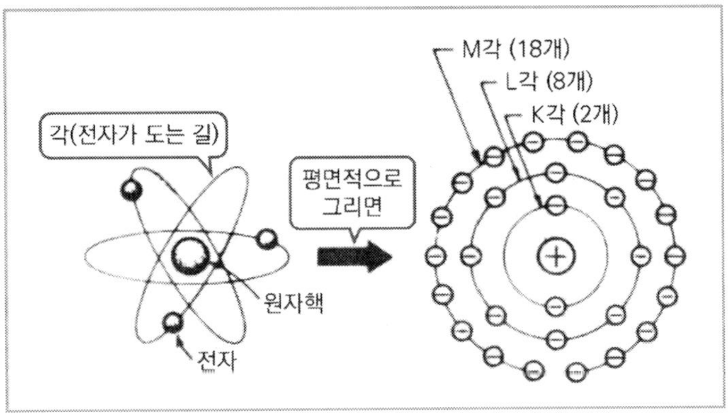

[그림3] 전자의 궤도

보어의 원자모형에서는 그림3에 보는 것과 같이 전자가 도는 궤도를 「각」이라 하고 맨 안쪽부터 차례로 K각, L각, M각 … 이라는 이름이 붙여져 있다. 그리고 각 궤도에 들어 갈 수 있는 전자의 수는 K각에 2개, L각 8개, M각 18개의 순으로 정해져 있다.

원자를 구성하는 전자 중 맨 바깥쪽 궤도를 돌고 있는 전자를 **가전자**라고 한다. 금속 원자의 가전자는 원자핵과 결합하는 힘이 약하고 원자로부터 떨어져 금속 내부에서 자유롭게 움직일 수 있다. 그래서 이런 상태에 있는 전자를 **자유전자**라고 한다(제1편 1.1 참조).

자유전자는 원자의 구속(결합)에서 벗어난 자유로운 전자이기 때문에 외부에서 전압이나 자계 등이 힘이 작용하면 금속 결정의 틈을 이동하여 이것이 전기 에너지를 운반하는 역할을 한다. 바꾸어 말하면 자유전자가 많은 물질은 전류를 통하는 도체가 되기 쉽다는 것이다. 예를 들면 금속은 자유전자가 많아 전기를 통하기 쉬운 도체가 된다.

1.2 전류와 물질 속의 자유전자 - 〈전류가 어떻게 흐르나〉

전선에 쓰는 물질에 구리라는 금속이 있다. 그 원자구조를 살펴보면 그림4와 같이 되어 있다.

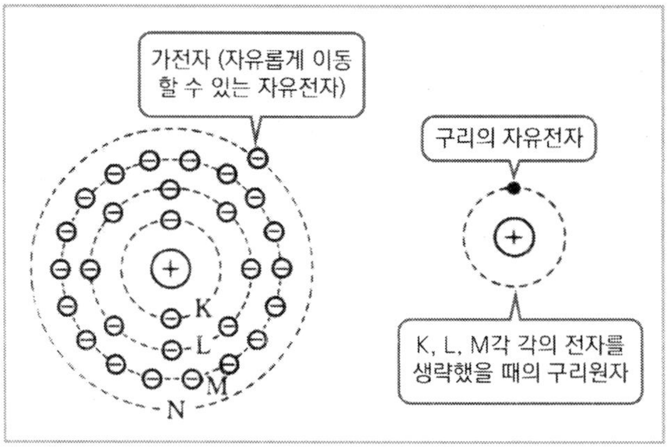

[그림4] 구리의 원자구조

예를 들면 유성은 태양을 중심으로 하여 그 둘레를 수성, 금성, 지구, 화성과 같이 어느 일정한 궤도를 규칙적으로 돌고 있다. 구리의 원자도 마찬가지로 태양에 상당하는 원자핵을 중심으로 그 둘레를 4개의 궤도로 나뉘어서 29개의 전자가 어느 일정한 궤도를 규칙적으로 돌고 있다. 이 때 원자핵에서 세 번째의 궤도(M각)까지는 맨 안쪽(K각)에 2개, 그리고 8개, 18개의 순으로 지정좌석의 열차와 같이 전자가 꽉 차 있다. 그런데 네 번째의 궤도에는 1개의 전자만이 그 궤도를 돌고 있다. 맨 바깥쪽에 있는 1개의 전자만은 원자핵과의 결합이 약해서 원자로부터 떨어져 자유롭게 이동할 수 있으므로 자유전자라고 부르는 것이다.

일상에서 사용하고 있는 동선은 구리의 원자가 꽉 차 있는 것이다. 따라서 원자의 결합에서 벗어난 자유전자도 많고 이것은 원자핵의 궤도에서 벗어나 옆에 있는 원자의 맨 바깥쪽 궤도에 뛰어들어 여분의 전자가 된다든지 한다.

이와 같이 구리 원자의 맨 바깥쪽에 있는 전자는 자유롭게 이동할 수 있다. 그림5(A)를 참조하기 바란다.

자유전자가 충만되어 있는 동선에서는 그 한쪽 끝에서 주어진 전압에 의해 전자가 밀어 넣어지면 전자는 ⊟의 전기를 가지고 있으므로 그 곳에 있었던 전자를 밀고[79], 밀린 전자는 또 그 옆의 전자를 미는 식으로 차례로 전해간다. 이 에너지를 전하는 것이 전류이다.

다만 전류는 ⊞의 전기에서 ⊟의 전기로 흐른다고 정하고 있으므로 전자의 이동하는 방향과는 반대가 된다. 이 모양을 그림5(B)에 보였다.

---

79) 자석의 N극과 N극은 반발하듯이 전기도 ⊟와 ⊟의 전자는 서로 반발하는 성질이 있다.

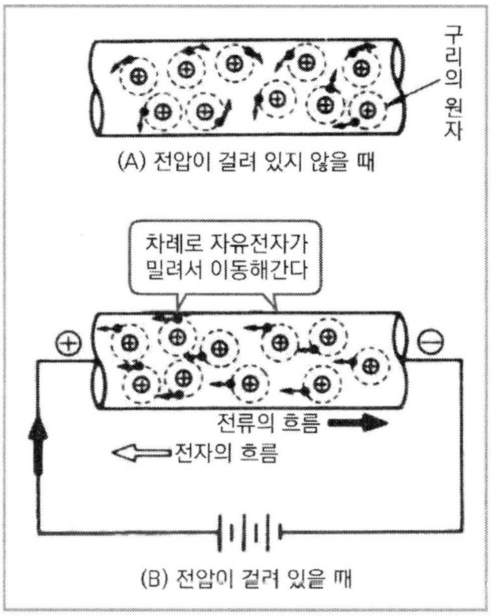

[그림5] 동선 속을 전류가 흐르는 모양

1.3 도체, 절연체 및 반도체 - 〈전기를 통하는 것, 통하기 어려운 것〉

물질에는 금속과 같이 전기를 잘 통하는 도체와 유리, 고무와 같이 전기를 거의 통하지 않는 절연체가 있다. 또 도체가 아니고 절연체도 아닌 중간의 성질을 가지고 있는 것을 반도체라고 부르고 있다.

그러면 왜 물질에는 전기를 통하는 것과 통하지 않는 것이 있는지 생각해 보기로 하자. 이것은 그 물질을 만들고 있는 원자 속의 전자 중 맨 바깥쪽을 돌고 있는 가전자가 움직이기 쉬운지 아닌지로 정해진다.

(1) 도체

금, 은, 구리 등의 금속은 전류가 흐르기 쉬운 도체이다. 이들의 금속은 각각의 금속원자가 많이 모여서 만들어져 있다.

금속에 전류가 흐르기 쉬운 것은 이들을 구성하는 원자의 맨 바깥쪽에 있는 가전자가 많고 그들이 원자핵과 결합을 떠나서 자유롭게 각각의 원자 간을 이동하고 있기 때문이다. 즉 자유전자가 많은 물질은 전기저항이 적고 전류가 흐르기 쉬운 물질이 된다.

(2) 절연체

금속 이외의 고체(유리, 고무 등)는 전기를 통하지 않는 물질로 알려져 있다. 그러나 이들의 고체를 세분화해 가면 도체인 구리와 마찬가지로 원자로 이루어져 있다는 것을 알 수 있다. 따라서 역시 원자핵 둘레를 전자가 돌고 있다. 그런데 왜 절연체는 전류가 잘 흐르지 않을까 라는 의문이 생긴다.

이 의문에 답하자면 역시 절연체의 원자 구조를 살필 필요가 있다. 우리들은 물질을 구성하는 원자의 종류에 따라서 정해진 전자가 원자핵에 가까운 안쪽부터 K각, L각, M각이라는 순으로 배열하고 있다는 것을 알고 있다. 여기서 주목해야 할 점은 맨 바깥쪽 궤도에 정수대로 만원을 이루는 전자가 있으면 이 물질은 아주 안정된 것이 된다는 것이다.

이러한 원자는 원자핵과 전자의 결합이 강하고 전자는 K각에 2개, L각에 8개, M각에 18개로 정수대로 많이 있지만 자유롭게 이동할 수 있는 자유전자는 적다. 따라서 자유전자가 거의 없으므로 유리나 고무의 한쪽 끝에서 전자를 밀어 넣어도 그에 의해서 차례로 미는 전자가 없기 때문에 전류는 흐르지 않는다.

이와 같이 자유전자가 적은 원자로 이루어져 있는 물질이 절연체이다.

(3) 반도체

반도체란 도체와 절연체의 중간성질을 가진 것을 말하며 그 대표적인 물질이 실리콘과 게르마늄이다.

먼저 도체나 절연체의 물질과 마찬가지로 실리콘이나 게르마늄의 원자구조를 살펴 각각의 원자가 어떻게 해서 결합하고 있는가를 생각해 보기로 하자. 이들 물질의 원자는 원자핵을 중심으로 하여 맨 바깥쪽 궤도에 있는 전자의 수는 4개 있다. 모형으로 보이면 그림6과 같다.

대표적 반도체인 실리콘이나 게르마늄의 결정을 만들 때는 각각의 원자가 전자를 4개씩 내서 그림7과 같이 규칙적으로 배열하고 있다. 이러한 결합을 **공유결합**이라고 한다.

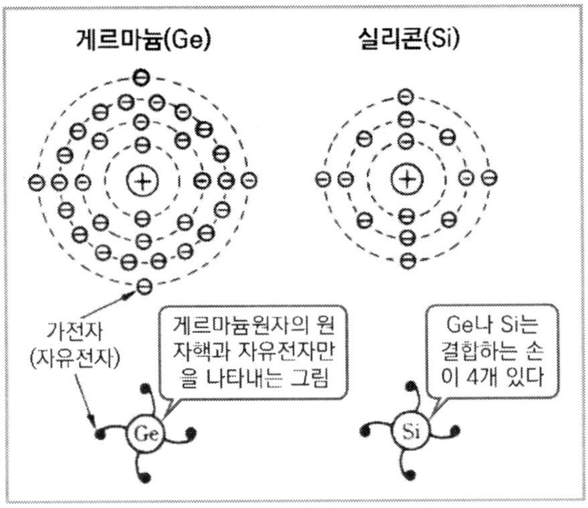

[그림6] 게르마늄과 실리콘의 원자모형

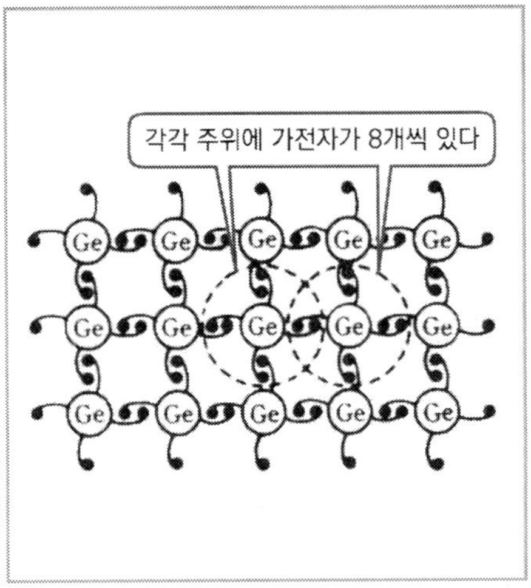

[그림7] 공유결합의 모양(게르마늄의 경우)

다시 그림7을 보기 바란다. 각각의 원자가 공유결합하고 있을 때 여분의 전자는 하나도 없고 전자는 그 원자와 다른 원자와의 이음쇠로서의 역할을 하고 있다. 따라서 자유롭게 이동하는 자유전자가 없기 때문에 절연체의 성질을 나타내고 전기저항은 커서 전류는 흐르지 않는다.

공유결합

개개의 멤버가 공유하고 있는 토지가 공유지이다. 마찬가지로 각 원자가 서로의 가전자를 공유하는 모양으로 이어져 있는 상태를 「공유결합」이라고 한다. 실리콘이나 게르마늄과 같은 반도체는 그 대표 예이다.

공유결합에 의해서 개개의 원자는 안정한 상태로 되어서 전자의 결합력도 강해지기 때문에 전류는 흐르기 어렵게 된다. 그러나 어떤 원인으로 공유결합의 형태가 무너지면 가전자가 자유전자로 되어 전류가 흐르게 된다.

그런데 반도체의 온도가 상승한다든지 외부에서 반도체에 빛을 준다든지하면 저항의 값이 감소한다. 그 이유는 다음과 같이 생각한다. 즉 반도체(실리콘이나 게르마늄)의 결정은 규칙적인 원자의 배열을 하고 있어 각각의 원자의 전자는 공유결합하고 있으나 온도가 상승한다든지 약간 불순물이 포함되어 있으면 자유전자가 생겨 전기를 운반하게 된다. 예를 들면 온도가 상승하면 인접한 원자는 서로 결합을 끊을 수 있어 공유결합하고 있던 가전자는 결정 내를 이동하는 자유전자가 된다. 이와 같은 상태일 때 외부에서 전압이 걸리면 자유전자가 이동하여 전류가 흘러서 도체로 바뀐다. 그리고 온도가 상승하면 할수록 저항은 갑자기 작아진다.

이상으로 실리콘이나 게르마늄은 어느 상태일 때는 절연체로서의 역할을 하고 어느 경우는 도체로서의 역할을 한다는 것을 알 수 있다. 이러한 성질을 갖는 물질을 **반도체**라고 한다.

제 2 장 : 반도체의 종류와 성질

반도체 소자[80)]인 트랜지스터나 다이오드 그리고 사이리스터는 실리콘이나 게르마늄을 바탕으로 만든다. 따라서 트랜지스터의 구조나 역할을 이해하려면 각각의 반도체의 특징이나 성질을 알 필요가 있다.

2.1 반도체의 종류 - 〈진성 반도체와 불순물 반도체(P형, N형)가 있다〉

반도체 내의 전자의 이동을 이용한 전자공학에서 문제가 되는 것은 물질을 구성하는 원자의 맨 바깥쪽에 있는 가전자이다. 이것이 자유롭게 이동하면 자유전자라 불리며 반도체 내에서의 전기의 운반체(캐리어라고 한다)가 된다. 그러면 반도체가 전기를 통할 때의 전기의 운반체(캐리어)가 전자냐 정공이냐를 생각하면서 반도체를 분류하고 각각의 성질을 배우기로 하자.

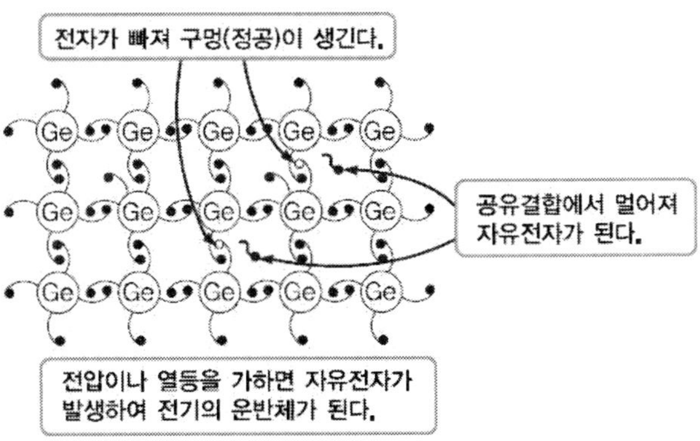

[그림8] 게르마늄과 실리콘의 원자모형

80) 온도가 상승하면 저항이 감소하는 성질 혹은 정류작용이나 광전효과 등의 성질을 응용한 것을 말한다.

(1) 진성 반도체

불순물을 포함하지 않고 높은 순도로 정제된 실리콘이나 게르마늄의 반도체를 **진성 반도체**라고 한다. 이것은 그림8과 같이 게르마늄의 경우라면 각각의 게르마늄 원자끼리가 그 맨 바깥쪽을 돌고 있는 가전자에 의해서 공유결합한 결정을 이루고 있다.

공유결합한 진성 반도체를 보면 가전자는 원자와 원자와의 이음쇠로서 쓰이고 자유롭게 이동할 수 없다. 이런 상태에서는 절연체와 마찬가지로 자유전자는 없다. 그러나 진성 반도체의 공유 결합은 안정성이 약하므로 전압(전계)이나 열 따위의 에너지를 가하면 공유결합을 하고 있던 가전자가 이음쇠에서 떠나 자유롭게 이동하는 자유전자가 발생하여 전기의 운반체가 된다.

이 현상으로 실리콘이나 게르마늄이 반도체라고 불리게 되는 것이다.

공유 결합을 하고 있던 가전자가 자유전자로 된 자리에는 전자가 빠져나간 구멍이 생긴다. 공유결합하고 있었을 때 가전자는 ⊞의 전기와 ⊟의 전기가 같아서 전기적으로 중성이었지만 ⊟의 전기를 띤 전자가 뛰어나갔기 때문에 그 자리의 구멍은 ⊞의 전기를 띠게 된다. 「정(⊞)의 전기를 띤 구멍」이라는 뜻에서 이 구멍을 **정공** 혹은 **홀**(hole)이라고 부른다.

따라서 진성 반도체에는 자유전자와 정공의 수가 같은 양만큼 존재하여 전기의 운반체(캐리어)가 된다. 그러므로 반도체의 양단에 직류전압을 가하면 자유전자는 ⊞(양극)를, 정공은 ⊟(음극)를 향해서 이동하여 결정 속에서 전기의 전도가 이루어진다.

(2) 불순물 반도체

순수한 실리콘이나 게르마늄에 약간의 불순물을 가하여 전류가 잘 흐르게 한 반도체를 불순물 반도체라고 한다. 그리고 실리콘이나 게르마늄에 가하는 불순물의 종류에 따라서 N형 반도체와 P형 반도체로 나뉜다.

진성 반도체의 곳에서 설명한 바와 같이 실리콘이나 게르마늄을 구성하는 원자는 규칙적으로 배열되고 가전자는 각각의 원자의 이음쇠역할을 하여 공유결합하고 있기 때문에 이동하기 어렵고 자유전자가 적은 상태이다. 따라서 전류는 흐르기 어렵다.

여기서 전류를 잘 흘리려면 두 가지 방법이 있다. 첫째는 실리콘이나 게르마늄의 결정에 전자를 넣는 방법이다. 둘째는 정공을 넣는 방법이다. 이와 같이 **결정 내의 전자를 많게 한 반도체를 N형 반도체, 정공이 많이 만들어진 반도체를 P형 반도체라고 부른다.**

① N형 반도체

맨 바깥쪽의 전자(가전자)를 4개 갖는 순수한 실리콘 속에 가전자가 5개인 인(燐)을 가해 보면 인의 가전자 4개는 실리콘 원자의 가전자와 공유결합한다. 그리고 인의 가전자 5개 중 1개는 결합할 상대가 없어 그림9와 같이 자유전자가 되어 자유롭게 이동한다. 따라서 플러스의 전기를 가하면 자유전자가 이동하여 전류는 흐른다. 이와 같이 인의 원자 1개당 1개의 전자가 남아서 자유전자가 되므로 인의 양을 증감하여 저항 값이 다른 반도체를 만들 수 있다.

이와 같이 가전자가 4개인 실리콘이나 게르마늄 속에 가전자가 5개 있는 인 또는 비소의 원자를 혼합하여 전자의 수를 많게 한 반도체를 **N형 반도체**라고 부른다. 이 반도체는 전체로서 전기적 성질이 「부(㊀)」로 된 불순물 반도체이므로 부(負 : Negative)의 머리글자를 따서 N형 반도체라고 이름이 붙여졌고 이 때 가한 가전자 5개의 물질(인이나 비소)을 「불순물」이라고 한다. 이 경우 이들 물질은 전자를 준다는 뜻에서 도너(donor)[81]라고 한다. 그림9는 실리콘에 불순물로서 인을 가한 N형 반도체의 결정예를 보인 것이다.

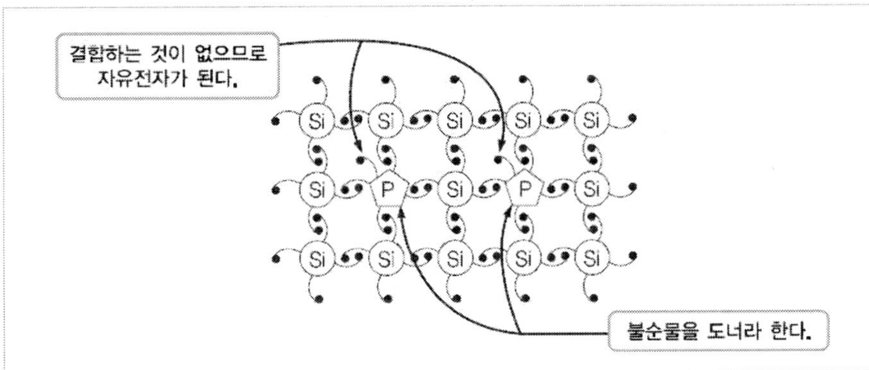

[그림9] N형 반도체의 결정예 (실리콘과 인의 경우)

② P형 반도체

실리콘에 가전자(맨 바깥쪽 전자)가 3개인 물질 인듐을 불순물로서 가한 경우 실리콘 원자의 가전자를 공유결합하는데 전자가 1개 부족하다. 거기에는 진성

81) 도너(donor)란 「주는 것」이라는 뜻이다.

반도체에서 설명한 전자가 뛰어나간 구멍과 마찬가지로 정(正)의 전기를 띤 구멍(정공)이 생겨 실리콘의 결정 속에 정공이 만들어진 것이 된다.

이 정공(홀)은 ⊞(정)의 전기를 띤 전기의 운반체이므로 이 반도체에 마이너스의 전기를 걸면 전공이 이동하여 전류가 흐른다.

이와 같이 실리콘이나 게르마늄의 진성 반도체에 가전자가 3개인 인듐이나 알루미늄의 원자를 가하여 정공의 수를 많게 해서 전류를 잘 흐르게 한 불순물 반도체를 **P형 반도체**라고 한다.

이 반도체는 전체로서 전기적 성질이 「정」이므로 정(正 : Positive)의 머리글자를 따서 P형 반도체라고 부르고 이 때 가한 인듐이나 알루미늄의 불순물을 **액셉터**(acceptor)[82]라고 한다. 그림10은 P형 반도체의 결정예를 보인 것이다.

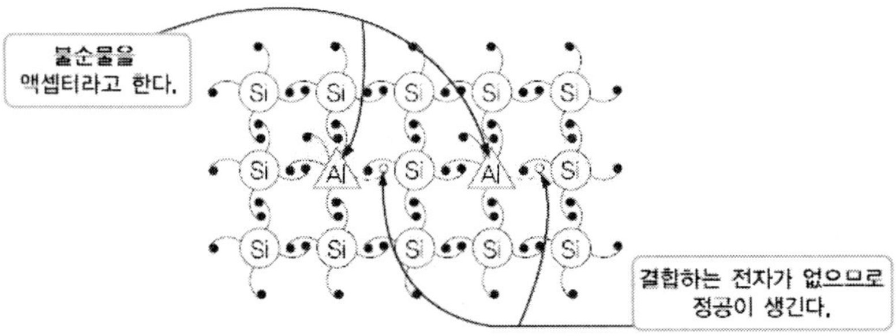

반도체의 분류

종 류		캐리어의 수	불순물의 호칭
진성반도체		자유전자와 정공(홀)이 동수	불순물을 포함하지 않음
불순물반도체	N형 반도체	자유전자쪽이 많다 (정공이 부족)	도너
	P형 반도체	정공쪽이 많다 (자유전자가 부족)	액셉터

[그림10] P형 반도체의 결정예 (실리콘과 알루미늄의 경우)

2.2 반도체의 성질 - 〈여러 가지 특이한 성질을 가지고 있다〉

다음에 설명하는 사항은 반도체에서만 볼 수 있는 성질이다. 이들의 성질을 응용하여

82) 액셉터(acceptor)란 받는 것이라는 뜻이다. 이 경우 전자를 받으므로 액셉터라고 한다.

많은 전자기기가 만들어지고 있다.

(1) 광전효과

반도체에 빛을 대면 그 저항이 작아진다든지 기전력을 발생한다든지 한다. 이 두 현상을 **광전효과**라고 한다. 이 성질은 예를 들면 보일러의 화염 검출기(프레임 아이)에, 혹은 태양전지에 응용되고 있다.

(2) 홀효과

그림11과 같이 반도체에 전류를 흘리고 여기에 수직인 자계를 걸면 자력선의 양쪽에 직각방향으로 기전력이 발생한다. 이 현상을 **홀효과**라고 한다.

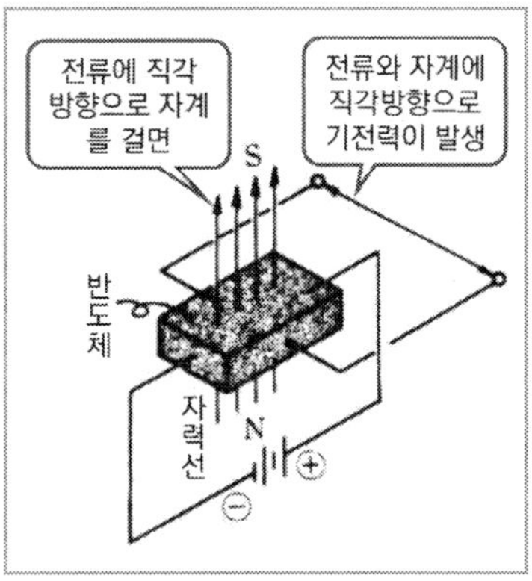

[그림11] 홀 효과

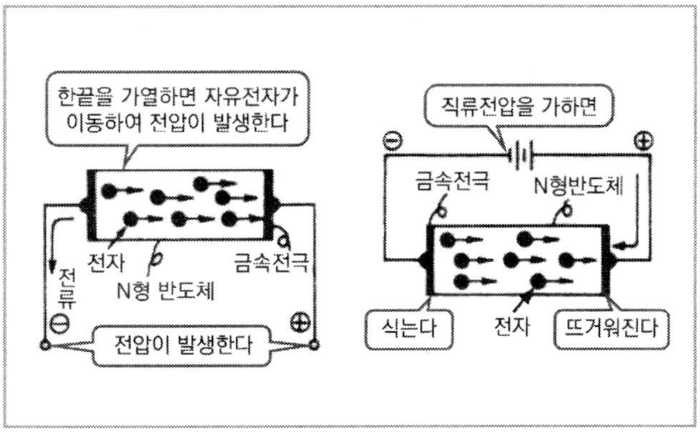

[그림12] 열전효과(N형 반도체의 경우)

(3) 열전효과

그림12(A)와 같이 예를 들면 N형 반도체 양단에 온도 차를 주면 전압이 발생하여 전류가 흐른다. 또 반대로 그림(B)와 같이 N형 반도체에 직류를 흘려주면 한쪽 끝은 발열하고 다른쪽 끝은 열을 흡수한다. 앞의 현상을 「제백 효과」 뒤의 것을 「페르체 효과」라 하고 이들의 현상을 합쳐서 **열전효과**라고 한다. 이들 반도체의 특성은 전자냉동에 응용되고 있다.

(4) 정류작용

두 금속을 접촉하여 그 부분을 통해서 전류를 흘릴 때 전압과 전류의 관계는 옴의 법칙에 따라서 전압을 어느 방향으로부터 가해도 전류의 크기는 같다. 그런데 반도체와 금속을 접촉시킨 부분을 통해서 전류를 흘리면 일정한 크기의 전압이라도 어느 방향에서 직류 전압을 가하는가에 따라서 전류의 크기가 달라진다. 즉 전류가 흐르기 쉬운 방향과 잘 흐르지 않는 방향이 정해져 있어 정류성(정류작용)이 있다.

이와 같은 정류성의 특성은 N형 반도체와 P형 반도체의 접합부에도 나타난다. 일반적으로 P형 반도체와 N형 반도체를 접합한 반도체 정류기가 쓰이고 있다. 이에 대해서는 다음 장에서 상세하게 설명한다.

(5) 온도에 의한 전기 저항값의 변화

금속의 경우 온도가 상승함에 따라서 저항값이 증가하는 경향을 나타내고 반도체는 반대로 온도가 상승함에 따라서 저항값은 감소하는 경향을 나타낸다. 이 점에서 반도체는 금속과는 반대의 성질을 가지고 있다.

반도체의 성질과 그 응용

성질	응 용 예
광전효과	화염검출기, 태양전지
홀효과	반도체가 N형이냐 P형이냐를 구별
열전효과	전자냉동
정류작용	반도체 정류기
온도에 의한 전기저항 값의 변화	
압력에 의한 전기저항값의 변화	왜율계

(6) 압력에 의한 전기 저항값의 변화

반도체의 전기저항은 그에 가해진 응력(應力)이나 일그러짐의 크기에 따라 변화하는 성질이 있다. 이 성질을 이용한 것에 왜율계(歪率計)가 있다.

2.3 반도체 소자의 종류 - 〈다이오드, 트랜지스터, 사이리스터〉

반도체가 가지고 있는 특유한 성질은 전자회로 혹은 다른 분야에 널리 응용되고 있다. 이와 같이 반도체의 성질을 응용한 것을 반도체 소자라 하고 다이오드, 트랜지스터, 사이리스터는 대표적인 반도체 소자이다.

이들의 반도체 소자는 다음의 표1과 같이 구별할 수 있다.

2.4 집적회로 - 〈초소형의 반도체 소자회로〉

2mm각의 작은 실리콘 판에 트랜지스터, 다이오드, 저항, 콘덴서 등을 붙여서 전자회로를 만든 것을 집적회로(IC)라고 한다.

최근 이 방면의 기술은 날로 발전하여 대규모 집적회로(LSI), 최대규모 집적회로(초LSI 또는 VLSI)등이라고 불리는 초소형이고 고밀도의 집적회로가 개발되어 컴퓨터 등에 널리 쓰이고 있다.

표1 반도체 소자의 종류

반도체 소자	P형과 N형 반도체의 조합법	성 질	주요 사용목적	회로도
다이오드	P형반도체와 N형반도체를 접합한 것 	한쪽방향으로만 전류를 통한다	교류를 직류로 정류한다	
트랜지스터	PN접합한 것이 또 하나의 P형 또는 N형을 접합한 것을 말하며 그 접합순서에 따라 PNP형과 NPN 형이 있다. PNP형 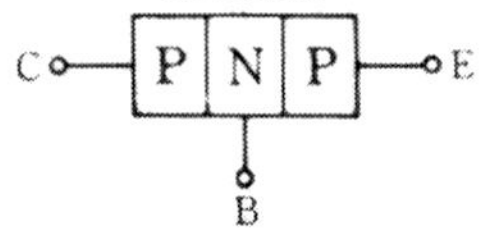 NPN형 	콜렉터, 베이스, 이미터의 3개의 다리가 있으며 전기적으로 미소한 변화를 확대한다	전압이나 전류의 증폭작용	PNP형 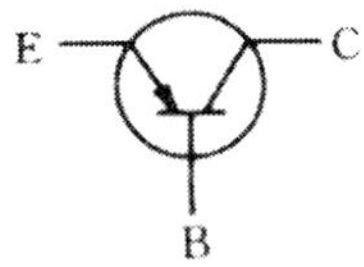 NPN형 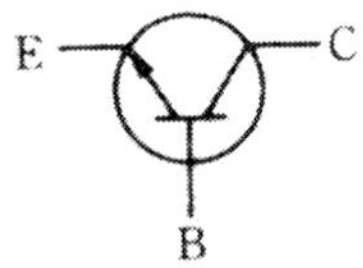
사이리스터	P형반도체와 N형반도체를 PNPN의 순으로 조합 시킨 것 P게이트 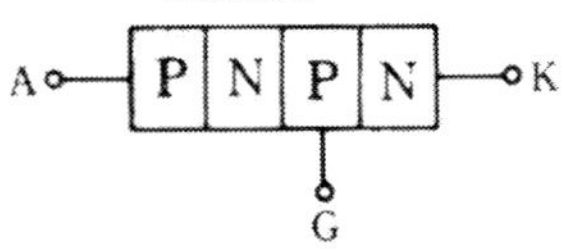 N게이트 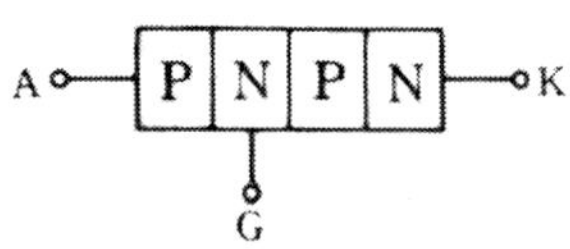	게이트라고 불리는 제어	무접점스위치, 혹은 전동기의 속도제어에 쓴다.	P게이트 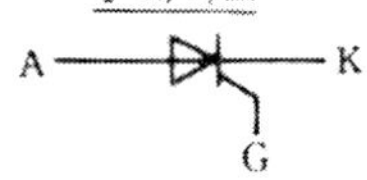 N게이트 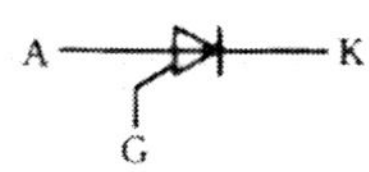

제 3 장 : 다이오드

다이오드란 전류를 흘려 넣는 전극과 흘러나오는 전극을 갖는 2극관이라는 뜻을 가지고 있다. 그리고 다이오드는 P형 반도체와 N형 반도체를 접합해서 만들어 이것을 PN접합이라고 부른다.

먼저 PN접합이란 어떤 것이고 어떤 성질이 있는가를 살피고 다이오드의 구조 및 역할에 대해서 배우기로 하자.

3.1 PN접합과 그 성질 - 〈네 가지 성질이 있다〉

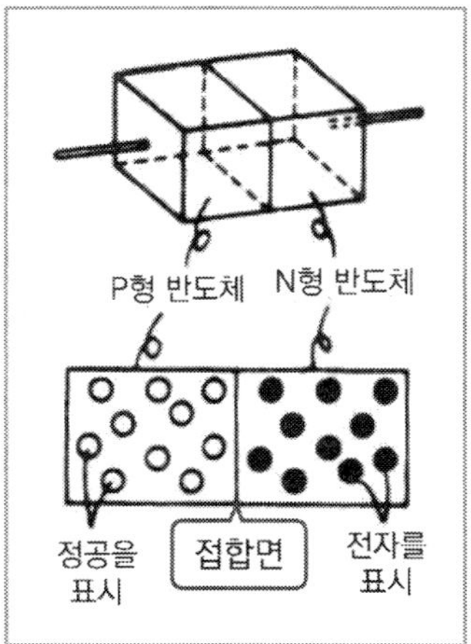

[그림13] PN접합

PN접합의 성질

	성 질
정류작용	가하는 전압의 방향에 따라 전류가 흘렀다 흐르지 않았다 한다.
축전작용	접합면이 콘덴서역할을 한다.
제너현상	역방향 전압(P형에 ⊟, N형에 ⊞)을 가하여 높여가면 전류가 흐른다.
광기전력 효과	접합면에 빛을 대면 전압이 발생하여 전류가 흐른다.

그림13과 같이 P형 반도체와 N형 반도체를 접합한 것을 **PN접합**이라고 한다. 이것은 ①정류작용, ②PN접합면에 콘덴서가 만들어진다, ③역방향 전압을 크게 하면 갑자기 전류가 흐르기 시작한다, ④PN접합면에 빛을 대면 전압이 발생 등의 성질을 가지고 있다.

여기서는 ①의 정류작용에 대해서 생각해 보기로 한다.

PN접합의 양단 즉 N형 반도체의 한쪽에 ⊞의 전기(⊞극)를, P형 반도체의 다른 한쪽에 ⊟의 전기(⊟극)를 접속하면 P형 반도체의 정공은 ⊟의 전기에 끌리고 N형 반도체의 전자는 ⊞의 전기에 끌려서 PN접합의 양단부에 이동하고 외부회로에 흘러나갈 수는 없다.

그 이유는 그림14(A)와 같이 N형 반도체 내의 움직일 수 있는 전자가 P형 반도체쪽으로 흘러 나가려 해도 P형 반도체 내에 움직일 수 있는 전자가 없어 이동할 수 없기 때문이다. 한편 P형 반도체 내의 정공이 이동하려 해도 N형 반도체 내의 이동할 수 있는 정공이 없으므로 흘러 나갈 수 없다. 이와 같이 PN접합의 P형에 ⊟의 전기, N형에 ⊞의 전기를 접속했을 때의 전압을 「역방향 전압」이라 하며 전류는 흐르지 않는다.

다음에 그림(B)와 같이 P형 반도체에 ⊞의 전기, N형 반도체에 ⊟의 전기를 접속하면 P형 반도체의 정공은 ⊞의 전기에 반발하고 N형 반도체의 전자는 ⊟의 전기와 반발하여 서로 PN접합면을 넘어서 이동한다. 이와 같이 P형에 ⊞의 전기, N형에 ⊟의 전기를 공급할 때의 전압을 「순방향 전압」이라 하며 전류가 흐른다.

이상과 같이 PN접합에는 2개의 단자에 가하는 전압의 방향에 따라서 한쪽 방향으로는 전류를 잘 흘리지만 역방향으로는 통하지 않는 성질이 있다. 이것이 정류작용인 것이다.

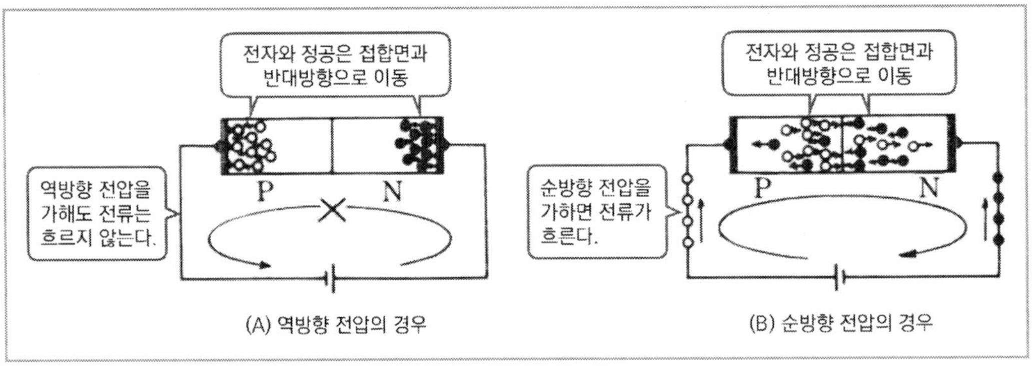

[그림14] PN접합의 정류작용

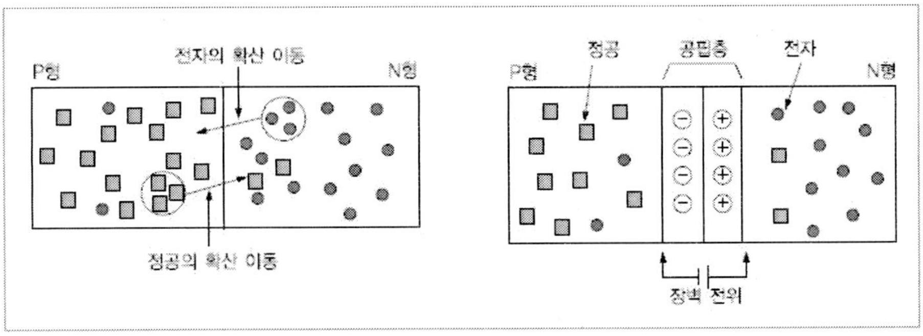

P-N 접합 확산 이동　　　　P-N 접합부의 공핍층

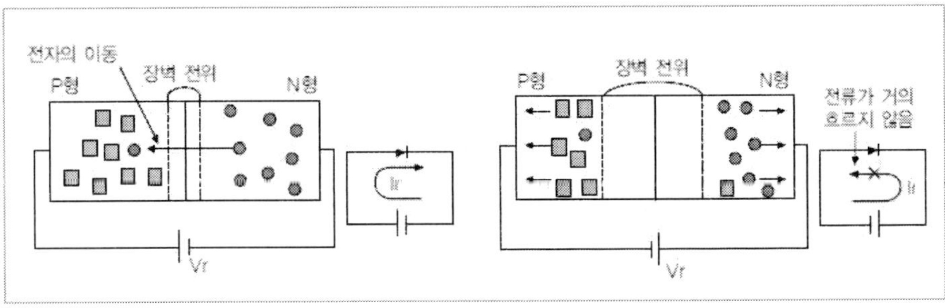

순방향 전압 인가　　　　역방향 전압 인가

3.2 반도체 다이오드의 종류 - 〈네 가지 성질에 따라서 목적이 다르다〉

PN접합을 이용한 반도체 다이오드에는 다음과 같은 목적을 갖는 것이 만들어지고 있다.

표2 반도체 다이오드의 종류

목적	다이오드명	소재
정류작용을 하기 위한 다이오드	실리콘 다이오드	실리콘 소자를 조합한 것으로 열에 강하다.
	셀렌 다이오드	셀렌 소자를 조합한 것
콘덴서가 되는 다이오드	가변용량 다이오드	실리콘 소자 혹은 게르마늄 소자
전류가 달라져도 전압을 일정하게 하는 다이오드	정전압 다이오드	
빛을 대서 전압을 만드는 다이오드	빛을 대서 전압을 만드는 다이오드(광전소자)	황화 캐드뮴의 화합물 반도체

3.3 반도체 다이오드의 정류작용 - 〈교류를 맥류로 바꾸는 역할〉

직류발전기의 전기자 권선에 발생하는 기전력은 교류전기이며 이것을 정류자를 통해서 외부회로에는 직류로서 내보내고 있다. 이와 같이 교류를 직류(맥류)로 바꾸는 것을 정류라고 한다.

P형 반도체와 N형 반도체를 접합한 것은 정류작용이 있다. 따라서 P형 반도체와 N형 반도체를 합쳐서 만든 반도체 다이오드는 정류작용의 성질이 있다.

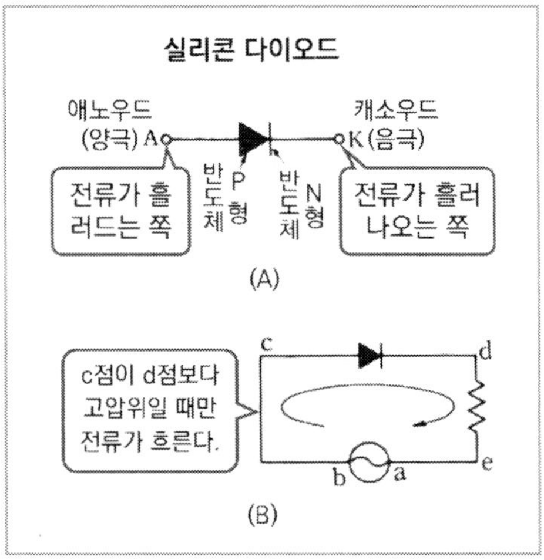

[그림15] 다이오드의 그림기호와 정류회로

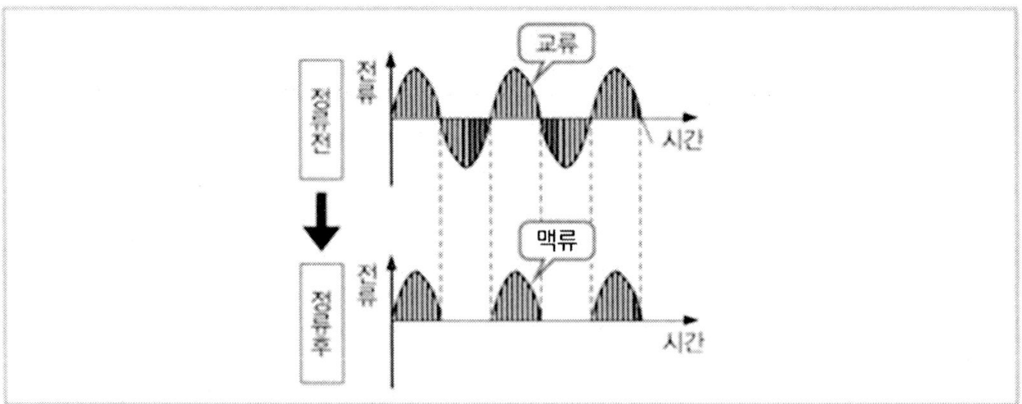

[그림16] 다이오드에 의한 정류

물이 흐르는 파이프에 역류를 막는 밸브를 설치하면 물을 한쪽 방향으로만 흐르듯이 교류회로에 이 밸브와 같은 역할을 하는 다이오드를 접속하면 교류는 한쪽 방향으로만 흐르고 역방향으로는 흐르지 않으므로 맥류로 바꿀 수가 있다.

그림15(B)를 보기 바란다. 다이오드와 저항을 직렬로 접속하고 여기에 교류전압을 가해 보면 다이오드의 양단(c, d)에 가해지는 전압은 시간과 더불어 변화한다. 이 때 다이오드는 c점이 d점보다 높은 전위 즉 순방향 전압일 때만 전류가 흐르므로 d와 e의 저항에 나타나는 전압은 그림16의 아래 그림과 같은 모양의 맥류가 된다.

이상과 같이 다이오드에 의해서 교류 전기는 크기가 변화하는 맥동으로 변환할 수 있다. 이것이 정류작용이다.

교류를 다이오드로 정류해도 직류라고는 하지만 전지에서 공급되는 평활한 직류가 아니고 변동분이 많은 맥류이다. 이것을 평활직류에 가깝게 하는 방법은 5.2에서 설명하기로 한다.

제 4 장 : 트랜지스터

트랜지스터는 반도체 결정을 모체로 하여 만들고 여기에 3개의 전극을 붙여 이들에 전압을 가해서 전기의 운반체인 전자 혹은 정공을 이동시켜 전기신호의 증폭, 발진 등을 하는 전자장치(반도체 소자)이다. 이 장에서는 그 구조와 역할에 대해서 생각해 보기로 하자.

4.1 트랜지스터의 구조 - 〈B, E, C의 3개의 다리를 가지고 있다〉

트랜지스터는 그림17과 같이 N형 반도체 양쪽에 P형 반도체를 접합한 PNP형과 P형 반도체 양쪽에 N형 반도체를 접합한 NPN형이 있다. 각각 중앙에 낀 얇은 층의 N형이나 P형의 반도체 부분을 **베이스**(base), 양쪽의 한쪽을 **이미터**(emitter : 에미터), 다른 쪽을 **콜렉터**(collector : 정공 또는 전자를 모으는 부분)라 부르고 각각의 전극 명을 그 머리글자를 따서 B, E, C라는 기호로 나타낸다.

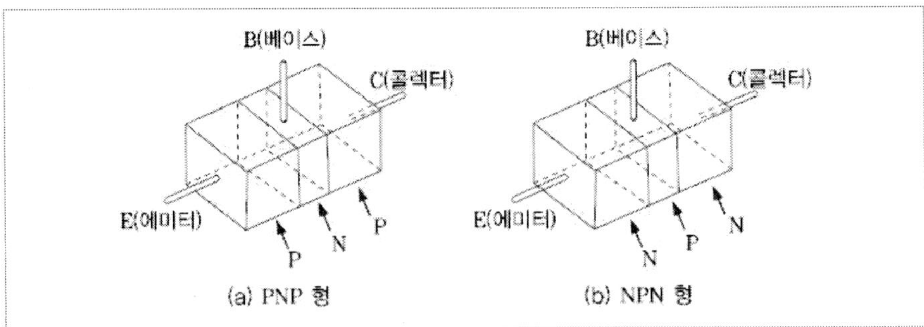

[그림17] 트랜지스터

그림18은 트랜지스터의 그림기호이며 이미터(E)에 화살표를 붙여서 콜렉터(C)와 구별

한다. 그리고 이미터의 화살표는 트랜지스터의 흐르는 전류의 방향을 나타내고 있으며 화살표가 트랜지스터로 들어가는 방향의 것은 PNP형 트랜지스터, 반대로 나오는 방향의 것은 NPN형 트랜지스터를 나타낸다.

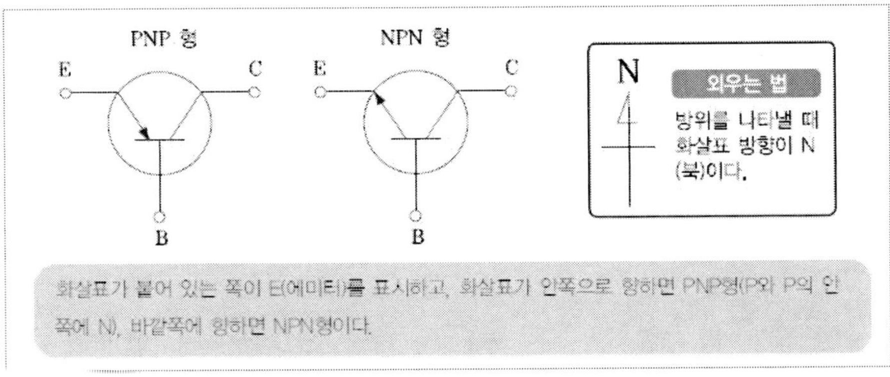

[그림18] 트랜지스터의 그림기호

4.2 트랜지스터의 기능원리 - 〈B → E 간에 전압을 걸지 않으면 C → E에 전류는 흐르지 않는다〉

트랜지스터는 하나의 N형 반도체를 2개의 P형 반도체로 샌드위치 모양으로 한 PNP형과 반대로 한 NPN형의 것이 있다. 여기서는 PNP형을 예로 들어 그 동작을 설명하겠다.

그림19(A)와 같이 이미터와 콜렉터 간에 콜렉터 측이 ⊟의 전압으로 되게 전압을 가하면 그림19에서 베이스와 콜렉터 접합면은 PN접합에서 말하는 역방향 전압이 가해지고 있는 것이 되므로 트랜지스터 전체를 보면 저항은 아주 높아져서 전류는 흐르지 않는다.

다음에 베이스와 이미터 간에 그림(B)와 같이 이미터와 베이스 접합면이 순방향 전압이 되게 전압을 가하면 P형의 이미터 영역의 정공이 베이스 영역으로 이동하는데 베이스 영역은 아주 얇은 층이고 더욱이 베이스와 콜렉터 간에는 역방향의 전압이 가해지고 있으므로 B, C 접합부를 관통하여 ⊟측의 콜렉터 영역으로 이동한다. 그 때문에 콜렉터 영역의 정공은 이동하고 전류가 이미터에서 콜렉터에 흐른다. 여기서 이미터에 흘러드는 전류를 이미터 전류(I_E), 베이스를 흐르는 전류를 베이스 전류(I_B), 콜렉터를 흐르는 전류를 콜렉터 전류(I_C)라고 한다.

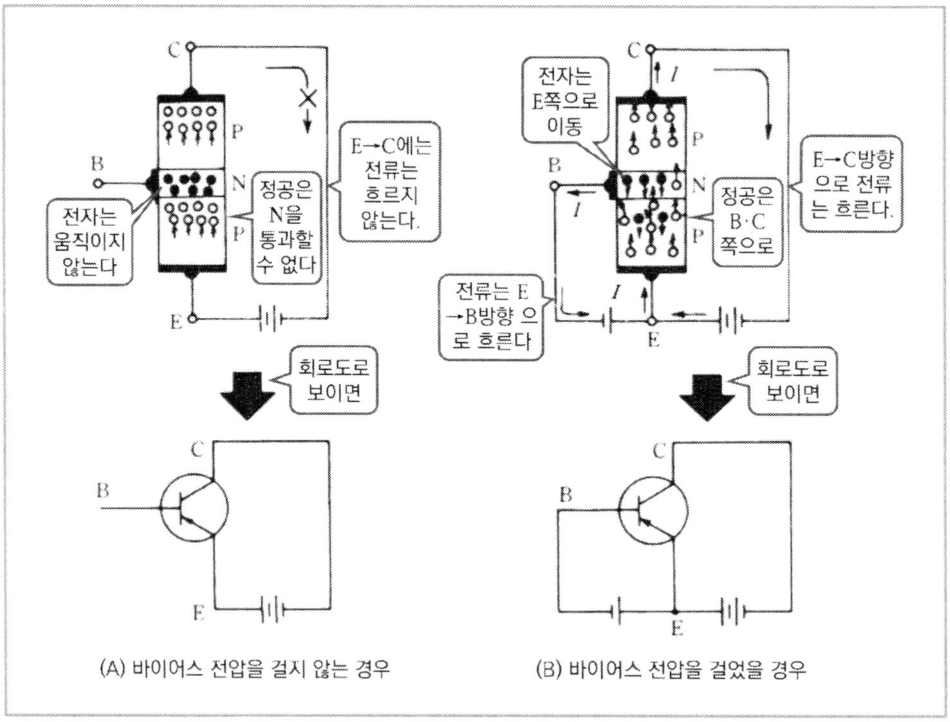

[그림19] 트랜지스터에 전류가 흐르는 모양

이상의 것을 바꾸어 말하면 트랜지스터는 단지 콜렉터와 이미터 간에 전압을 걸어도 전류는 흐르지 않는다. 그러나 PNP형이나 NPN형이나 베이스와 이미터 간에 순방향 전압을 가하면 베이스와 콜렉터간이 역방향 전압을 받아서 고저항의 상태라도 약간의 베이스 전류가 흐르고 이와 동시에 이미터에서 콜렉터 간에도 전류가 흐르게 된다.

NPN형 트랜지스터의 경우도 정공을 전자로 대치하여 바이어스 전압[83](베이스와 이미터간 전압)을 반대방향으로 해서 공급하면 똑같은 동작을 한다.

4.3 트랜지스터의 증폭작용 - 〈전압이나 전류의 증폭을 증대시킨다〉

확성기는 작은 소리를 큰 소리로 바꿔 스피커로부터 내보내는 장치인데 그 때 작은 소리의 변화를 큰 소리로 변하려면 그 진폭을 크게 하면 된다. 이것을 「증폭」이라고 한

83) 게르마늄 트랜지스터는 약 0.1V, 실리콘 트랜지스터는 약 0.5V이상의 전압을 베이스와 이미터 간에 걸지 않으면 베이스 전류가 흐르지 않는다. 이를 위해 가한 전압을 말한다.

다. 그러면 트랜지스터가 어떻게 해서 진폭을 크게 할 수 있는가에 대해서 설명하기로 한다.

그림20과 같이 PNP접합의 트랜지스터를 쓴 **이미터 접지**의 전류의 증폭작용에 대해서 설명하면 이미터와 베이스 간은 순방향 전압이므로 이미터 속의 정공은 이미터에서 베이스로 진행해 가고 반대로 베이스 속의 전자는 베이스에서 이미터 쪽으로 진행해 간다.

이미터에서 베이스 속에 들어간 정공은 자유전자와 결합하게 되는데 결합하기까지 다소 시간이 걸린다. 그러므로 정공이 베이스 속에 들어가서 결합해야 할 전자를 찾는 동안에 콜렉터 측에 걸려 있는 강력한 ⊟의 전압이 정공을 끌어당겨 정공은 베이스를 지나 콜렉터 측으로 이동한다. 즉 베이스가 이미터 속의 정공을 유혹해 내기 때문에 정공(홀)이 콜렉터 측으로 가게 되어 결과적으로는 이미터(E)와 콜렉터(C) 간에 전류가 흐르게 된다.

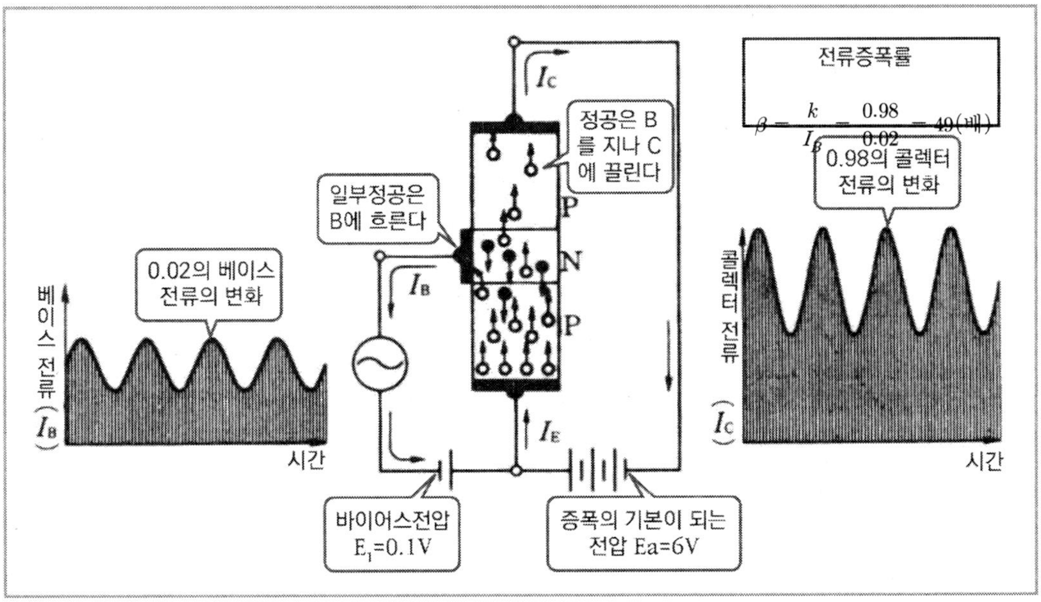

[그림20] PNP형 트랜지스터의 전류증폭작용

그런데 이미터에서 나온 정공은 전부 콜렉터로 가느냐 하면 그렇지 않다. 그 이유는 베이스를 지날 때 베이스와 전자와 결합한 일부의 정공은 이미터와 베이스 간의 전류로서 흐르고 나머지 정공이 콜렉터로 이동하기 때문이다. 예를 들면 이미터 속에 있는 100%의 정공 중 2%가 베이스 속의 전자와 결합하여 베이스 전류가 된다고 하면 나머지 98%의 정공은 모두 콜렉터 측에 흘러 콜렉터 전류가 된다.

이미터에 흐르는 전류를 I_E, 베이스에 흐르는 전류를 I_B, 콜렉터에 흐르는 전류를 I_C로 하고 여기서 이미터에 흐르는 전류 I_E 를 "1"로 하면 앞서의 예의 경우 각 전극에 흐르는 전류의 비율은 베이스 전류 I_B 가 0.02, 콜렉터 전류 I_C 가 0.98이 된다. 이 경우 I_C (콜렉터 전류)와 I_B (베이스 전류)의 비를 「전류 증폭률」이라 하고 기호를 β로 나타내고 있다. 즉 $\beta = \frac{I_C}{I_B}$가 된다.

여기서 지금까지의 설명을 거꾸로 하면 I_B (베이스 전류)를 0.02 흘리면 콜렉터에 I_C (콜렉터 전류)를 0.98흘릴 수 있다는 것이다. 바꾸어 말하면 $\beta = \frac{I_C}{I_B}$ 에서 $\frac{0.98}{0.02} = 49$ 배의 전류 증폭률로 되어서 트랜지스터는 증폭작용이 있다는 것을 나타내고 있다.

여기서 주목할 점은 베이스에 흐르는 전류 I_B 가 그대로 증폭된 것이 아니고 베이스 속에 약간의 전류를 흘림으로써 다른 큰 전류(이미터 전류와 콜렉터 전류)를 제어하는 식으로 증폭된다는 것이다. 다만 베이스 전류에 진폭 ΔI_B 의 전류변화를 주었다고 하면 콜렉터 전류 측에는 전류 ΔI_C 의 큰 변화가 나타나게 되는데 결과적으로는 베이스에 가한 교류전류 ΔI_B 가 증폭되어서 ΔI_C 로 되어서 콜렉터 측에 발생한 것이 된다.

제 5 장 : 간단한 전자회로

전류가 흐르는 회로에는 저항, 코일, 콘덴서 등을 조합하여 구성하는 전기회로와 진공관, 다이오드, 트랜지스터 등을 조합하여 구성하는 회로가 있다.

진공, 기체 혹은 반도체 내의 전자의 이동을 이용하는 진공관이나 트랜지스터는 저항, 코일, 콘덴서 등과 조합하여 회로를 만들면 여러 가지 동작을 할 수가 있다. 이렇게 해서 어떤 기능을 가진 회로를 「전자회로」라고 한다. 그리고 이 전자회로의 기본적인 기능에는 정류, 증폭, 발진[84), 변조[85), 및 복조[86)가 있다.

이 장에서는 다이오드나 트랜지스터, 사이리스터를 쓴 전자회로의 성질을 살펴보기로 한다.

5.1 다이오드를 쓴 전자회로 - 〈브리지 정류회로에 의한 양파전류란〉

직류발전기에서 교류발전기로 옮긴 초기에는 교류발전기(타여자)를 여자하는데 직류발전기(여자기)와 자동전압 조정기를 조합한 방식이 채용되고 있었다. 이에 대해서 현재 널리 쓰이고 있는 자여자 교류발전기에서는 여자기를 쓰지 않고 교류발전기 자신이 발생하는 교류전기의 일부를 반도체 정류기에 의해서 직류전류로 변환한 다음 이것을 여자전류로서 쓰이고 있다.

반도체 정류기의 원리를 그림21의 **브리지 정류회로**에 의해서 설명하기로 한다. 단자 a가 단자 b보다 고전위가 되면(⊞가 되면) 전류는 D_3→부하(계자권선)→D_2의 회로(그림의 ①코스)를 지나고 다음에 단자 a가 단자 b보다 낮은 전위가 되면(⊟가 되면) D_4→부하→D_1의 회로(그림의 ②코스)를 지난다.

84) 주파수가 높은 고주파를 발생시키는 것을 말한다.
85) 음성전류와 고주파 전류를 조합하는 것을 말한다.
86) 음성전류와 고주파 전류가 조합된 피변조파에서 음성전류를 꺼내는 것을 말한다.

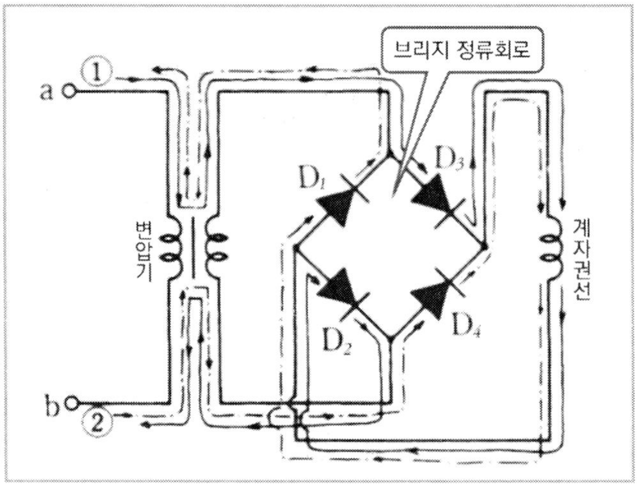

[그림21] 브리지 양파정류

따라서 부하(계자권선)에는 그림22와 같이 교류입력전압의 ㊀의 기간도 출력이 나타나게 된 양파정류로 되어서 전류(맥류)가 흐른다. 그리고 다시 브리지 정류회로와 콘덴서를 병렬로 접속하면(평활회로라고 한다) 양파정류된 맥류를 전지에서 공급되는 것과 같은 평활직류에 접근시킬 수 있다. 이러한 평활회로에 있어서의 콘덴서는 플랜저 펌프에 있어서의 공기실과 마찬가지로 맥류를 정류하는 역할을 한다.

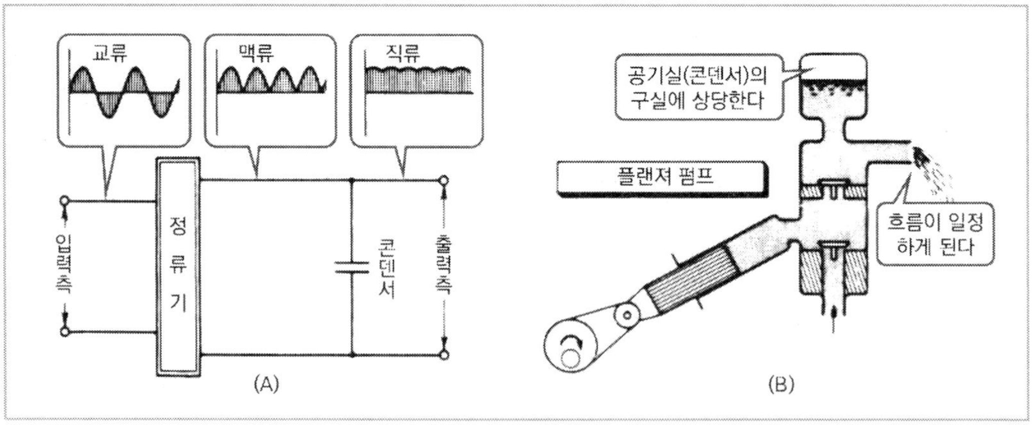

[그림22] 평활회로의 역할

또한 자여자 교류발전기에서는 발전기의 발생전압을 언제나 일정하게 유지하기 위하여 리액터, 변압기 등으로 구성된 여자장치에 의해서 반도체 정류기에 흐르는 전류를 발전기의 단자전압에 따라서, 예를 들면 단자전압이 저하하면 정류기를 흐르는 전류가 증가하고 여자전류를 증대하도록 자동적으로 발전기의 전압을 제어한다.

5.2 트랜지스터를 쓴 전자회로 - 〈세 가지 접지방법이 있다〉

앞에서 배운 바와 같이 트랜지스터에는 *E*(이미터), *B*(베이스), *C*(콜렉터)의 3개의 전극이 있다. 2단자에 입력신호를 가하고 2단자에서 출력신호를 꺼내기 위해 하나의 전극을 입력·출력단자로서 공통으로 사용하지 않으면 안 된다. 1단자를 공통으로 했을 때의 기본적인 회로에 다음의 세 가지 접지 방법이 있다.

(1) 베이스 접지

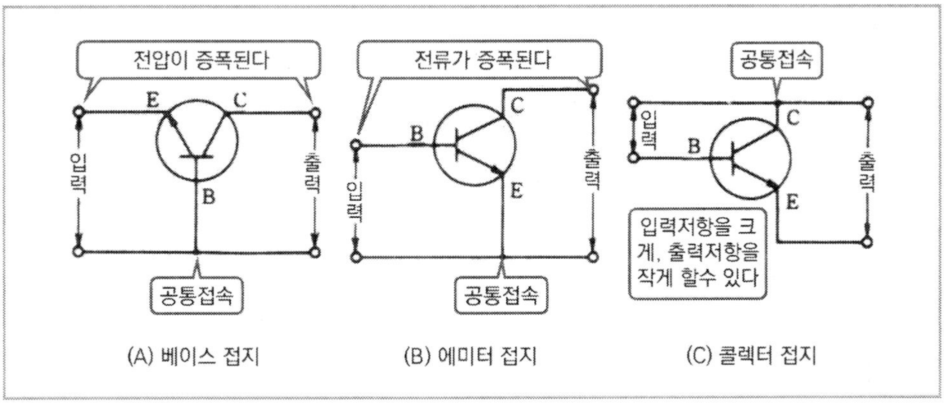

[그림23] 트랜지스터의 기본회로

그림23(A)와 같이 베이스를 공통으로 한 회로로, 이미터와 베이스 간을 입력 측, 콜렉터와 베이스 간을 출력 측으로 한 것을 베이스 접지라고 한다.

베이스 접지의 경우 전압증폭이 목적이 되는 회로라고 할 수 있다. 예를 들면 이미터 측에 0.1V의 전압의 변화를 준 바 이미터 전류가 0.5mA(밀리암페어) 변화했다고 하면 그 때문에 콜렉터 전류가 변화한다. 베이스 접지의 경우 전류 증폭률이 1보다 작아 0.96정도의 값이 되므로 콜렉터 전류의 변화분은 0.5(mA)×0.96=0.48(mA)가 된다. 그리고 출력 측의 부하저항에 5kΩ의 저항을 접속해 두면 그 양 단자 간의 전압은 0.48(mA)×5(kΩ)=2.4(V)만큼 변화 한 것이 된다. 그러므로 입력 측을 0.1V

변화시키면 출력 측이 2.4V 변화하여 24배로 전압이 증폭된 것이 된다.

트랜지스터의 기본회로

접지법	입력 측 단자	출력 측 단자	특 징
베이스 접지	이미터와 베이스	콜렉터와 베이스	전압증폭작용이 있다
이미터 접지	베이스와 이미터	콜렉터와 이미터	전류증폭박용이 있다.
콜렉터 접지	베이스와 콜렉터	이미터와 콜렉터	입력저항을 크게 하여 출력저항을 작게 한다.

(2) 이미터 접지

그림23(B)와 같이 이미터를 공통으로 하여 베이스와 이미터 간에 증폭하고자 하는 신호전압을 걸고 콜렉터와 이미터 간에 출력신호를 꺼내도록 한 회로이다.

이미터 접지는 가장 널리 사용되며 이 경우 전류증폭이 목적이 되는 회로이다. 이미터 접지의 전류증폭작용에 대해서는 이미 앞 장의 4.3에서 배웠으므로 이것을 참조하기 바란다.

(3) 콜렉터 접지

그림23(C)와 같이 콜렉터를 공통으로 하여 베이스와 콜렉터 간에 입력신호전압을 걸고 이미터와 콜렉터 간을 출력단자로 하는 회로이다.

이 회로의 경우 전류증폭 혹은 전압증폭은 없고 입력저항을 크게, 출력저항을 작게 할 수 있는 특징이 있다. 일반적으로 증폭회로로서는 사용되고 있지 않다.

5.3 사이리스터를 쓴 전자회로 - 〈전자의 권총으로 전류를 흘리기 시작〉

사이리스터(SCR)[87]는 N형 반도체와 P형 반도체를 4층으로 접합한 PNPN접합소자이며 스위치의 작용과 교류를 직류로 하는 정류의 기능을 가진 것이다. 따라서 교류·직류전동기의 속도제어, 전동의 조광장치, 무접점 스위치로서 응용되고 있다.

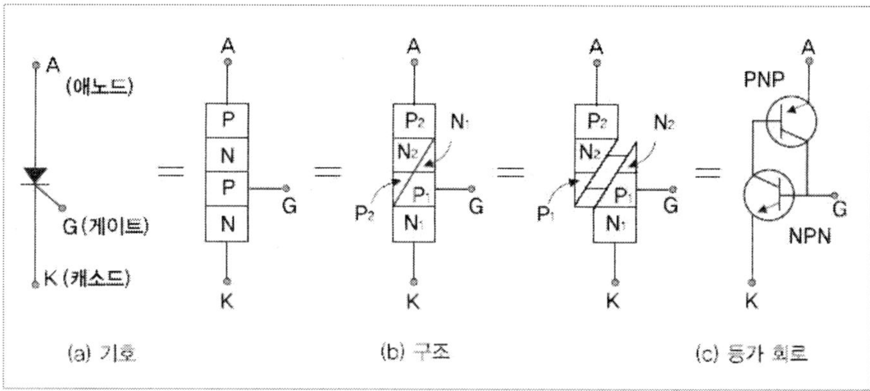

SCR의 기호 및 구조

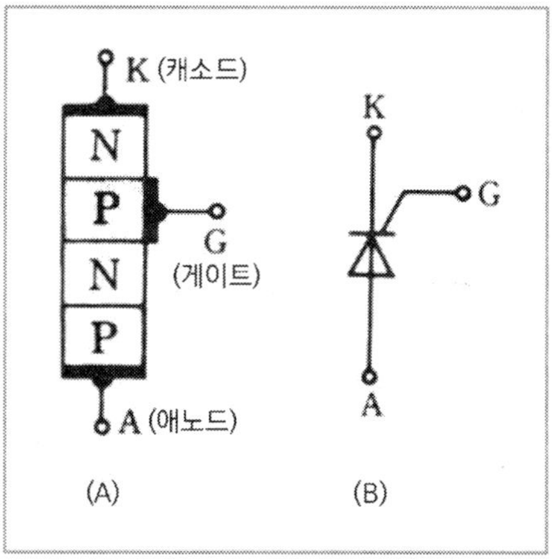

[그림24] 사이리스터(P게이트)의 접합과 그림기호

사이리스터(P게이트)는 그림24(A)와 같이 P형과 N형의 반도체를 4층으로 접합한 것으로, 중간의 P형에서 게이트(G), 위의 N형에서 캐소드(K), 하층의 P형에서 애노드(A)를 구성하고 있으며 그림 기호는 그림(B)와 같이 나타내어진다.

---

87) Silicon Controlled Rectifier의 약자

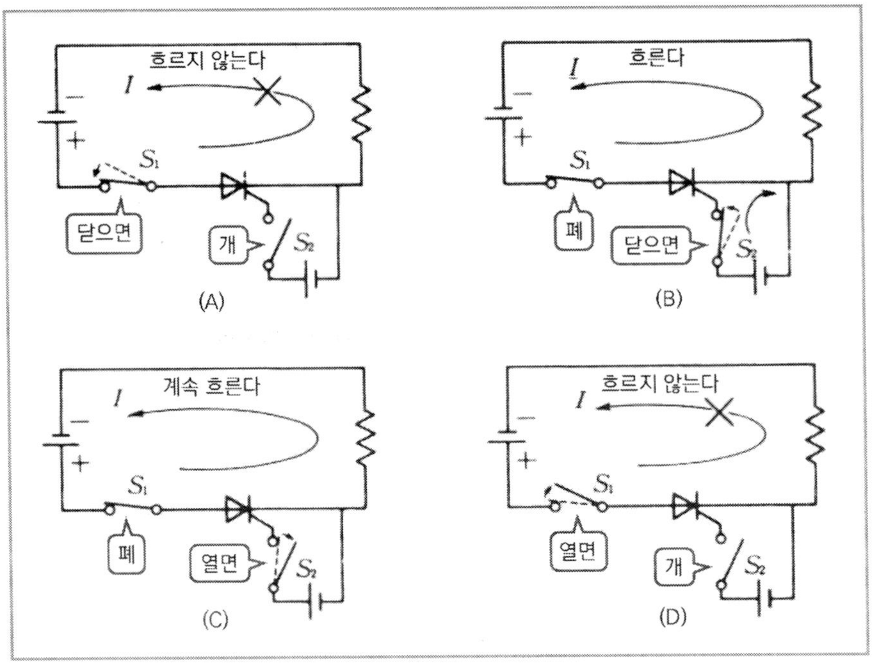

[그림25] 사이리스터의 역할

① 스위치 S_1을 투입해도 전류 I는 흐르지 않는다.[그림(A)]

② 다음에 S_1을 투입한 상태에서 S_2를 투입하여 게이트 전류를 흘리면 전류 I는 흐른다.[그림(B)]

③ S_2를 열어도 전류 I는 계속해서 흐른다.[그림(C)]

④ S_1을 열면 전류 I의 흐름은 멈춘다. 다시 S_1을 투입해도 S_2를 투입하지 않는 한 전류 I는 흐르지 않는다.[그림(D)]

이상과 같이 사이리스터에 전류가 흐르기 시작하려면 K(캐소드), A(애노드)에 전압을 걸어 두고 권총의 방아쇠(트리거)에 상당하는 G(게이트)에 전류를 흘려야 전류가 흐른다. 그리고 이 전류가 흐른 다음 게이트 전류를 멈추어도 전류는 계속해서 흐른다.

제 4 편

시퀀스 제어의 기초

시퀀스 제어는 각 산업분야에 있어서 자동제어의 핵심으로서 크게 성장하고 있다. 전기산업분야뿐만 아니라 인쇄, 식품, 제철, 상하수도 등 많은 분야에서 시퀀스 제어 기술자가 활약하고 있다. 그러나 시퀀스 제어의 발달에 비해 시퀀스 기술자의 양성이 뒤지고 있는 사실도 보아 넘길 수 없다. 이것은 컴퓨터 기술의 진보·발전에 의해서 시퀀스 제어가 크게 변화하고 있기 때문이기도 하다.

공장에서의 작업을 생각해 보자. 공장에서는 그 작업이 연속적인 것이 있는가 하면 불연속적인 작업도 있다. 이런 작업을 각기 시퀀스 제어에 의해 프로그래밍 해두면 사람이 없어도 일정한 사이클을 두고 작업을 되풀이해서 만들어내는 제품이 일정할 뿐 아니라 사람의 손도 그만큼 덜게 되어 공장의 무인화를 이룩할 수 있다. 요즘 흔히 듣는 로봇도 말하자면 이 시퀀스 제어에 의해 사람 대신 작업을 하는 것이다.

이러한 시퀀스는 보통 마이크로컴퓨터나 PC(Programmable Controller)가 쓰인다. 이들이 출현함으로써 릴레이 시퀀스에 익숙해 있던 기술자들은 좋건 싫건 간에 마이크로컴퓨터나 PC를 다루지 않으면 안 되게 되었다.

제1장에서 시퀀스의 기본을 설명하고 제2장에서는 시퀀스 제어에 필요한 기기 즉 릴레이나 개폐기에 대해 그 기구나 동작을 설명한다. 또 제3장에서는 시퀀스 제어에서 상태 검출기기의 신호를 받아 제어조건의 적부를 판단하는 부분인 여러 가지 계전기의 상태를 나타내는 논리회로에 대해서 설명한다.

무접점 계전기의 문자기호

(a) 무접점 계전기의 문자기호 : 무접점 계전기에 대해서 다음 문자를 사용한다.

문자기호	용어	문자기호에 대응하는 원어
NOT	논 리 부 정	not
OR	논 리 합	or
AND	논 리 곱	and
NOR	논 리 합 부 정	nor
NAND	논 리 적 부 정	nand
MEN	일 시 기 억	memory
ORM	복 귀 기 억	off return memory
RM	영 구 기 억	retentive memory
FF	플 립 플 롭	flip flop
BC	이 진 카 운 트	binary counter
SFR	시프트레지스터	shift register
TDE	동 작 시 지 연	time delay energizing
RDD	복 귀 시 지 연	time delay de-energizing
TDB	동작시복귀시지연	time delay(both)
TDD	슈미트 트리거	schmidt trigger
SSM	싱 글 쇼 트	single shot
MLV	멀티바이브레이터	multi-vibrator
AMP	증 폭 기	amplifier

[비고] 1. ORM(복귀기억)은 전원투입시의 상태가 항상 출력「0」이고, RM(영구 기억)은 전원재투입시 이전의 상태가 재현된다.

(b) 입출력 문자기호 : 무접점 계전기의 입출력을 명확히 할 필요가 있을 때는 다음 문자를 사용한다.

문자기호	용어	문자기호	용어	문자기호	용어
X	정상 입력	R	리세트 입력	J	절연입력
Y	역상 입력	XE	익스팬드 입력 정상	UV	교류
Z	보조 입력	YE	익스팬드 입력 역상	LM	영조정 입력
A	정상 출력	SE	익스팬드 입력 세트	UVW	교류
B	역상 출력	RE	익스팬드 입력 리세트	PN	직류(바이어스 포함)
S	세트 입력	F	중간 입력	O	공통모선 또는 중성점

[비고] 1. 전원단자번호에 첨숫자를 붙이는 것은 전위가 높은 것에서 1, 2로 한다.
2. 정상, 역상의 정의는 그 요소의 기능을 기준으로 하여 정한다.

제 1 장 : 시퀀스 제어

1.1 시퀀스 제어

시퀀스 제어는 각종 제어법 중 가장 오래된 것으로 지금도 자동화 운전의 일익을 담당, 산업용이나 가정용 기계에 이르기까지 널리 이용되고 있다. 그러나 이 제어는 학문적 조성에 의한 것이 아니라 이른바 현장의 요구를 실현시키기 위해서 경험과 기술의 축적에 의하여 발전된 것이다.

공장에서의 작업이란 반드시 연속적인 공정이 아니라 불연속적인 것도 많은 비중을 차지한다. 이러한 것을 시퀀스 제어에 도입시켜 무인화 공정으로 할 수 있는 것이다.

일반적으로 사용되고 있는 제어를 크게 나누어 보면 궤한제어(feedback contorl)와 시퀀스 제어(sequential control)로 나눌 수가 있다.

궤환제어에는 전압이나 회전수, 수위 등 물체, 공정, 기계 등에서 제어의 대상이 되는 어떠한 양을 외부에서 주어진 목표값과 항상 일치시키기 위해 그 제어량을 검출하고 제어장치에 의하여 제어량과 목표값을 비교하여 그에 따른 수정동작을 일으켜 일정값을 유지하려는 것이다.

반면에 **시퀀스 제어**는 단지 제어대상의 동작을 미리 정해 놓고 그 순서에 따라 제어를 차례로 진행해 나가는 제어로, 시퀀스 제어에서는 다음 단계에서 행할 제어동작이 이미 정해져 있고 전 단계의 동작을 완료한 후 또는 동작 후 일정시간이 지난 뒤 다음 동작으로 넘어가는, 단순히 온(ON), 오프(OFF)를 반복하는 **순서제어**(일명 프로그램 제어)와 제어결과에 따라 어떤 일정한 조건이 충족되면 다음 동작을 선정하여 다음 단계로 넘어가는 **조건제어**의 두 종류가 있다.

- 제어
  - 궤환제어
  - 시퀀스제어
    - 순서제어
    - 조건제어

예를 들면 가정용 세탁기의 자동세탁의 경우와 네온사인의 점멸등에 적용되는 것은 단순한 순서제어이다. 이에 반하여 엘리베이터의 자동운전 시퀀스의 경우를 보면 만약 이 엘리베이터의 상승 운전시 6층에 상승 푸시버튼이 눌려져 있으면 6층에서 정지하고 하강 푸시 버튼이 눌려져 있거나 푸시버튼이 눌려져 있지 않으면 통과한다. 즉 푸시 버튼의 조건에 따라 동작이 변하는 조건제어이다. 조건제어에 사용하는 신호원으로는 이 밖에 리미트 스위치, 레벨 스위치 등이 있으며 또 타이머나 카운터 등이 설정값에 도달한 신호 등도 사용된다.

1.2 시퀀스 제어의 기본구성

(1) 시퀀스 제어의 기본

시퀀스 제어는 정해진 순서에 따라 어떤 제어동작에서 다음 제어동작으로 이어지는 시간적 계열화와 동작결과에 대한 두뇌적 판단이 합해져서 실행해 나가는 것이다. 이런 제어동작을 실행해 나가는 제어장치로는 공기식이나 유압식도 있지만 보통 사용되는 것은 전기식이다.

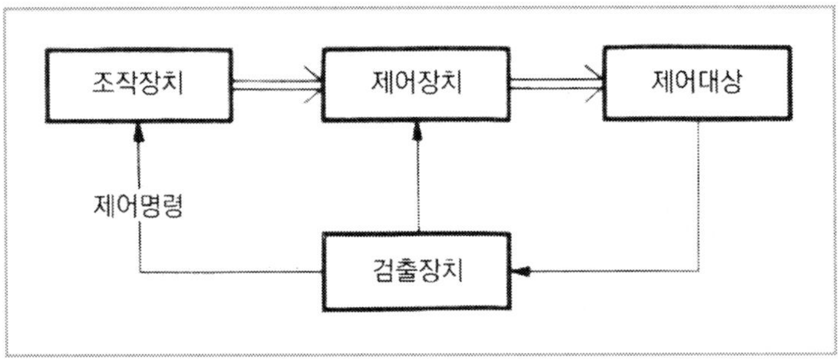

[그림1] 시퀀스 제어의 기본 블록 선도

전기식 시퀀스 제어장치의 구성은 동작상태를 검출해 내는 검출장치와 동작상태를 운전자에게 알려 주는 표시장치, 그 상태에 따라 직접 입력을 넣어 주는 조작장치, 조작장치의 입력에 따라 제어되는 제어장치(전기적 계전기군), 제어장치에 의해 동작을 받는 제어대상으로 이루어져 있다.

① 검출장치

제어대상의 상태, 이른바 기계량 또는 전기량, 동작위치, 압력, 온도, 유량 등의 각종 물리적 양을 검출 또는 계측하여 다음 제어명령을 결정하게 하는 것으로, 제어조건의 만족여부, 명령에 따라 동작하여 다음 단계로 진행할 수 있는 지의 조건을 판단하는 장치이다.

마이크로 미터, 스트레인 게이지, 프로세스 조절계, 마이크로 스위치, 리미트 스위치 등이 이에 속한다.

② 조작장치

시퀀스 제어동작의 시동이나 정지시 또는 비상시에 사용되는 푸시 버튼형 스위치, 제어 스위치, 전환 스위치 등을 말하며 운전자 및 운전관리자에 의해 운전된다.

③ 제어장치

제어장치는 전자계산기, 무접점 계전기 등으로 구성되며 시퀀스를 형성하는 논리판단, 회로의 선택 등을 하고 제어대상인 전동기나 유압기기 등에 제어명령을 전달하는 역할을 하며 동작시간을 결정하는 한시장치, 제어대상의 상태를 기억하는 기억장치, 온도, 압력 등의 변화에 따른 조건을 계산하여 적당한 제어명령을 내릴 수 있게 하는 계산기 장치 등도 부속된다.

(2) 자동제어의 종류

① 정치제어

목표값이 일정한 자동제어를 말하며 목표값이 시간에 따라 변하는 것이 아니고 외부조건에 의한 영향을 받지 않고 일정한 값으로 제어되는 것으로, 선실의 냉난방 장치, 주기관 윤활유와 냉각수의 온도제어, 보일러의 수면제어 등이 이에 속한다.

② 추치제어

목표값이 시간이나 상태에 따라 임의로 변하는 자동제어로 추종제어, 비율제어, 프로그램 제어 등으로 나누어진다.

가. 추종제어

목표값이 임의로 시간적으로 변화하는 때의 추치제어인데 목표값이 임의로 변하고 제어량이 이것을 정확히 따라가고 외부로부터 영향이 없도록 하는 것이다. 기관의 연료가감 핸들이나 가변 피치 프로펠러의 원격제어나 자동평형 계기류 등에 사용되는 서보 기구의 대부분은 이에 속한다.

나. 비율제어

목표값이 다른 어떤 양과 일정한 비율관계를 가지고 변화하는 경우의 추치제어인데 보일러의 자동연소장치에서 연료와 공기의 공급량을 일정하게 유지하도록 하는 경우의 연소제어가 이에 속한다.

다. 프로그램 제어

목표값이 미리 정해진 제어동작의 순서에 따라 제어의 단계를 진행해 나가는 것으로, 이미 정해진 변화를 하는 온도 또는 속도 등과 같이 어느 특정의 가변량에 대한 제어이다.

열처리로·유도 가열로의 온도제어, 엘리베이터의 속도제어 등이 이에 속한다.

제 2 장 : 시퀀스 제어에 사용되는 기기

2.1 입력조작 스위치(검출 스위치)

(1) 수동 스위치

기계를 시동시키거나 정지시킬 때 등의 명령을 바꿀 때 사람이 직접 힘을 가하는 것으로, 누르고 있을 동안만 작동하고(ON 혹은 OFF) 외력을 없애면 즉시 복귀하는 스위치로 푸시 버튼(push button)형과 핸들 조작식이 있다. 힘을 가하면 닫히는(ON) 것을 **a접점**(make contact)이라 하고 반대로 힘을 가하면 열리는(OFF) 스위치를 **b접점**(break contact)이라고 한다.

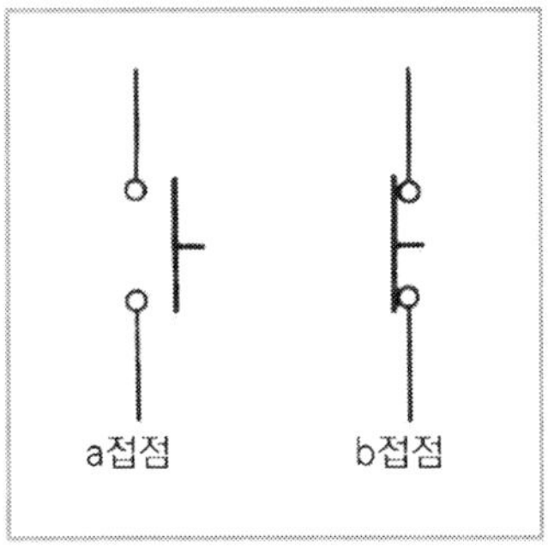

[그림2] 자동복귀접점

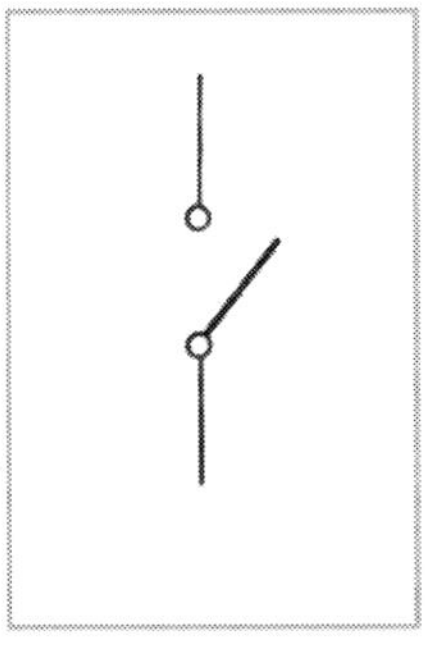

[그림3] 유지형 스위치 접점

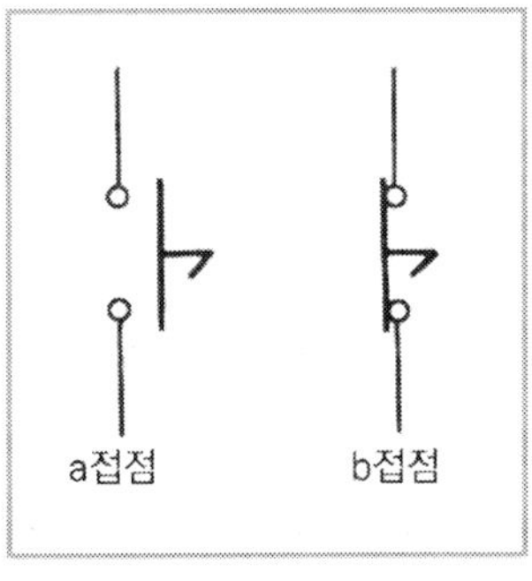

[그림4] 조작 스위치 잔류접점

유지형(lock)은 복귀를 위해서 역동작을 해야 하는 것이며 조작 스위치 잔류 접점은 스위치를 닫는(혹은 여는) 조작을 한 뒤 외력을 제거하면 핸들을 원위치로 돌아가나 접점은 그대로 유지되며 다음 여는(혹은 닫는) 조작을 해야만 처음의 상태로 복귀된다. 수동 스위치는 조작방법에 따라 버튼 스위치(button switch), 회전

스위치(rotary switch), 풋 스위치(foot switch)가 있다.

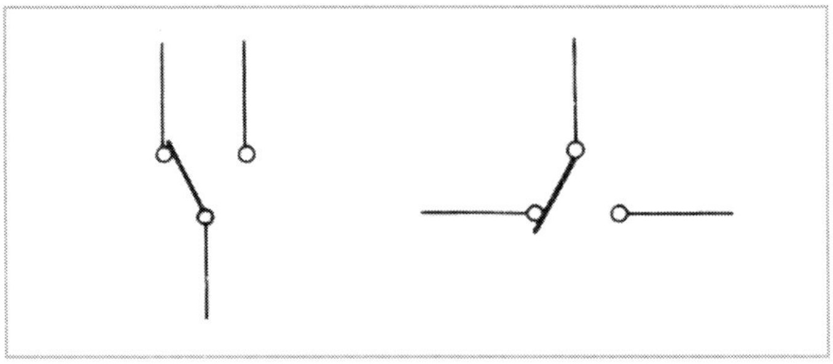

[그림5] C접점의 기호

버튼 스위치는 손으로 눌러서 작동시키는 것으로, 가장 널리 사용되는 것이다. **회전 스위치**는 회전에 의해서 접점의 개폐가 달라지는 것으로, 공통접점을 가지고 있어 이쪽저쪽으로 접점의 연결이 바뀌도록 되어 있는 것도 있는데 이런 것을 **트랜스퍼 접점**(transfer contact) 또는 **c접점**이라고 한다. **캠 스위치**(cam switch)는 핸들을 앞으로 당겨 회전시켜서 전기회로를 선택할 수 있게 되어 있는 것으로, 전동기의 정회전, 역회전 및 속도 제어용으로 많이 쓰고 있다. 특히 회전 스위치 중에는 풋 스위치는 발로 밟아서 접점이 개폐되는 것으로, 주로 공작기계, 소형 전동기 등의 운전에 널리 사용된다.

(2) 마이크로 스위치(micro switch)와 리미트 스위치

일명 **감지 스위치**(sensitive switch)라고 하며 크기가 작은 스위치로서 아주 작은 접점간극과 스냅 액션(snap action)기구를 가지며 규정된 이동과 힘으로써 작동되는 개폐접점기구가 케이스에 싸여 있고 그 외부에 접촉자(actuator)를 가지고 여기에 외력을 가해 접점을 개폐하는 것이다. 이것은 시퀀스 제어의 신호검출작용을 한다. 주로 제어대상의 위치검출, 상태검출, 기계의 구동거리를 제한하는 곳에 공정의 전환을 위한 기계적 신호를 전기적 신호로 바꾸는데 인터락 제어, 안전제어 등 이것의 사용 장소와 목적이 극히 다양하고 종류 역시 다양하다.

① 마이크로 스위치

페놀 수지로 만든 케이스에 넣어 밀폐한 정밀한 스냅 액션 스위치로 단체로 사용하는 수도 있지만 일반적으로 보호하는 용기에 넣어 사용하거나 용도에 적당한 기구를 갖는 접촉자를 갖도록 설계되어 있다.

② 밀폐형 마이크로 스위치(enclosed sensitive switch)

기본 마이크로 스위치를 보호할 목적으로 금속상자에 넣어 밀폐한 것으로, 이 스위치는 기계적 응력에 강하고 주위의 악조건에도 아주 강하여 일반 공업용으로서 물, 기름, 가스 등에 의하여 보통 스위치로는 작동하기 곤란한 곳에서도 기능을 충분히 발휘할 수 있기 때문에 주로 리미트 스위치(limit switch)로서 공업용으로 다방면에 사용되며 많은 종류가 있다.

리미트 스위치란 동작부분이 움직였을 때 그 이상 움직여 충격적인 조작량이 직접 가해지지 않도록 되어 있는 기구이며 정밀동작을 한다.

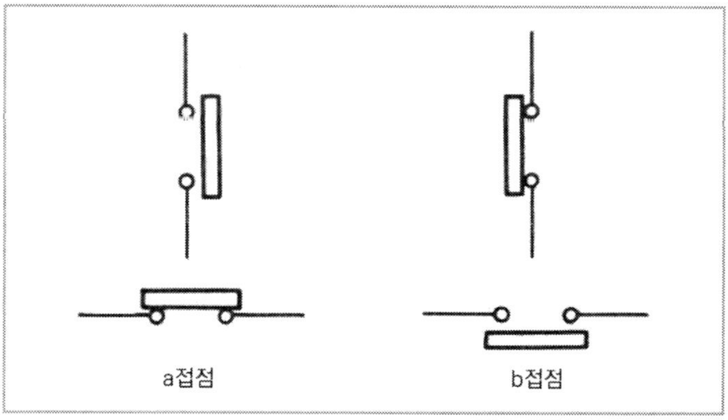

[그림6] 리미트 스위치 (기계적 접점)

2.2 제어연산 스위치

(1) 전자 계전기(magnetic relay)와 특수 계전기

전자 계전기는 시퀀스 제어에 있어서 제어회로를 구성하는 가장 중요한 것으로, 초소형으로부터 대용량의 전력을 제어하는 전자 접촉기와 차단기에 이르기까지 그 종류가 많다. 원리는 전자석의 코일에 전류를 흐르게 하여 그 자력의 변화에 가동 접점을 닫아(혹은 열리고) 전류를 차단시켜 자력이 없어지면 스프링의 탄성에 의해 복귀된다.

그림7에서 보면 조작 스위치를 넣으면 코일 a에 전류가 흘러 자력이 발생하고 그 자력에 의해 접점 a가 붙게 되고 부하에 전력이 공급된다.

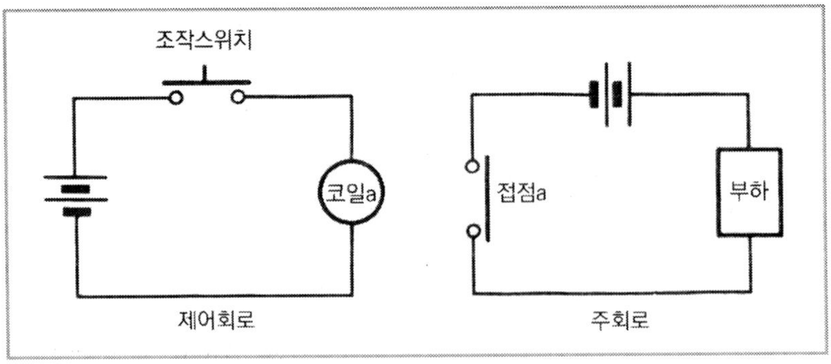

[그림7] 전자 계전기의 원리

조작 스위치를 열면 코일 a는 자력을 잃고 접점은 떨어지게 되어 부하에 전력공급이 중단된다. 여기서 코일이 있는 회로를 제어회로접점에 의해 부하가 작동, 정지하는 회로를 주회로라 하며 전자 계전기는 반드시 전자 코일과 접점으로 구성된다.

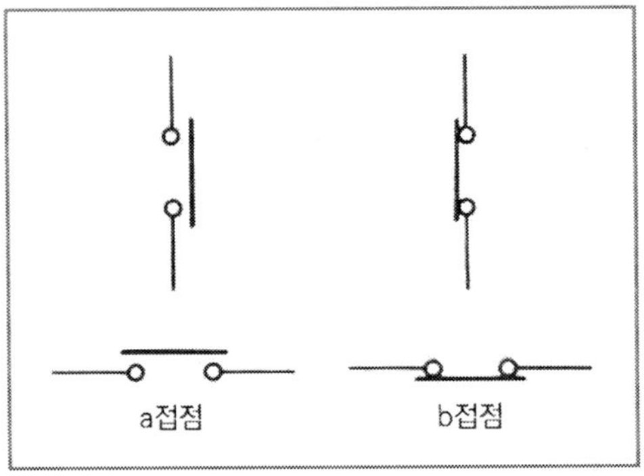

[그림8] 전자접점

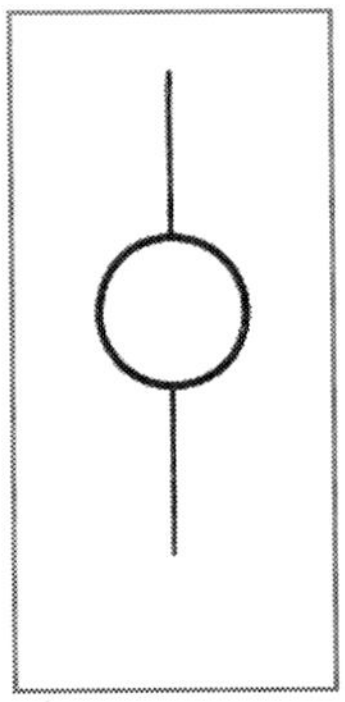

[그림9] 전자 코일

전자 코일 하나로 접점수를 많이 하여 많은 접점을 개폐할 수 있도록 해서 동시 제어용도 가능하다. 그리고 다른 작용으로는 입력을 받은 즉시 출력 접점이 동작하는게 아니라 일정시간이 지난 후에 작동하도록 한 것도 있다.

그림10은 한시동작접점으로, 입력신호를 받은 뒤 일정시간 뒤에 출력접점이 작동하며 입력신호가 없어지면 즉시 복귀되는 접점이다. 그림11은 순시동작 한시복귀접점으로, 입력신호를 받으면 즉시 출력접점이 작동하나 입력신호가 없어져도 일정시간이 지나야만 출력접점이 복귀되는 접점이다.

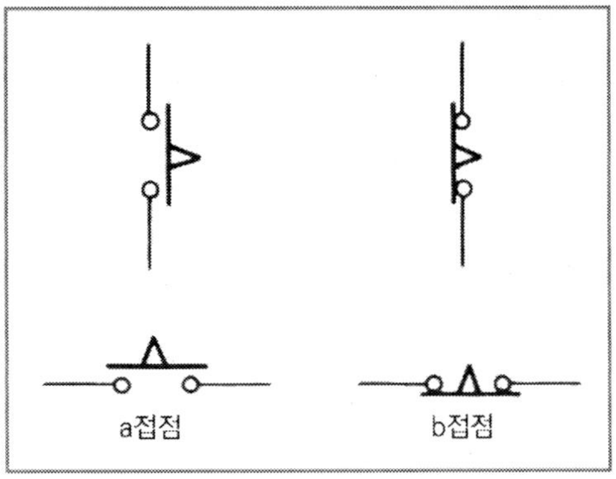

[그림10] 한시동작접점

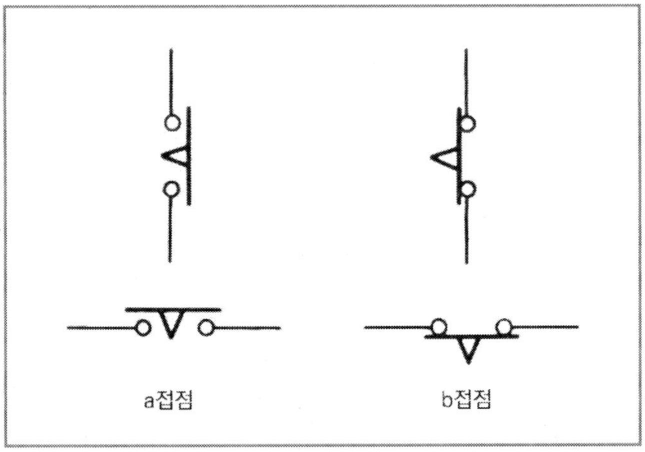

[그림11] 한시복귀접점

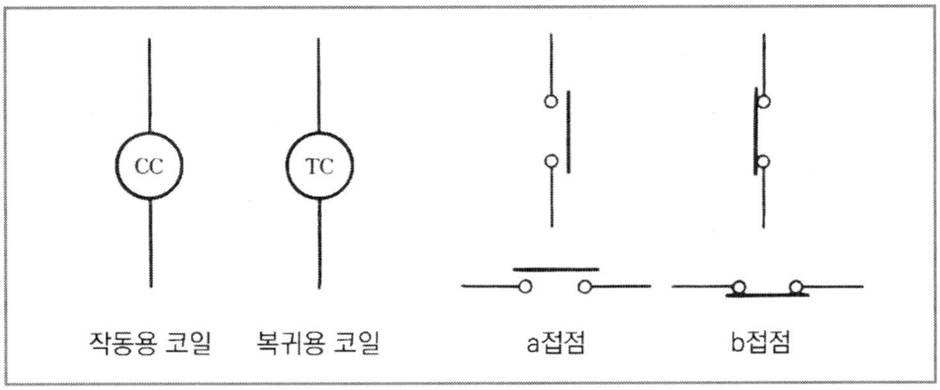

[그림12] 유지형 계전기의 전자 코일과 접점

또 다른 종류는 어떤 입력을 받으면 그 입력을 기억하여 입력이 소멸하여도 다음의 입력신호가 없으면 처음의 입력에 의하여 출력접점이 동작하게 할 수 있다.

접점형 전자 계전기의 장단점

〈장점〉

① 금속접점이므로 출력회로의 내부저항이 매우 작다.
② 입력회로와 출력회로가 전기적으로 분리되어 있다.
③ 1개의 계전기로 여러 개의 출력회로를 가질 수 있다.
④ 과부하에 대한 여유도가 크다.
⑤ 전기적 입력의 '+'와 '-'를 간단히 얻을 수 있다.
⑥ 지연요소를 간단히 만들 수 있다.
⑦ 스위치 회로 하나당 가격이 싸다.

〈단점〉

① 제어압력이 비교적 크다.
② 동작시간과 복귀시간이 길다.
③ 개방형 접점으로는 외부요소에 의한 영향을 받을 수 있다.

전자 계전기의 종류로는 크게 나누어 일반 전자제어 계전기와 특수제어 계전기로 나눌 수 있다.

일반 전자 계전기에는 성능이 우수하며 접점수도 많고 수명이 긴 와이어 스프링 계전기, 비교적 대형이지만 구조가 견고하고 동작이 확실한 수평형 계전기, 통신기용으로 사용되는 힌지형 계전기, 스냅 액션 기구를 사용한 마이크로 스위치형 계전기, 고장수리가 용이한 플랜저형 계전기 그리고 주로 트랜지스터 회로와 같이 각종 사무기, 통신기기 등에 사용되는 초소형 계전기 등이 있다.

특수제어 계전기는 전기적인 입력신호를 직접 또는 간접적으로 동작시킬 때 이것에 따른 동작에는 특수한 조건과 맞도록 목적 또는 용도에 따라 설계된 것으로 리드 스위치, 리드 계전기, 수은접점 계전기, 유극 계전기, 키프 계전기(Keep relay), 라체트 계전기, 한시 계전기 등이 있다.

(2) 무접점 계전기와 근접 계전기

전자 계전기와 달리 출력 측에 접점이 없이 자기 증폭기, 트랜지스터, 다이오드, SCR 등을 사용하여 게이트 신호로써 출력회로를 접속 또는 차단시킬 수 있다.

무접점 계전기 중 자기 증폭식 무접점 계전기는 자기포화현상을 이용하여 입력전류가 없으면 자기 증폭기의 유도 리액턴스에 의해 출력이 나오지 않으며 입력전류를 크게 하면 자기포화로 인해 유도 리액턴스가 없어져 출력이 나오는 방식이다. 이것을 이용하여 논리회로를 구성할 수 있다.

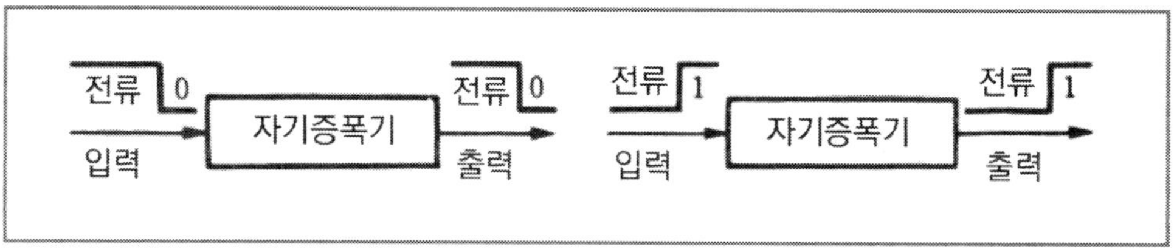

[그림13] 자기 증폭기식 무접점 계전기의 작동

트랜지스터식 무접점 계전기는 트랜지스터, 다이오드, 저항으로써 회로가 이루어지면 입력신호로 트랜지스터의 베이스에 정 또는 부의 전압을 가해주면 트랜지스터의 출력단자인 콜렉터와 이미터 간에 전압이 나타나거나 나타나지 않거나 한다.

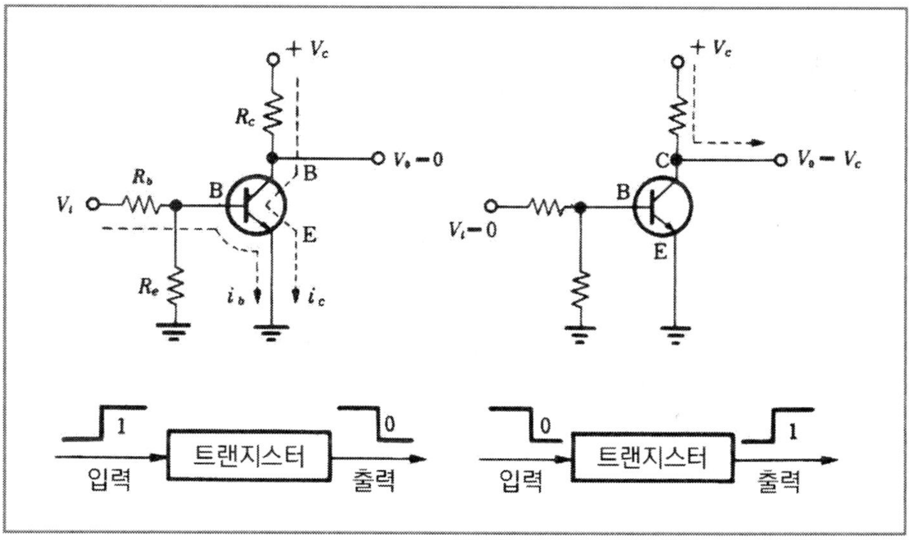

[그림14] 트랜지스터형 스위치 회로의 동작

그림14를 보면 입력 V_t 가 있어 트랜지스터의 베이스와 이미터 간에 전류가 흐르면 콜렉터와 이미터 간에 전류가 흘러 출력전압 V_o는 거의 없다. 입력 V_t 가 없으면 베이스와 이미터 간에 전류가 흐르지 않고 콜렉터와 이미터 간에도 전류가 흐르지 않아 출력전압 $V_c = V_t$ 가 된다. 이것이 트랜지스터 스위치의 기본동작으로 회로를 결합시켜 여러 기능을 갖게 할 수 있다.

트랜지스터식 무접점의 장점은 소형이고 움직이는 부분이 없으며 동작속도가 빠르고 소비전력이 적고 증폭작용이 크며 신뢰도가 크다. 그리고 기억요소를 간단히 구성시킬 수 있고 감도가 높고 진동 및 충격에 강하며 수명이 길다는 것이다. 단점으로는 내열성이 나쁘고 회로구성이 복잡하며 외부 노이즈의 영향을 받고 단순하면서도 값이 비싸다는 것이다.

이 밖에 무접점 계전기로는 반도체IC소자식 무접점 계전기와 사이리스터식 무접점 계전기가 있다.

근접 계전기(adjacent relay)는 기계나 장치에 부착되어 물리적인 접촉없이 대상물체의 위치를 검출하여 관련된 제어장치에 전기적 신호를 검출신호로 보내는 것이 주 역할이다. 공업용에서는 물체가 접근하여 일정거리 이상 가까워지면 전자유도작용, 자기저항 등의 증가나 감소하는 것으로부터 접근동작을 검출하고 이 신호를 증폭하여 스위칭 작용을 갖도록 하여 출력신호를 내게 하는 것이다.

(3) 타이머(timer)

타이머는 입력신호를 받으면 일정한 시간이 지난 뒤에 출력을 발행하는 장치를 말하는 것으로, 한시 계전기와 한시 스위치가 여기에 속한다.

타이머는 기계적이거나 전기적 또는 전자적 장치를 이용하여 접점 등의 동작을 지연시키는 것으로, 간단한 스위치(ON-OFF)제어는 물론 프로그램 제어나 시퀀스 제어에서 많이 사용되는 기기이다. 타이머를 동작원리 및 방식에 따라 분류하면 기계적 장치로 제동식인 에어 타이머, 오일 타이머가 있고 전동기를 감속시켜 사용하는 모터 타이머 등이 있으며 전기적 장치로는 전력계통에서 보호 계전기로 사용되는 전자유도 타이머 등이 있고 전자적 장치로는 CR식 타이머에 속하는 CR타이머, 트랜지스터 타이머, 사이리스터 타이머 등이 있다.

사용목적에 따라 나누면 복귀식과 반복식이 있는데 복귀식은 입력에 의해서 시동이

개시되고 일정한 시간 이후에 접점이 전환된 후 입력이 없어지지 않는 한 그 상태로 지속된다. 복귀는 입력을 없애거나 복귀신호를 넣거나 수동조작으로 복귀시킨다. 보통은 스프링의 탄성을 이용하여 입력이 없어지면 원 위치로 복귀되는 것이 많다.

반복식은 연속한 입력에 의해서 한 사이클 또는 연속하여 이미 정해진 순서에 따라 되풀이되는 동작을 하며 거의 복귀동작은 하지 않는다.

① 제동식 타이머

전기적인 입력에 의해 전자석을 동작시켜 그 움직임을 공기나 기름 등의 유동저항에 의해 제동을 가하여 동작이 지연되도록 한 것을 말하며 종류에는 유체식과 공기식이 있으며 장시간용은 곤란하지만 주파수의 영향을 받지 않아 직류용, 교류용의 어느 것이든지 제작할 수 있다.

② 전자유도 타이머

적산 전력계와 비슷한 형태와 구조로 되어 있으며 원리는 유도전동기의 원리와 같다. 자극 사이에 알루미늄 원판을 넣고 자극을 이동시키면 자속과 원판이 수직 교차하여 원판에 기전력이 발생하여 전류가 흐르고 이 전류와 자극 사이에 전자력이 발생하여 원판은 자극과 같은 방향으로 이동한다.

주로 전력 계통의 보호 계전기로 이용된다.

③ CR타이머

CR타이머는 직류 전자 계전기의 전자석 코일에 저항을 직렬로, 콘덴서를 병렬로 접속하고 전압을 가하면 콘덴서의 충전, 방선작용에 의하여 전자석 코일의 작동전압이 되는데 시간이 거리는 것을 이용한 것으로, CR 타이머, 트랜지스터 타이머, 사이리스터 타이머가 있다.

④ 모터 타이머

소형 동기 전동기를 회전시키고 클러치, 감속 기어를 사용하여 회전축에 장치된 캠이나 레버에 의하여 마이크로 스위치를 동작시키는 것이다.

2.3 제어용 조작기기

(1) 전자 접촉기와 전자 개폐기

① 전자 접촉기(magnetic contactor)

전자 접촉기는 전자석 코일의 여자 및 소자에 의해 전기회로를 개폐하는 접촉기를 말하며 주로 전동기 등의 주회로 개폐를 목적으로 하고 있다. 분류를 보면 직류전자접촉, 저압교류 전자 접촉기, 고압교류 전자 접촉기 등으로 나뉘고 특성은 개폐용량, 빈도, 수명 등으로 표시된다.

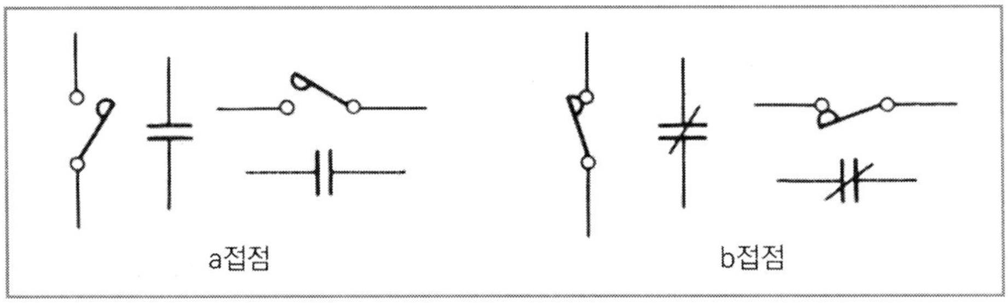

[그림15] 전자 접촉기 기호

② 열동형 계전기(thermal relay)

서멀 계전기는 열동형 계전기라고도 하는데 과부하 계전기로서 전류가 정격값 이상이 되면 과전류에 의한 열에 의하여 자동적으로 선로를 차단하는 작용을 하는 것으로, 두 금속 간의 열팽창의 차이를 이용한 바이메탈형과 과전류에 의한 가열저항에서 발생하는 열에 의하여 지지금속을 녹여서 접점을 차단시키는 열형이 있다.

③ 전자 개폐기(magnetic switch)

전자 접촉기와 과전류 보호장치를 합쳐서 푸시버튼형 스위치로 조작할 수 있게 1개의 상자 속에 들어 있는 것을 말한다.

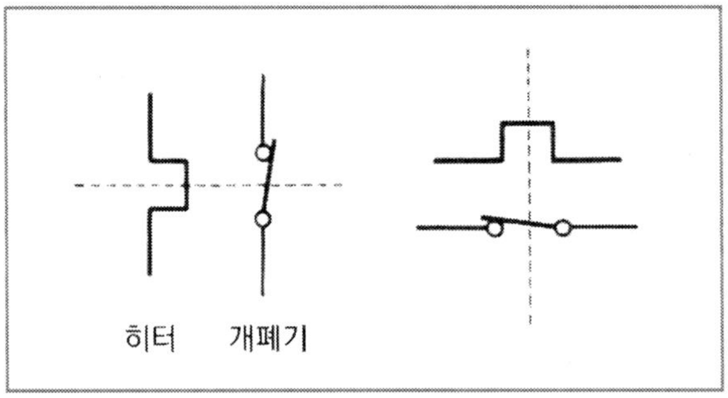

[그림16] 열동형 계전기의 기호

④ 배전용 차단기

보통 NFB(no fuse breaker)라고 하며 MCB라고도 하는데 교류 600V 이하, 직류 250V 이하의 전로보호에 사용되며 일반적 상태에서 일반 개폐기와 같이 동작하지만 과부하 및 단락 등의 이상이 발생하면 자동적으로 회로를 차단하여 보호할 수 있는 기능을 가지고 있다.

이 배전용 차단기는 배전선 및 전동기 등의 전기기기의 단락사고나 과전류로부터 보호하는 목적으로 사용되므로 보급률이 높다. 구조는 개폐기구, 트립 장치 등으로 이루어져 있으며 스위치를 끄는 트립 장치의 원리를 바이메탈을 이용하여 구동되는 열동작식과 과전류에 의한 전자력을 이용하는 전자식이 있다. 트립 조건으로는 과전류뿐만 아니라 부족전압 트립 장치, 전동기 조작기구, 보조스위치, 경보 스위치, 외부조작 핸들 등과 연동시켜 사용 할 수 있다. 전자 개폐기와 동작은 같지만 차단전류용량이 크고 고전압에 한시차단특성이라는 특징이 있다.

(2) 조작용 기기

제어연산 스위치에서 조건판단 혹은 계산결과에 따라 마지막으로 제어대상에 조작량을 주어 제어목적을 달성하는 부분을 말한다.

조작동력에 따라 조작기기를 나누면

① 전기식 : 전자 밸브, 전자 브레이크, 진동 밸브, 서보 모터, 펄스 모터, 각종 전동기

② 공기식 : 제동 밸브, 조작 실린더, 공기 모터

③ 유압식 : 파일럿 밸브, 서보 밸브, 조작 실린더로 나누어진다. 이러한 조작장치는 순수 전기식도 있지만 전기-유압, 전기-공기식을 조합시킨 것도 있다. 긴 왕복운동을 얻는 데는 공기식 또는 유압식이 좋고 전기-유압 또는 전기-공기압을 조합하는 것은 작은 전기신호로 큰 기계적 출력을 얻을 수 있다.

가. 전기식 1차 조작기기

다른 방식에 비해 신호속도가 빠르고 원거리 조작이 가능하며 에너지원에 연결하기가 쉽다.

ㄱ. 솔레노이드(solenoid)

직선운동의 기계적 이동을 얻는 장치 또는 기구로서 밸브 조작, 브레이크, 클러치, 댐퍼, 전자 접촉기 등 그 종류는 다양하고 광범위하게 이용되고 있다.

ㄴ. 전자 브레이크(magnetic breaker)

전자력에 의하여 회전부분과 정지부분 사이에 기계적 마찰력을 만들어 제동작용을 하는 것을 말하며 전동기의 급속한 정지, 양하기가 화물을 감아올린 뒤 화물이 떨어지지 않게 하는 등 안전상의 이유로 사용되고 있다. 보통 제동시 스프링에 의하여 기계적인 힘을 이용하고 재가동 할 때는 전자력을 이용한다.

제동부와 접촉하는 부분의 형상에 따라 디스크형(disc type), 밴드형(band type), 슈우형(shoe type)이 있다.

ㄷ. 서보 모터(servo motor)

제어신호에 따라 동작하는 동작발생장치로, 전기 에너지원과 공기 또는 유압 에너지원인 것이 있다. 전기식의 서보 모터에는 직류와 교류가 있고 수W에서 수kW까지의 크기가 있다. 보통 경우에 따라서는 전동기로 이용할 수 있지만 특히 서보 모터는 시동, 정지, 역전시킬 수 있고 가감속시 속응성이 좋은 것을 요구할 때가 많다.

제어는 직류용에서는 계자나 전기자 전류를 조정하면 저교류에서는 소형 단상 유도전동기, 대형에는 3상 유도전동기가 쓰인다. 제어법에는 한 상의 전압 또는 위상을 제어함으로써 목적을 달성할 수 있다.

ㄹ. 펄스 모터(pulse motor)

전기 펄스 신호를 받아 일정한 각 만큼 회전하는 전동기로, 직선운동을 하도록 한 것을 리니어 펄스 모터(linear pulse motor)라고 한다.

리니어 펄스 모터는 스텝 모터와 원리는 같으나 다만 원형으로 되어있는 고정자를 평면에 펼친 것이다. 전기유압 펄스 모터는 대출력을 얻기 위해서 전기 스텝 모터로 펄스에 비례한 신호에 들어가면 유압으로 일정각을 회전하는 것으로, 대출력을 내지만 유압원이 필요한 결점이 있다.

ㅁ. 전자 밸브(solenoid valve)

전자석에 의해 밸브를 움직여서 유체의 흐름을 개폐한다. 즉 제어장치로부터 전류의 조작신호가 왔을 때 밸브를 개폐한다. 전자 밸브 자체는 동작속도는 빠르나 전자석 자체의 효율이 좋지 않으므로 소비전력을 350W 이하로 제한하고 있다. 종류는 전자석의 가동편과 밸브 본체가 직결되어 있는 직동식과 파일럿 밸브를 사용한 파일럿 작동방식이 있다.

나. 공기식 조작기기

공기 또는 유압의 힘으로 밸브를 개폐하거나 또는 어떤 대상물을 밀거나 끌거나 하는 동작을 해야 한다. 이 때 사용하는 기기로서는 다이어프램과 스프링이 조합된 것으로서 신호 공기압과 다이어프램의 유효면적과의 곱에 비례하여 생기는 힘에 의하여 동작하도록 된 다이어프램식은 주로 공기장치에서 볼 수 있고 실린더 내에 유압이 들어가면 실린더가 밀려 나가는 원리를 이용한 실린더 모터는 간단한 구조에 큰 힘을 낼 수 있고 행정도 길고 속도가 빠르다.

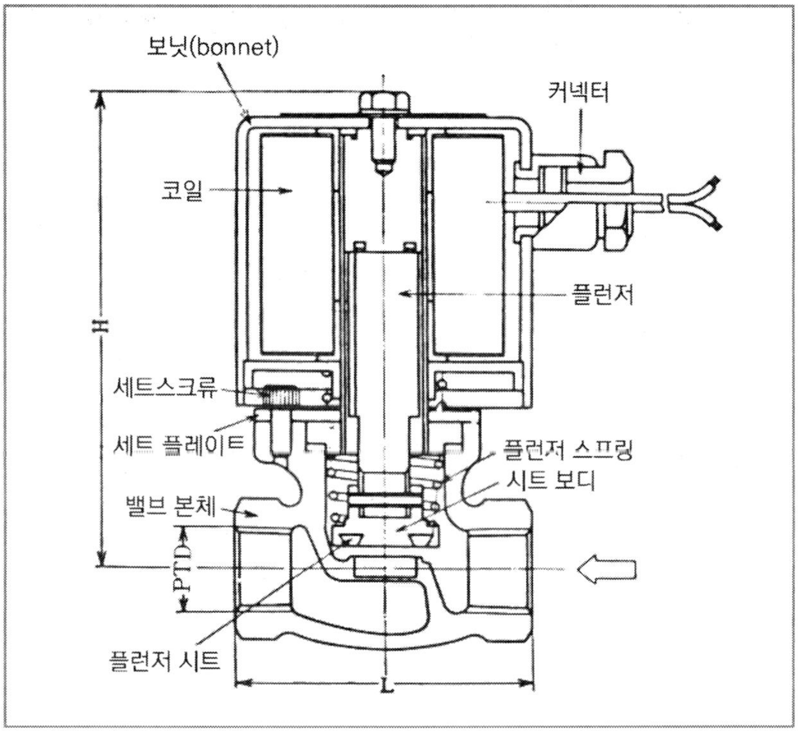

[그림17] 저압력용 전자밸브의 일례

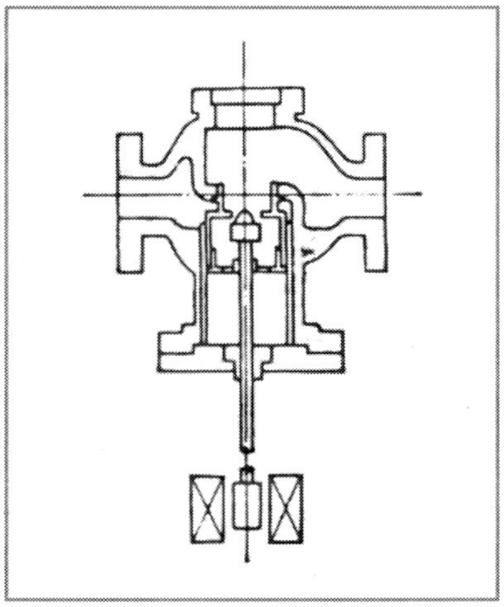

[그림19] 파일럿 작동방식 전자밸브의 구조

제 3 장 : 기본논리회로

논리회로는 시퀀스 제어에서 상태 검출기기의 신호를 받아 제어조건의 적부를 판단하는 부분의 여러 가지 계전기의 상태를 나타내는 것으로, 여기서는 단지 1과 0의 두 가지 상태로 나눈다.

접점 계전기, 다이오드, 트랜지스터로 구성되는 논리회로에서 1은 수학에서의 1과 달리 어떤 상태를 나타내는 논리값으로 접점 계전기 회로에서 스위치가 동작한 상태(ON), 여자기 코일이 여자되어 자력을 발생시키는 상태 및 다이오드나 트랜지스터 회로에서 접지에 대하여 어떤 크기의 높은 전압이 가해진 상태를 말한다. 0은 논리값 1과 완전히 분리된 어떤 상태로 접점 계전기 회로에서 스위치가 나간 OFF상태, 여자기 코일이 무여자로 자력을 잃은 상태, 다이오드나 트랜지스터 회로에서는 접지와 같은 전압인 전위 0의 상태로 되는 것을 뜻한다.

3.1 논리합(OR)회로

A or B의 뜻은 A 또는 B이다. 이와 같이 논리합(OR)회로는 여러 가지 조건 중 한 가지 조건만 성립하여도 출력이 나오는 회로를 말한다.

이 회로는 화재 경보장치에서 응용되는 것으로 실내 어디서 화재가 발생하더라도 경보가 울리도록 되어 있는 것과 같은 원리이다.

그림19에서 코일 Y가 작동하려면 접점 A와 B중 1개만 붙어도 회로가 형성되고 출력 Y가 나온다. 따라서 입력을 A, B, 출력을 Y라 하면 입력 A=0, B=0이며 출력 Y=0이고, 입력 A=1, B=0이거나 입력 A=0, B=1 또는 A=1, B=1이면 출력 Y=1이 된다. 이 때 논리식은 Y=A+B이다.

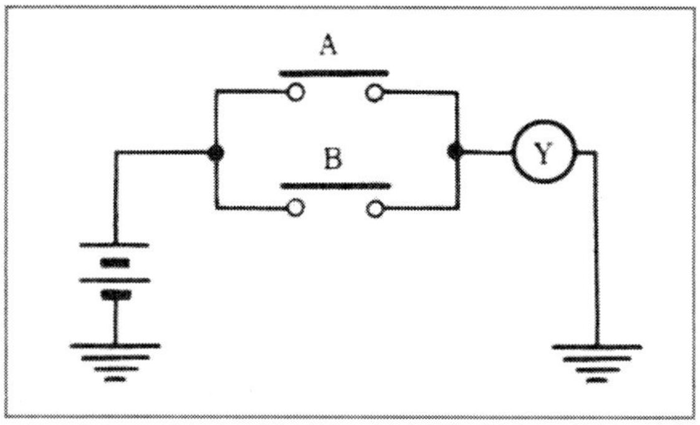

[그림19] 접점의 논리합 회로

논리기호 및 진리치표는 그림20, 21과 같다. 이 회로는 접점 A와 B의 병렬회로이며 3개 이상의 입력이 있는 경우도 같은 논리식이 성립된다. 앞의 논리식에서 A=1, B=1 일 때 Y=2가 아닌 Y=1이 된다. 논리식은 연산은 변수가 0,1의 두 가지 밖에 없기 때문이다.

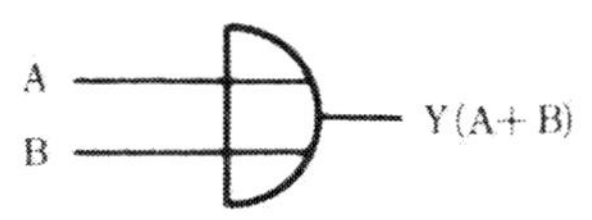

[그림20] 논리기호

입력		출력
A	B	Y
0	0	0
1	0	1
0	1	1
1	1	1

[그림21] 진리표

그림22는 다이오드의 논리합 회로로, 이것은 다이오드의 한쪽 방향으로만 전류를 통하는 정류작용을 이용한 것이다. 그림23과 같이 입력 A=0V, B=0V인 경우 이 회로의 모든 전위는 “0”이므로 전류가 통하지 않고 따라서 출력 Y=0V이다.

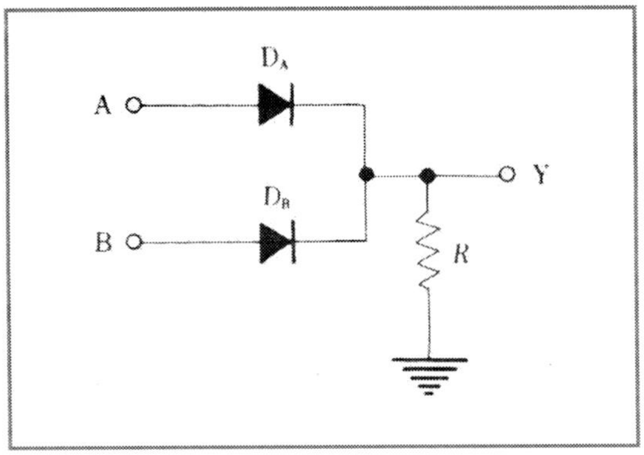

[그림22] 다이오드의 논리합 회로

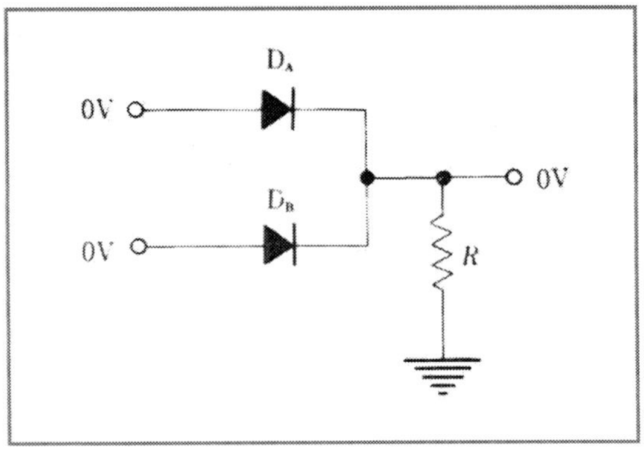

[그림23] A=0V, B=0V

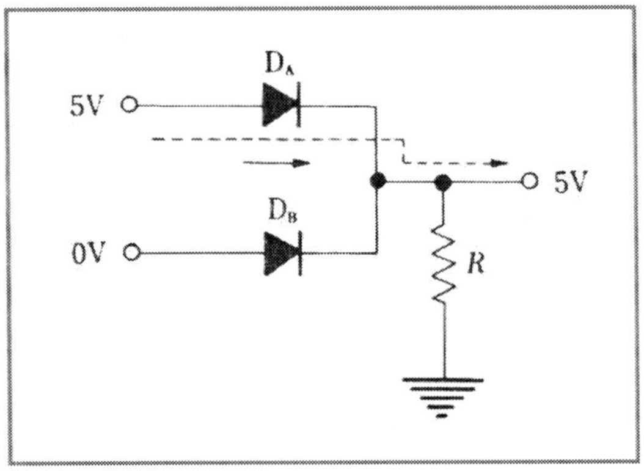

[그림24] A=5V, B=0V인 경우

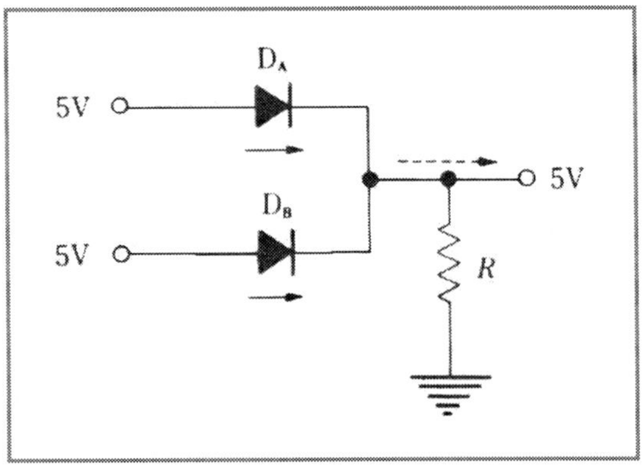

[그림25] A=5V, B=5V인 경우

그림24와 같이 입력 A=5V, B=0V이면 다이오드 D_A는 입력 A=5V에 대해 순방향으로 바이어스되어 전류가 통한다. 다이오드 D_B는 입력 A에 대해 역방향으로 바이어스되어 차단상태가 되므로 전류는 출력 Y쪽으로 흘러 출력 Y=5V가 된다. 그림25와 같이 A=5V, B=5V이면 다이오드 D_A와 D_B는 입력 A와 B에 대해 순방향으로 바이어스되고 A와 B의 전위가 같으므로 전류는 출력 쪽으로 흘러 출력 Y=5V가 된다. 그러므로 입력신호 A=0, B=0일 때만 출력신호 Y=0이 된다.

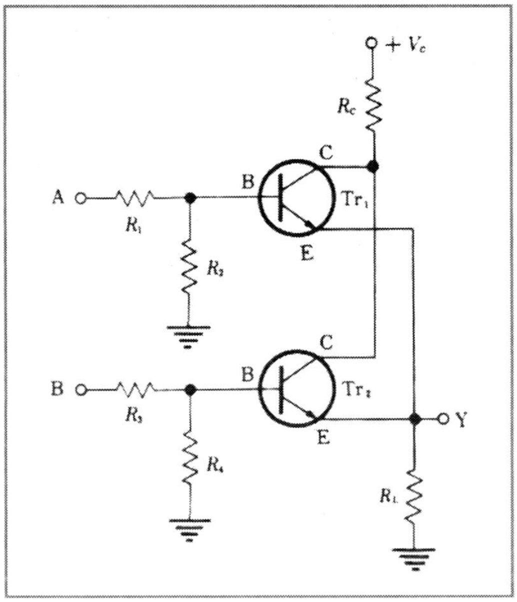

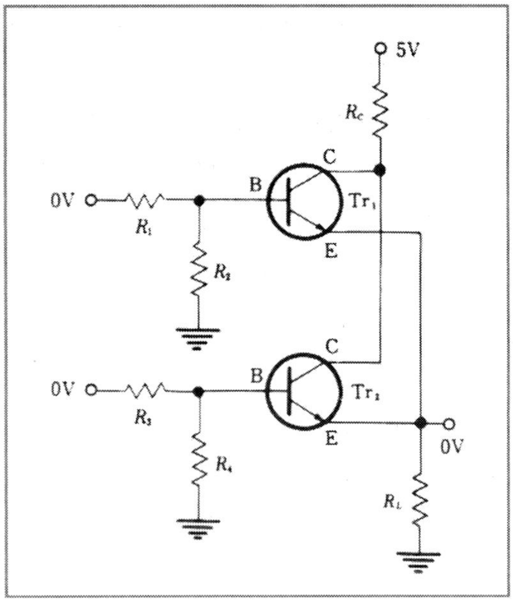

[그림26] 트랜지스터의 논리합 회로

[그림27] A=0V, B=0V의 경우

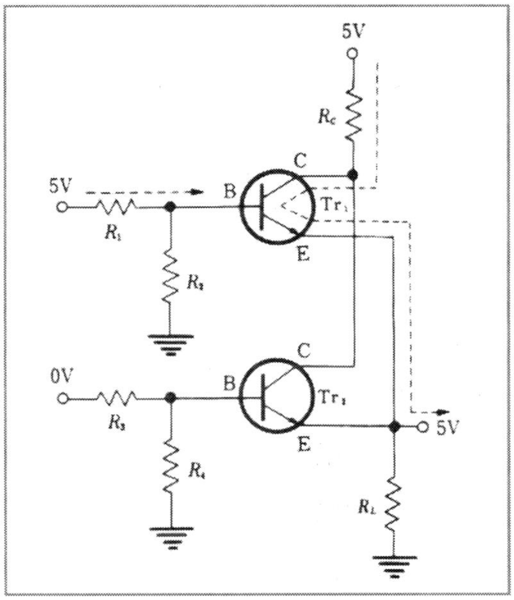

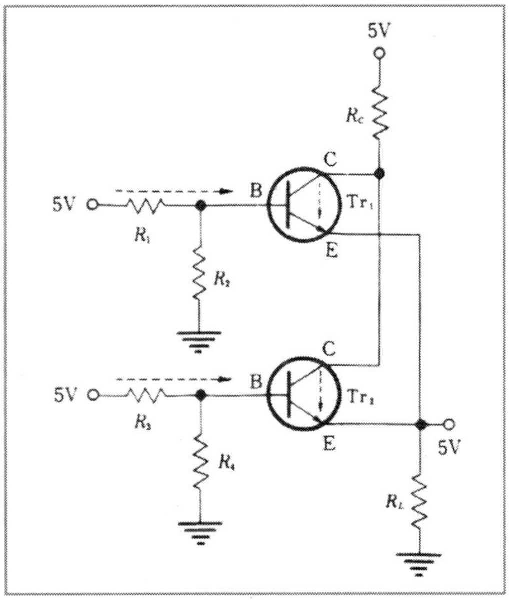

[그림28] A=5V, B=0V의 경우

[그림29] A=5V, B=5V의 경우

그림26은 트랜지스터 2개로 이루어진 논리합 회로로 트랜지스터 Tr_1, Tr_2의 콜렉터는 전압 $+V_c$에, 이미터는 출력 Y에 공통으로 연결되어 있다. 그러므로 트랜지스터 2개가 병렬로 연결되어 있다고 볼 수 있다. 트랜지스터의 논리합 회로는 트랜지스터의 베이스 전류가 흐르면 콜렉터와 이미터 간의 저항이 0에 가까워져서 콜렉터에서 이미터로 전류가 흐를 수 있는 포화영역이 되고 베이스에 전류가 흐르지 않으면 콜렉터와 이미터 간의 저항은 무한대로 되어 트랜지스터가 차단상태로 되는 성질을 이용한 것이다.

그림27과 같이 입력 A=0V, B=0V이면 트랜지스터 Tr_1, Tr_2의 베이스에 전류가 흐르지 않아 모두 차단상태로 되어 V_C=5V에 의한 전류가 흐를 수 없어 출력 Y=0V가 된다.

그림28과 같이 입력 A=5V, B=0V이면 트랜지스터 Tr_1의 베이스에는 입력 A에 의해 베이스 전류가 흘러 Tr_1은 포화영역으로 전류가 흐를 수 있고 트랜지스터 Tr_2의 베이스에는 전류가 흐르지 않아 Tr_2는 차단상태가 된다.

그런데 Tr_1과 Tr_2는 병렬로 연결되어 있으므로 V_C=5V에 의한 전류가 Tr_1을 통해 흘러 출력 Y=5V가 된다.

그림29와 같이 입력 A=5V, B=5V이면 트랜지스터 Tr_1, Tr_2에 입력 A와 B에 의한 베이스 전류가 각각 흘러 전류가 통할 수 있으므로 V_C=5V에 의한 전류는 Tr_1, Tr_2를 통해 흘러 출력 Y=5V가 된다.

3.2 논리곱(AND)회로

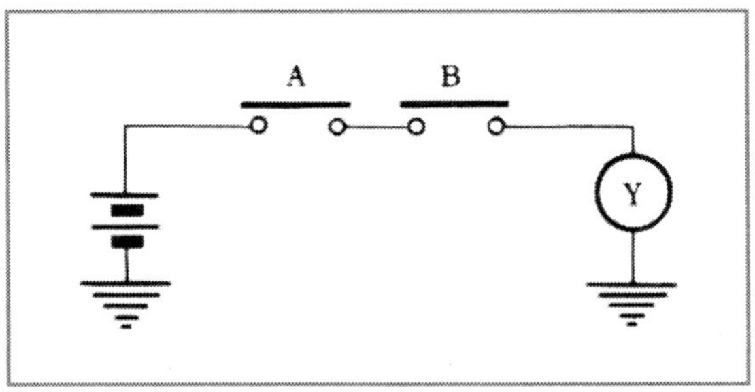

[그림30] 접점의 논리곱 회로

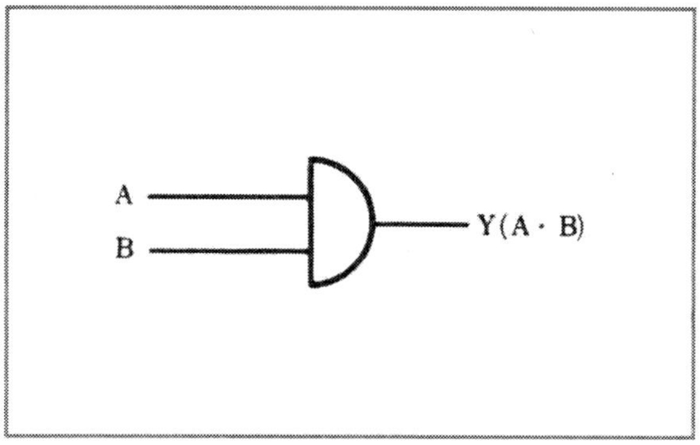

[그림31] 논리곱의 기호

입력		출력
A	B	Y
0	0	0
1	0	0
0	1	0
1	1	1

[그림32] 진리표

A and B의 뜻은 A와 B이다. 이와 같이 논리곱(AND)회로는 여러 가지 조건 모두가 성립되어야만 출력이 나오는 회로이다. 이 회로는 기관을 시동하려면 냉각수, 윤활유, 시동용 압축공기 등의 모든 조건을 갖추어야만 가능한 것과 같은 원리이다.

그림30에서 코일 Y가 작동하려면 접점 A와 B가 모두 붙어야만 회로가 닫히고 출력 Y가 나온다. 즉 입력 A=1, B=1이어야만 Y=1이 된다. 논리식은 Y=A·B이다. 논리기호 및 진리치표는 그림31, 32와 같다.

앞의 회로는 접점 A와 B의 직렬회로이며 3개 이상의 입력이 있는 경우도 같은 논리식이 성립된다. 즉 여러 가지 입력 중 한 가지만 없어도 출력은 나오지 않으며 모든 조건이 성립하여야만 출력이 발생할 수 있다.

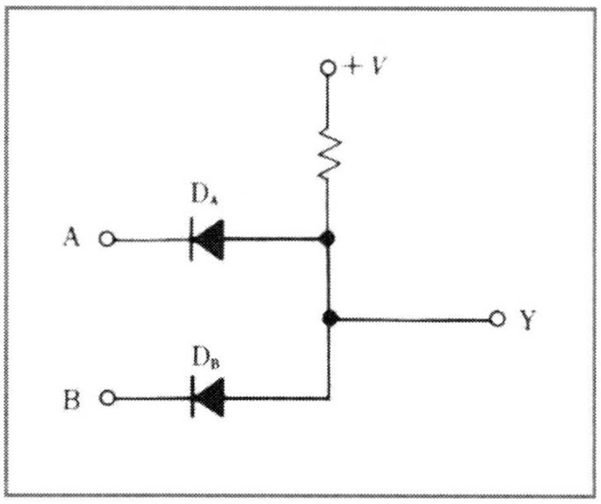

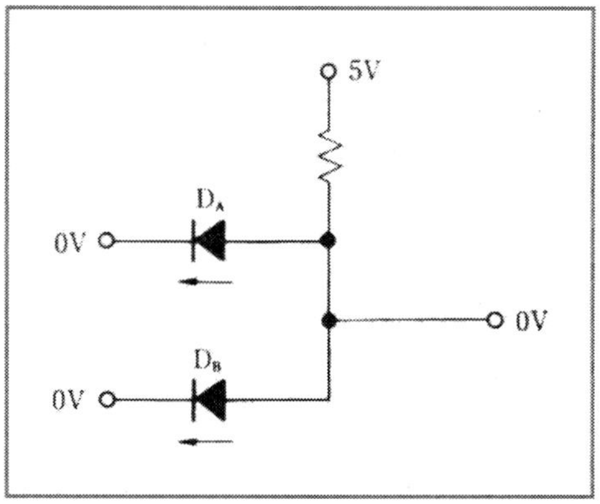

[그림33] 다이오드의 논리곱 회로 [그림34] A=0V, B=0V의 경우

그림33은 2개의 다이오드로 이루어진 논리곱 회로이다.

그림34와 같이 입력 A=0V, B=0V이면 다이오드 D_A, D_B는 모두 V에 대해 순방향이므로 전류는 부하저항이 있는 출력 쪽으로 흐르지 않고 다이오드 D_A, D_B를 통해서 흘러가므로 출력 Y=0V가 된다.

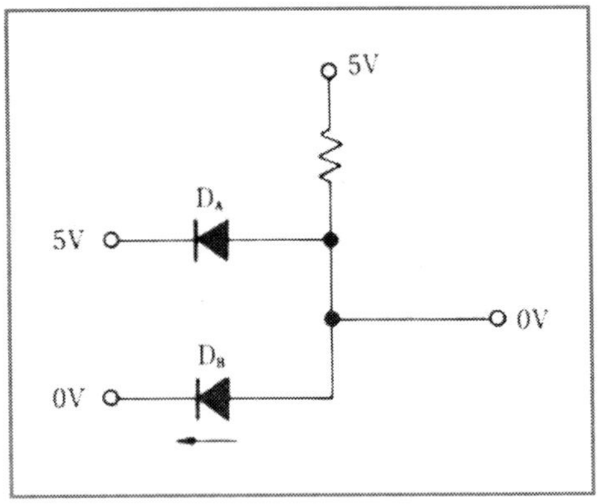

[그림35] A=5V, B=0V의 경우

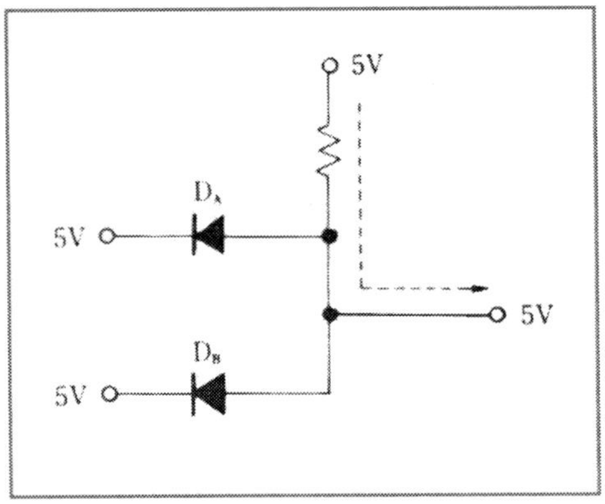

[그림36] A=5V, B=5V의 경우

그림35와 같이 입력 A=5V, B=0V이면 다이오드 D_A 는 입력에 대해서 역방향으로 바이어스되어 차단상태가 되지만 다이오드 D_B 는 입력이 없으므로 순방향으로 바이어스 되어 V에 의한 전류는 D_B 를 통해서 흘러가므로 출력 Y=0V가 된다.

그림36과 같이 입력 A=5V, B=5V이면 다이오드 D_A, D_B 는 모두 입력에 대해서 역방향으로 바이어스되어 전류를 통하지 못하므로 V=5V에 의한 전류는 출력 쪽으로 흘러 Y=5V가 된다. 그러므로 입력신호 A=1, B=1일 때만 출력신호 Y=1이 된다.

다음의 그림37은 2개의 트랜지스터 Tr_1, Tr_2가 직렬로 연결된 회로이다. 트랜지스터의 논리곱(AND)회로는 트랜지스터에 베이스 전류가 흐를 때는 트랜지스터의 콜렉터와 이미터 간의 저항이 0에 가깝게 되어 전류가 통하고 베이스전류가 흐르지 않으면 콜렉터와 이미터 간의 저항은 ∞로 되어 차단상태로 되는 성질을 이용한 것이다.

그림38에서와 같이 입력 A=0V, B=0V이면 트랜지스터의 베이스에 전류가 흐르지 않아 트랜지스터는 모두 차단상태가 되어 콜렉터와 이미터 간의 저항이 무한대가 되므로 V_c=5V에 의한 전류는 흐르지 못해 출력 Y=0V가 된다.

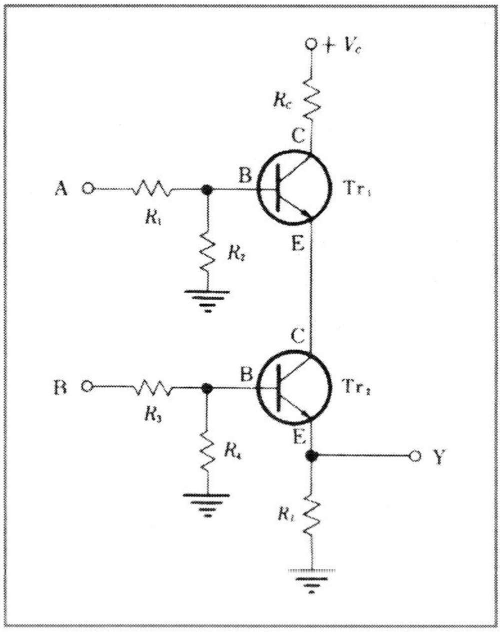

[그림37] 트랜지스터의 논리곱 회로

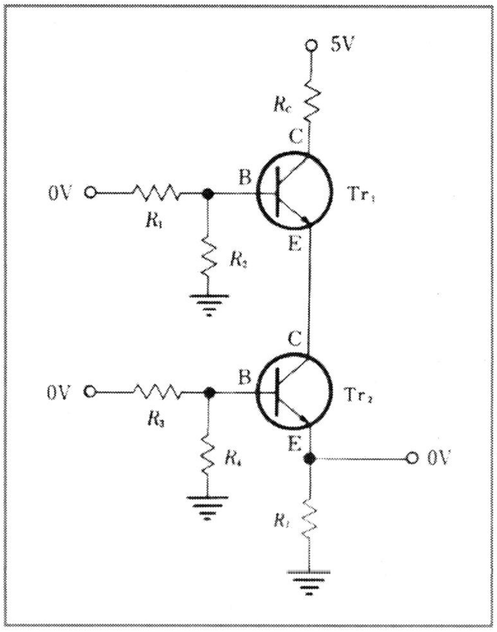

[그림38] A=0V, B=0V의 경우

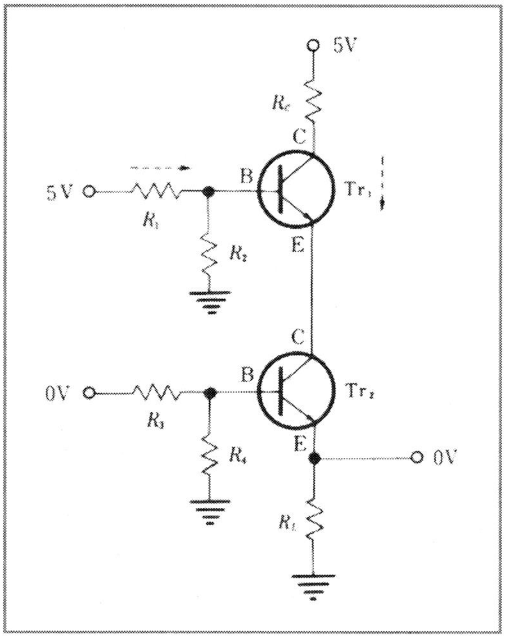

[그림39] A=5V, B=0V의 경우

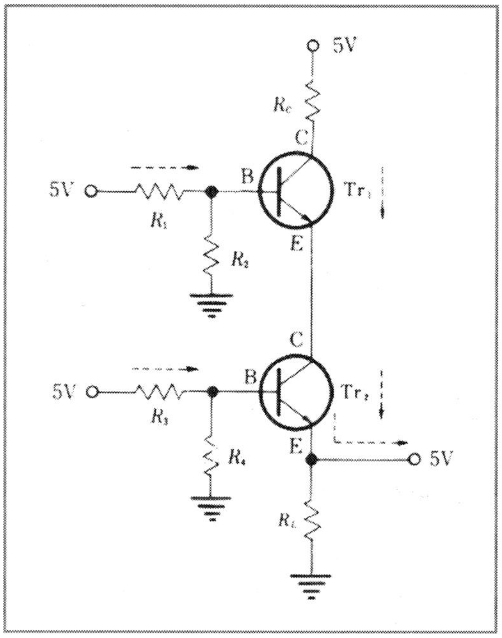

[그림40] A=5V, B=5V의 경우

그림39에서와 같이 입력 A=5V, B=0V이면 트랜지스터 Tr_1의 베이스는 입력 A=5V가 걸려 전류가 흐르므로 Tr_1은 포화영역이 되어 V_c=5V에 의한 전류가 통하나 트랜지스터 Tr_2의 베이스에는 입력 B=0V이므로 Tr_2는 차단상태가 되므로 출력 Y=0V가 된다.

그림40에서와 같이 입력 A=5V, B=5V이면 트랜지스터 Tr_1, Tr_2의 베이스에 모두 "+"전압이 걸려 포화영역이 되므로 V_c=5V에 의한 전류가 흐를 수 있어 Y=5V가 나타난다.

3.3 부정(NOT)회로

부정회로는 입력이 0일 때 출력이 1이고 입력이 1일 때 출력은 0이 되는 출력이 입력에 반대되는 회로이다. 논리식은 Y=$\overline{A}$이다. 그리고 논리기호와 진리치표는 그림41과 같다.

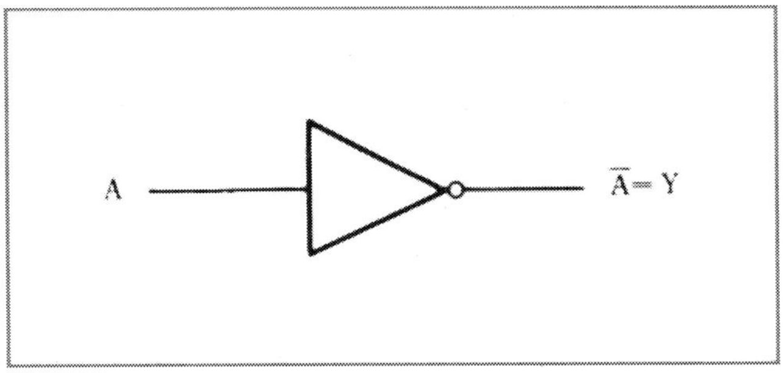

입력	출력
A	Y
0	1
1	0

[그림42] 부정회로의 논리기호 및 진리표

그림42는 b접점을 사용한 계전기의 부정회로로, 입력 A=1이면 전자 접촉기 자력에 계전기의 접점은 떨어져 출력 Y=0이 되고 A=0이면 전자 접촉기는 자력이 없으므로 접점은 붙어 출력 Y=1이 된다.

그림43은 트랜지스터의 부정회로이다. 그림에서 입력 A=5V이면 트랜지스터의 베이스에 전류가 흐르고 이 때 트랜지스터는 포화상태가 되므로 콜렉터와 이미터 간의 저항은 0에 가깝게 되어 V_c=5V에 의한 전류 ic는 부하저항이 걸려 있는 출력쪽으로 흐르지 않고 이미터로 흘러가 버리므로 출력 Y=0이 된다.

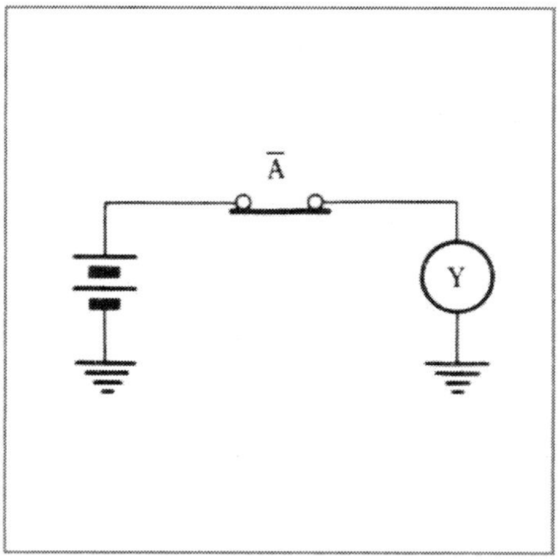

[그림42] 계전기의 부정회로

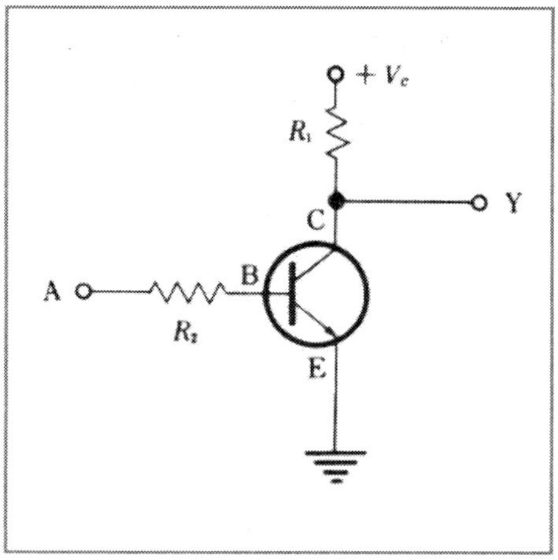

[그림43] 트랜지스터의 부정회로

그림44에서와 같이 입력 A=0V가 되어 트랜지스터의 베이스에 전류가 흐르지 않으면 트랜지스터는 차단상태로 되어 콜렉터와 이미터 간의 내부저항은 무한대(∞)에 가깝게 되므로 V_c=5V에 의한 출력 i는 출력 쪽으로 흘러 출력 Y=5V가 된다. 그러므로 입력이 있으면 출력은 "0"이고 입력이 없으면 출력은 "1"로 나타난다.

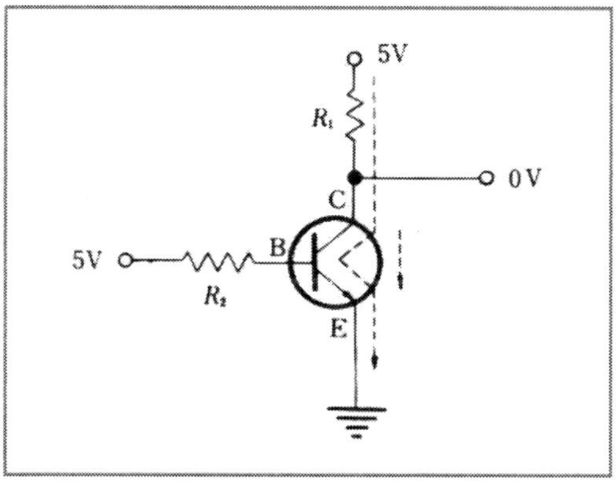

[그림44] A=5V의 경우

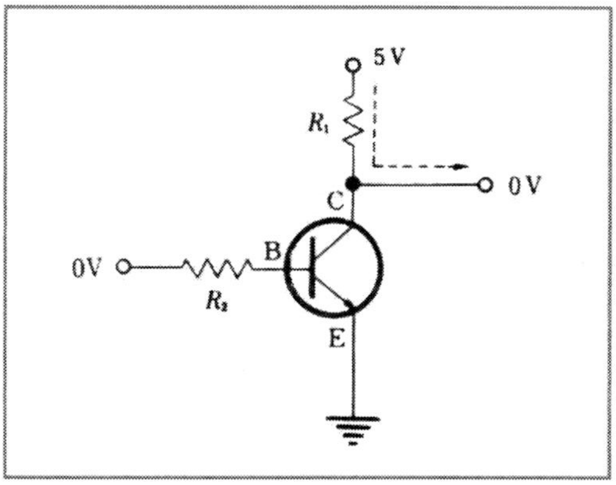

[그림45] A=0V의 경우

3.4 부정 논리합(NOR)회로

부정 논리합 회로는 논리합 회로 다음에 부정회로가 이어진 회로로, 논리합 회로의 출력이 "1"일 때, 다시 말하면 입력A 또는 B가 1이면 1회로의 출력은 0이 되고 논리합 회로의 출력이 0일 때 다시 말하면 입력A와 B 모두 0이면 이 회로의 출력은 1이 된다. 즉 입력 A와 B 모두 0일 때만 출력은 1이 된다는 뜻이다.

이 논리식은 Y=$\overline{A+B}$이며, 이 때 논리기호 및 진리치표는 그림46과 같다.

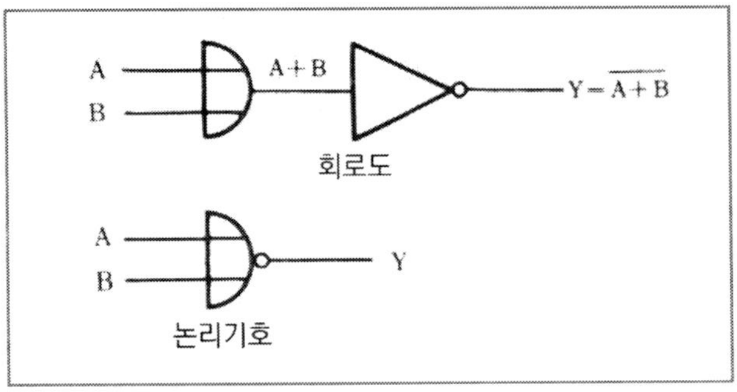

입력		출력
A	B	Y
0	0	1
1	0	0
0	1	0
1	1	0

[그림46] 부정 논리합 회로의 회로도, 논리기호 및 진리표

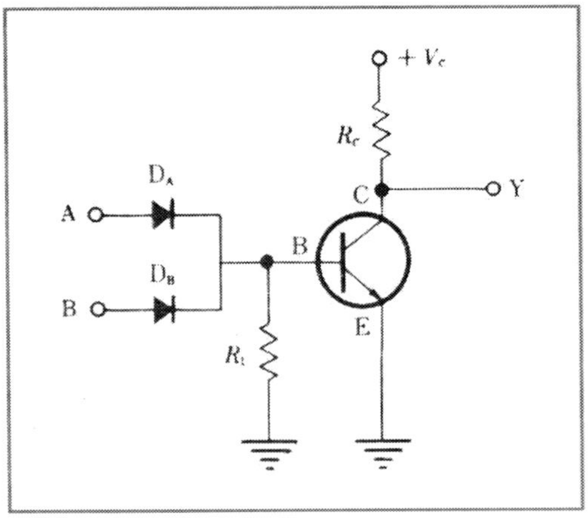

[그림47] 부정 논리합 회로

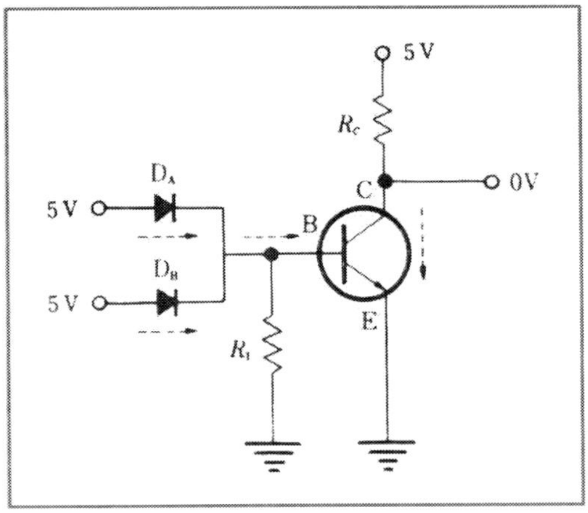

[그림48] A=5V, B=5V의 경우

그림47은 다이오드와 트랜지스터로 이루어진 부정 논리합 회로로, 다이오드 D_A, D_B는 논리합 회로를 구성하고 있으며 R_1, Tr, R_2, V_c 는 부정회로를 구성하고 있다.

그림48과 같이 입력 A=5V, B=5V이면 다이오드 D_A, D_B는 입력에 대해 순방향으로 바이어스되므로 전류가 흐르고 이 전류는 트랜지스터의 베이스 전류가 되어 트랜지스터는 포화영역이 되고 콜렉터와 이미터 간의 저항이 0에 가깝게 된다. 그러므로 V_c=5V

에 의한 전류는 부하저항이 있는 출력 Y쪽으로 흐르지 않고 저항이 작은 트랜지스터를 통해 접지점으로 흘러가 출력 Y=0V가 된다.

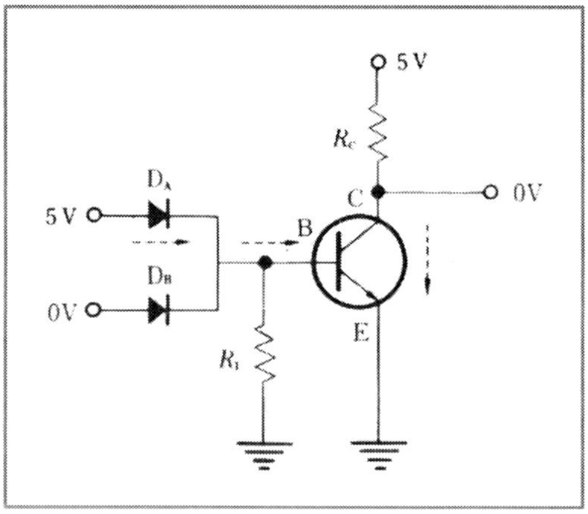

[그림49] A=5V, B=0V의 경우

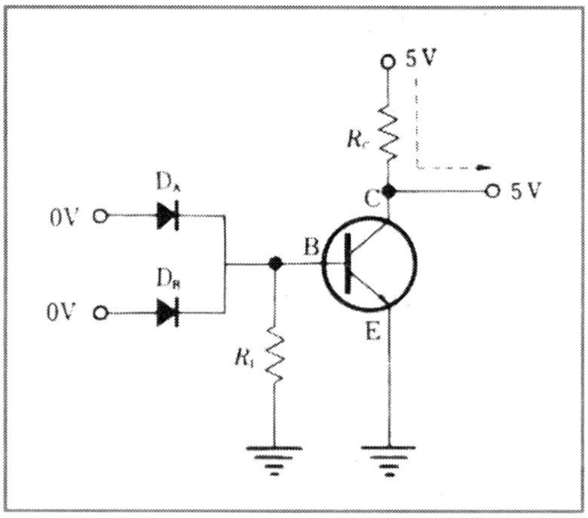

[그림50] A=0V, B=0V의 경우

그림49와 같이 입력 A=5V, B=0V이면 다이오드 D_B는 역방향으로 바이어스되어 차단상태가 되고 다이오드 D_A는 입력전압에 대해서 순방향으로 바이어스 되므로 트랜지스터의 베이스에 전류가 흘러 트랜지스터는 포화영역이 되고 V_C=5V에 의한 전류는 트랜지스터를 통해 흘러가므로 출력 Y=0V가 된다.

그림50과 같이 입력 A=0V, B=0V이면 트랜지스터의 베이스에 전류가 흐르지 않고 트랜지스터는 차단상태가 되어 콜렉터와 이미터 간에 저항이 무한대로 되므로 V_C=5V에 의한 전류는 출력 쪽으로 흘러 출력 Y=5V가 된다.

따라서 부정 논리합 회로에서는 입력이 모두 0일 때 출력이 1이 됨을 알 수 있다.

3.5 부정 논리곱(NAND)회로

부정 논리곱 회로는 논리곱 회로 다음에 부정(NOT)회로가 이어진 회로로, 논리곱 회로의 출력이 1일 때 이 회로의 출력은 0이 되고 논리곱 회로의 출력이 0일 때 이 회로의 출력은 1이 된다는 뜻이다.

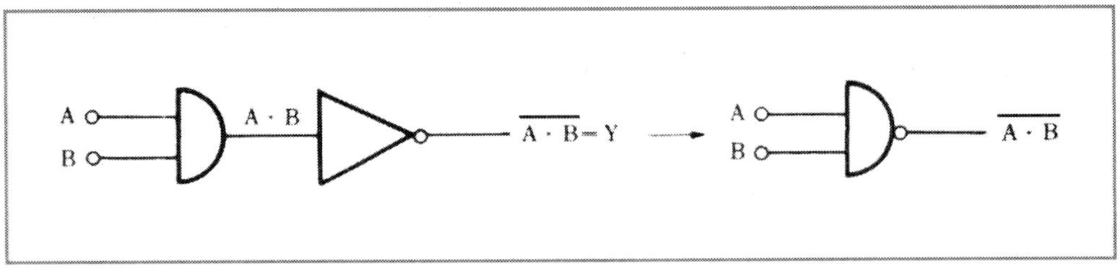

[그림51]

만약 입력이 A, B 2개인 부정 논리곱 회로에서 입력 A=1, B=1이면 논리곱 회로의 출력이 1이므로 이 회로의 출력 Y=0이 되고 입력 A=1, B=0 이거나 A=0, B=1이거나 입력 A=0, B=0이면 논리곱 회로의 출력이 0이 되므로 이 회로의 출력 Y=1이 된다.

입력		출력
A	B	Y
0	0	1
1	0	1
0	1	1
0	0	0

[그림52] 진리표

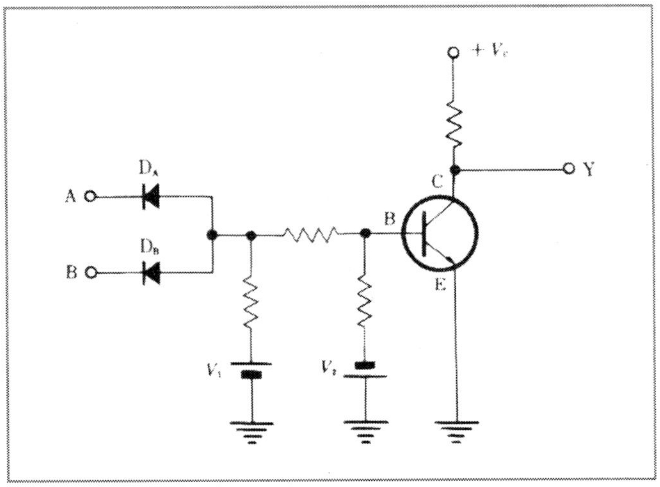

[그림53] 부정 논리곱 회로

그림53은 다이오드와 트랜지스터로 이루어진 부정 논리곱 회로로, D_A, D_S, R_1, V_1은 논리곱 회로를 구성하고 $Tr, R_2, R_3, V_2, V_3, R_4, V_C$ 는 부정회로를 구성한다.

그림54에서 입력 A=5V, B=0V이면 다이오드 D_A 는 역방향으로 바이어스되어 차단이 되지만 D_B는 순방향으로 바이어스되어 V_1에 의한 전류 i_1은 D_B 를 통해 흘러가므로 점A의 전위는 "0"이 되고 점B는 R_3을 통해 V_2 의 "⊟"전위가 걸려 트랜지스터에 베이스 전류가 흐르지 않으므로 트랜지스터는 차단상태로 되어 콜렉터와 이미터 간의 저항

이 무한대(∞)에 가까우므로 V_c에 의한 전류는 출력 Y쪽으로 흘러 출력 Y=5V가 된다.

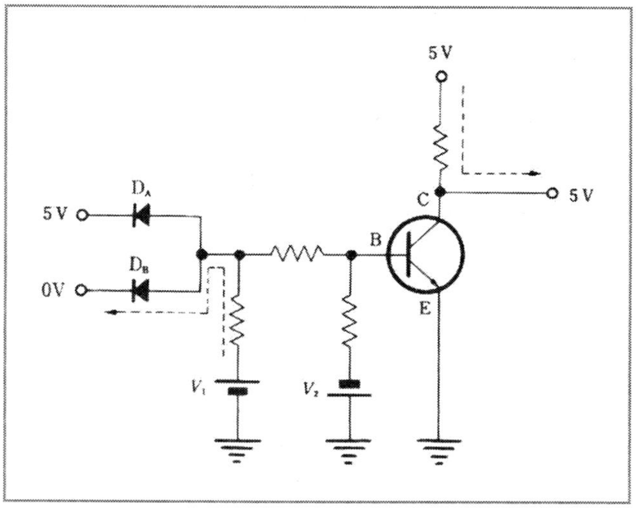

[그림54] A=5V, B=0V의 경우

그림55에서 입력 A=5V, B=5V이면 다이오드 D_A, D_B가 모두 역방향으로 바이어스 되어 차단이 되면 점 A의 전위가 올라가고 점 B의 전위도 ⊞가 될 수 있도록 V_1의 전압을 충분히 크게 하면 트랜지스터에 베이스 전류가 흐르고 트랜지스터가 포화상태가 되어 콜렉터 전류가 흐르므로 출력 Y=0V가 된다.

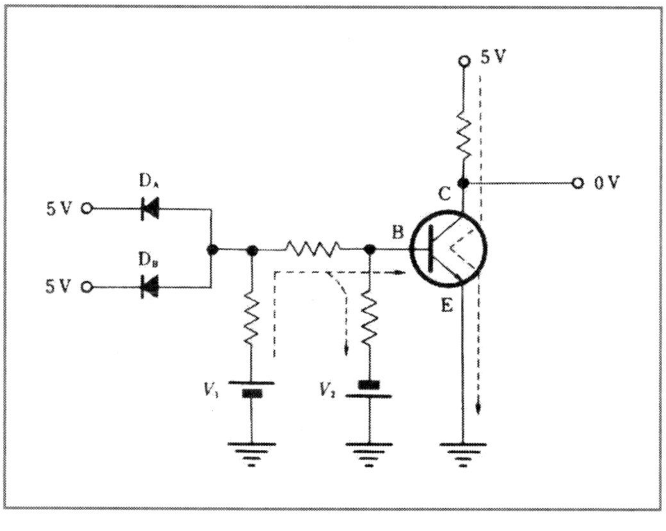

[그림55] A=5V, B=5V의 경우

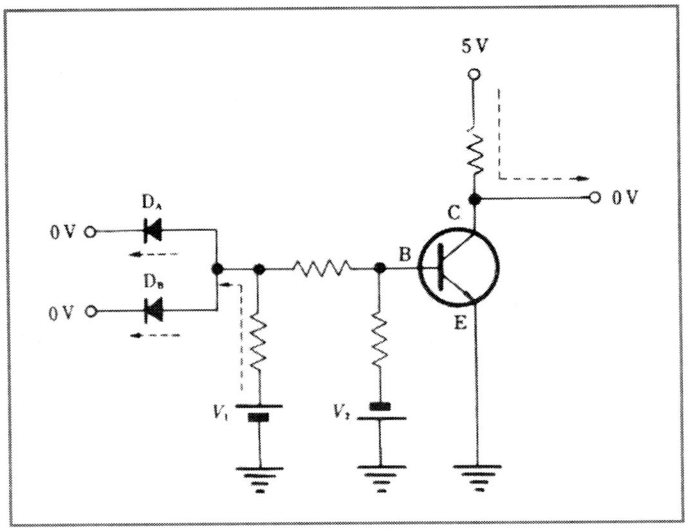

[그림56] A=0V, B=0V의 경우

그림56에서 입력 A=0V, B=0V이면 다이오드 D_A, D_B 는 모두 순방향으로 바이어스 되어 도통상태가 되므로 V_1에 의한 전류는 D_A, D_B 를 통해 흘러가므로 점 A의 전위는 0이 되고 점 B는 V_2에 의해 "⊟"전압이 걸려 있으므로 트랜지스터의 베이스 전류가 흐르지 않고 콜렉터와 이미터 간의 저항은 무한대에 가깝게 되어 트랜지스터는 차단상태로 되므로 V_c = 5V에 의한 전류는 출력 쪽으로 흘러 Y=5V가 된다.

색 인

[ㅅ]

[ㅇ]

[ㅈ]

[ㅊ]

[ㅋ]

[ㅌ]

[ㅍ]

[ㅎ]

해광
출판
해기

개 정 판

알기쉬운 선박전기전자

2020년 4월 5일 인쇄 정가 23,000원
2020년 4월 15일 발행

저 자 해광도서편찬회
편 집 송 영 미
발 행 인 조 준 형
발 행 처 해 광 출 판 사 www.hgbookpub.com
주 소 부산광역시 중구 해관로 41-1, 2층 (중앙동2가 49-3)
전화번호 (051) 253-0001 팩스 (051) 245-1187
등 록 제 2012-000005호

이 도서의 국립중앙도서관 출판예정도서목록(CIP)은 서지정보유통지원시스템 홈페이지(http://seoji.nl.go.kr)와 국가자료종합목록 구축시스템(http://kolis-net.nl.go.kr)에서 이용하실 수 있습니다. (CIP제어번호 : CIP2020004983)

ISBN : 979-11-85799-45-2